大　国　匠　造 —— 中　国　红　木　家　具　制　作　图　谱
China Great Craftsmanship: Atlas of China Hongmu Furniture Making

中国红木家具制作图谱④

台案类

| 主　编：李　岩 | 策　划：纪　亮 |

中国林业出版社

图书在版编目（CIP）数据

中国红木家具制作图谱．④，台案类 / 李岩主编．-- 北京：中国林业出版社，2017.1
（大国匠造系列）

ISBN 978-7-5038-8813-7

Ⅰ．①中… Ⅱ．①李… Ⅲ．①桌台 – 红木科 – 木家具 – 制作 – 中国 – 图谱 Ⅳ．① TS664.1-64

中国版本图书馆 CIP 数据核字 (2016) 第 303790 号

◎ 特别鸣谢：中国林产工业协会传统木制品专业委员会
中南林业科技大学中国传统家具研究创新中心

中国林业出版社 · 建筑与家居出版分社

责任编辑：纪　亮
文字编辑：纪　亮 王思源

出版：中国林业出版社
（100009 北京西城区德内大街刘海胡同 7 号）
http://lycb.forestry.gov.cn/
电话：（010）8314 3518
发行：中国林业出版社
印刷：北京利丰雅高长城印刷有限公司
版次：2017 年 3 月第 1 版
印次：2017 年 3 月第 1 次
开本：235mm × 305mm　1/16
印张：16
字数：200 千字
定价：328.00 元（全套 6 册定价：1968.00 元）

前言

中华文化源远流长，在人类文明史上独树一帜，在孕育中华传统文化的同时更孕育出中国独有的家具文化。从中国家具文化史上看，明清是家具发展的高峰期。明代，手工业的艺人较前代有所增多，技艺也非常高超。明代江南地区手工艺较前代大大提高，并且出现了专业的家具设计制造的行业组织。《鲁班经匠家镜》一书是建筑的营造法式和家具制造的经验总结。它的问世，对明代家具的发展和形成起了重大的推动作用。到清代，明式硬木家具在全国很多地方都有生产，最终形成了以北京为核心的京作家具，以苏州为核心的苏作家具，以及以广州为核心的广作家具。明清家具的辉煌奠定了中国家具在世界家具史上的高度。

明清家具的发展史，也是中国红木与硬木家具的发展史。中国的匠人历来讲究的是因才施艺，对匠人的理解也是独特的，匠人乃承艺载道之人也。正所谓："匠人者身怀绝技之人是也，悟道铭于心，施艺凭于手，造物时手随心驰，心从手思，心手相应方可成承艺载道之器，器之表为艺，内则为道，道为器之魂、艺为器之体，缺艺之器难以载道，失道之器无可承艺，故道艺同存一体，不可分也。"

然而，由于种种原因，到了近现代中国传统红木家具的制作技艺并没有随着时代的发展而繁荣，大量的家具技艺成为国家的非遗保护项目，很多的技艺面临失传。党的十八大以来，国家越发重视制造业，重视匠人，并提出"匠人精神"、工匠兴国的发展理念。国家重视匠人，重视传统文化、重视传统家具，然匠人缺失，从业无标准可依托。本套图书及在这种背景下产生，共分为6册，分别为椅几类、柜格类、台案类、沙发类、床榻类、组合和其他类，收录了明清在谱家具和新中式家具6000余款，为了方便读者的学习，内容力求原汁原味的反映出传统家具技艺，并通过实物图、CAD三视图、精雕效果图多角度全方位展示。图书不仅展现了家具的精美外观，更解析了家具的精细结构，用尺寸比例定义中国红木家具的科学和美观。本套图书收录的家具经过编者的细心挑选，在谱的一比一还原复制，新中式比例得当样式精美，每一件家具都有名有款。

本套图书集设计、制作、收藏、鉴赏全流程的红木家具，力求面面俱到，但因内容繁复，难免有误，欢迎广大读者批评指正。

编者

目 录

平台小条案

透视图

款式点评：

案面光素平正，面下安牙条，牙头作云形。腿与牙条，案面榫卯衔接，圆腿直足，稍向外撇。腿上部装有托板，整体古朴典雅，典型的明式家具风格。

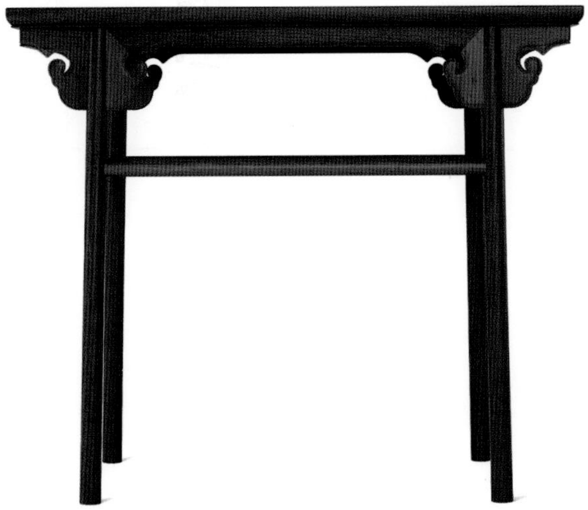

主视图

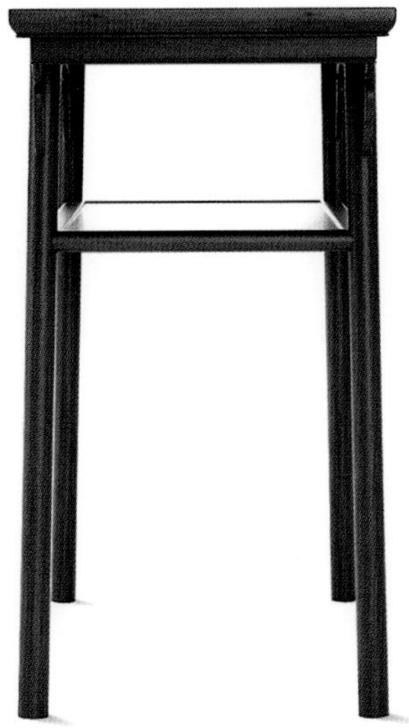

侧视图

俯视图

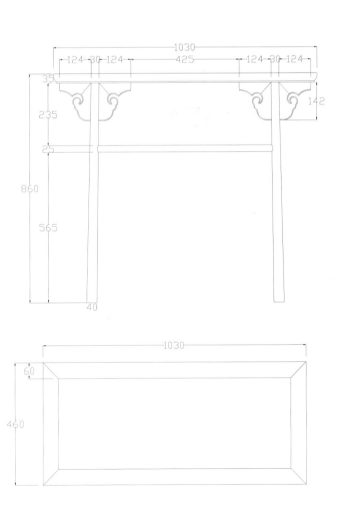

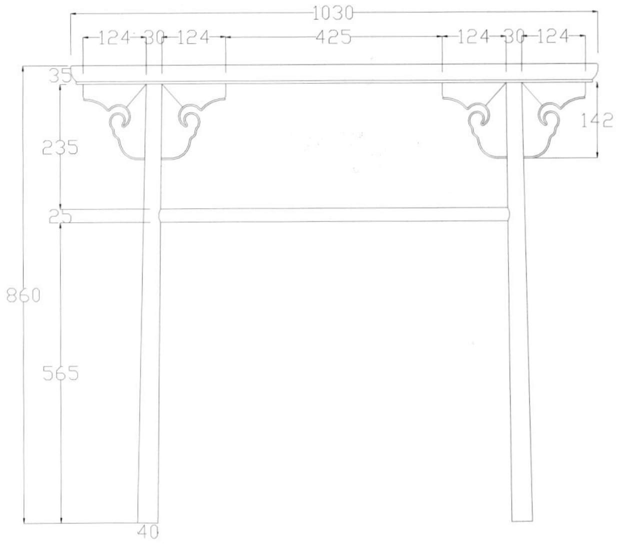

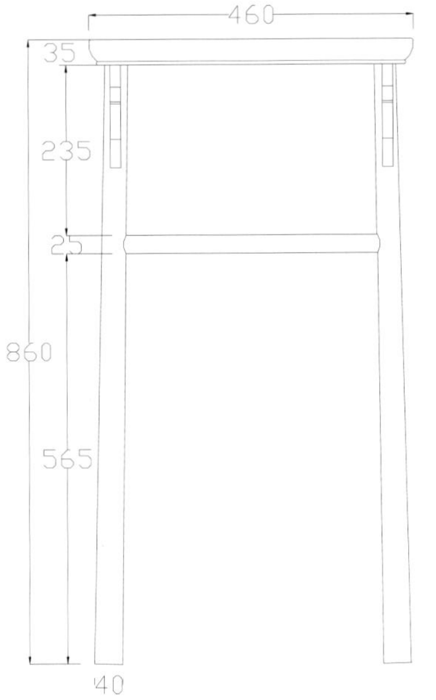

CAD 结构图

圆 角 条 案

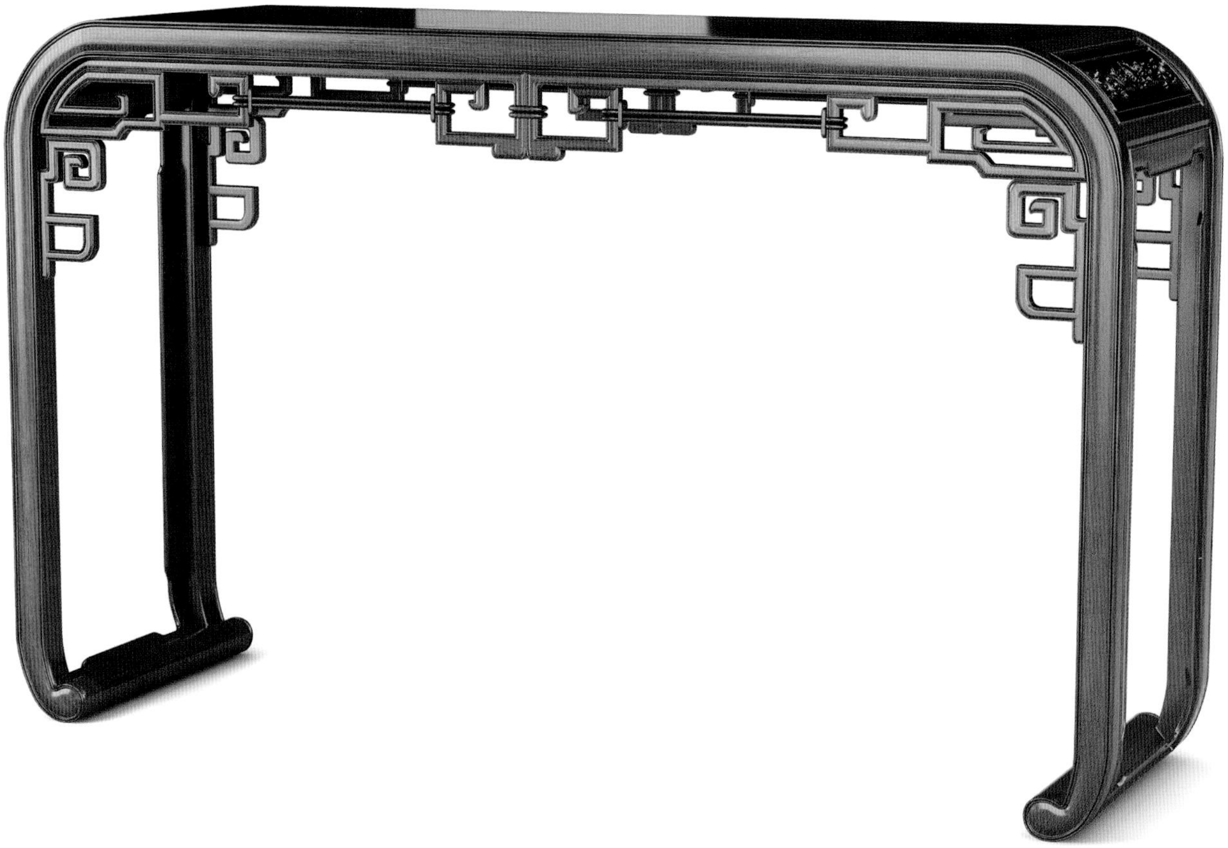

透视图

款式点评：

整体浑圆饱满，做工精巧，条案两端作圆角处理，案面圆角处浮雕螭龙纹，牙板做回形攒接，单侧足相连向内卷，整器圆润，美观大方，蕴含着古典的东方美。此案圆角面浮雕螭龙纹，螭纹是和龙纹非常接近的一种纹式，尾部有拐子型和卷草型之别。

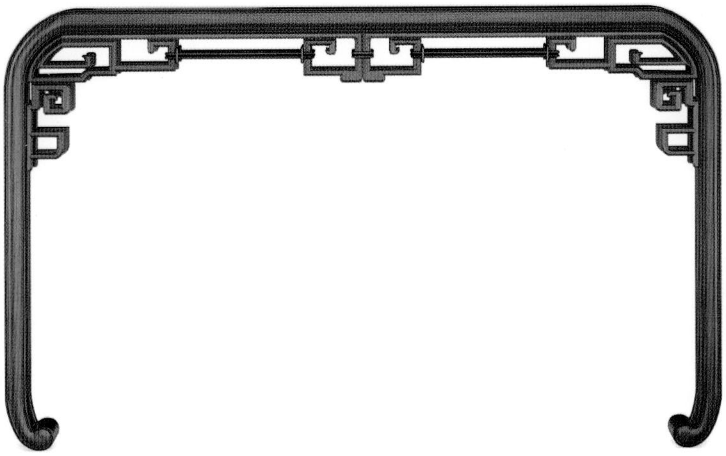

主视图

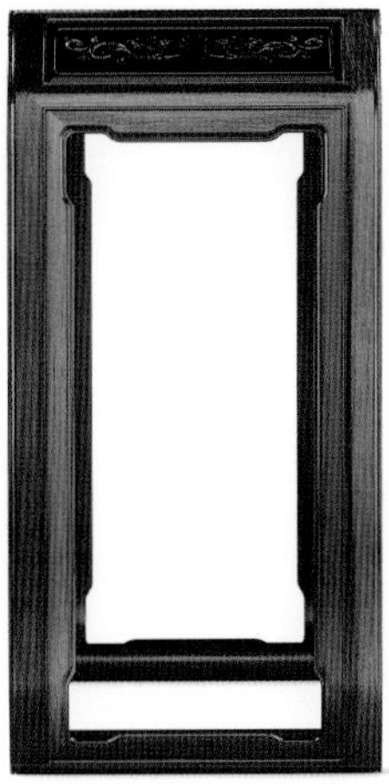

侧视图

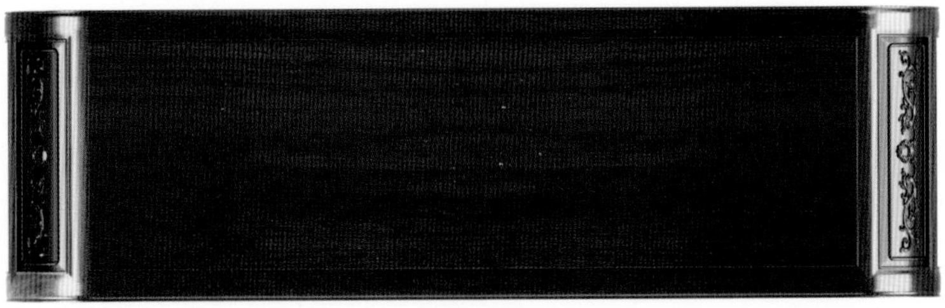

俯视图

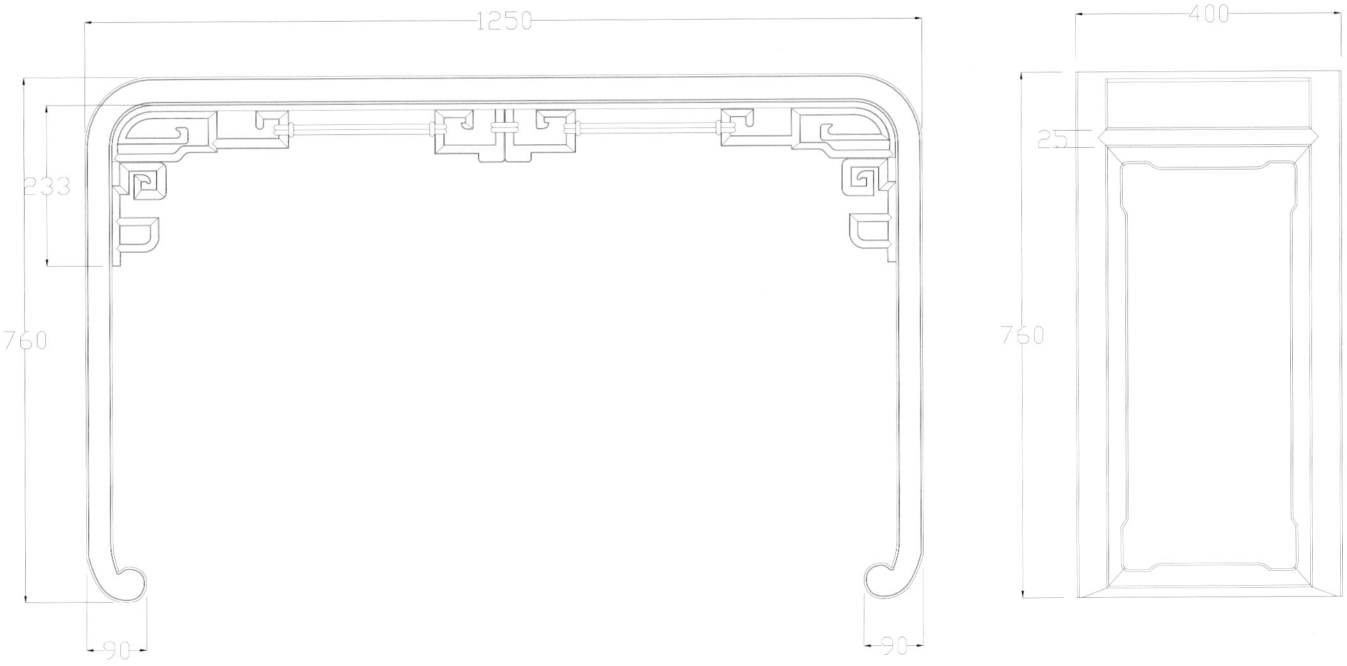

CAD 结构图

祥 云 案 桌

透视图

款式点评：

此祥云案桌整体方正，案面方正光素，腿足方直做回纹状，足间回形横枨相连接。牙板做浮雕云纹，整体显着稳健大气而典雅。此案桌牙板雕云纹，大面积的云纹透露着统筹全局的流动感和生机勃勃的雄浑气息，为案桌增添了生机和吉祥和美的寓意。

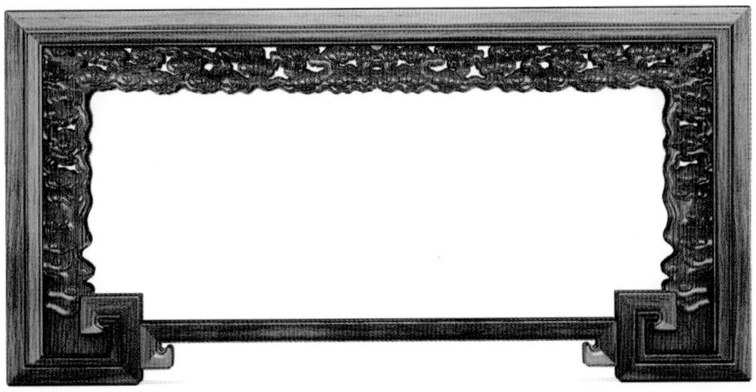

主视图

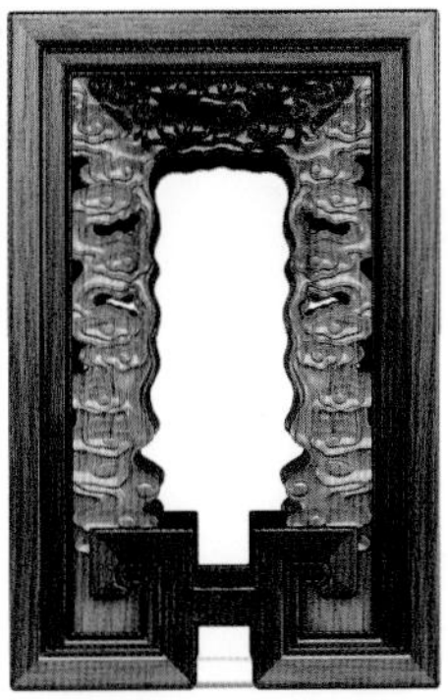

侧视图

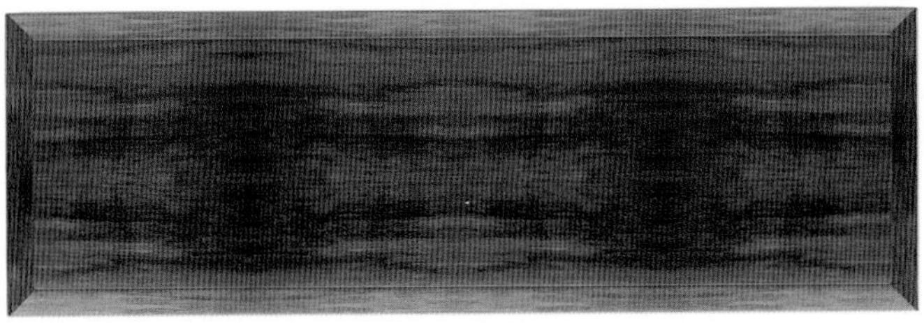

俯视图

精雕图

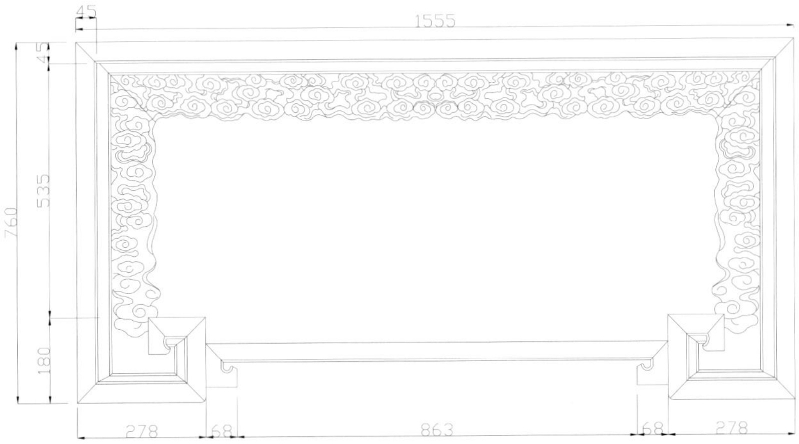

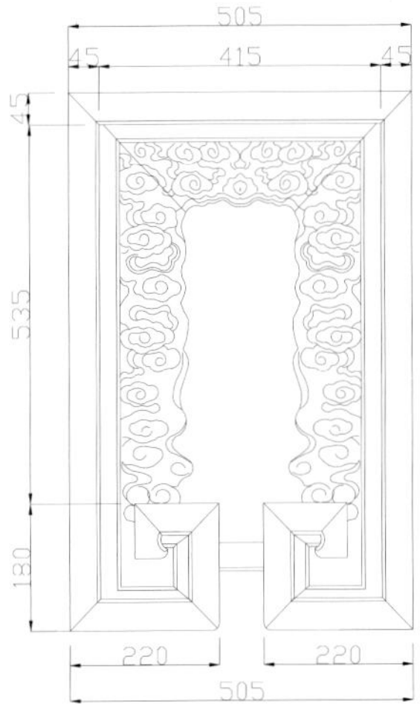

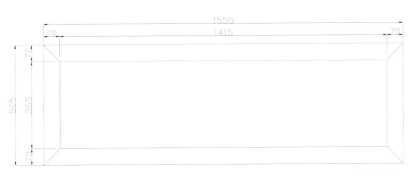

CAD 结构图

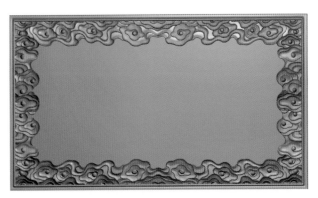

龙凤案桌

透视图

款式点评：

此案桌案面两端有翘头，案面光素，面下牙条、牙头雕蝠纹，两侧腿间有挡板，挡板浮雕龙凤纹，寓意祥瑞，足部增加了整体的稳固性。此案桌牙头、牙条浮雕蝠纹，挡板处浮雕龙凤纹，寓意着对幸福生活的期盼，生活安康祥瑞的祝福。

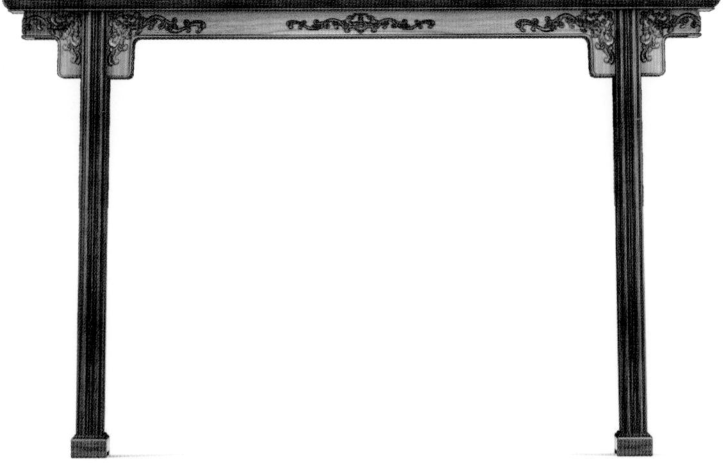

主视图

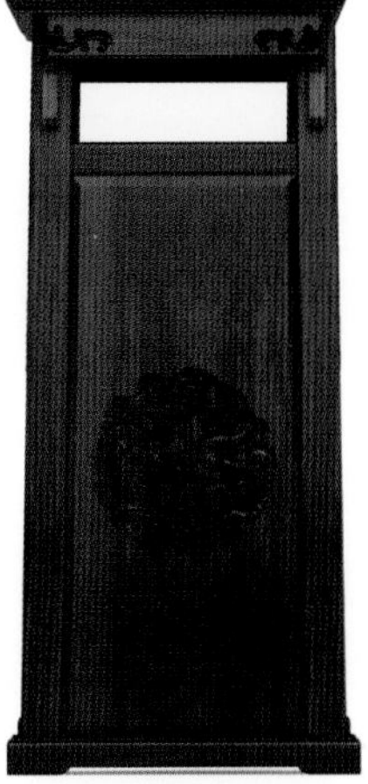

侧视图

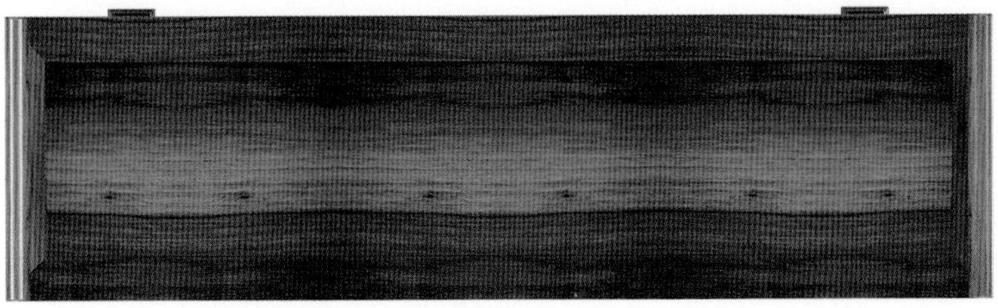

俯视图

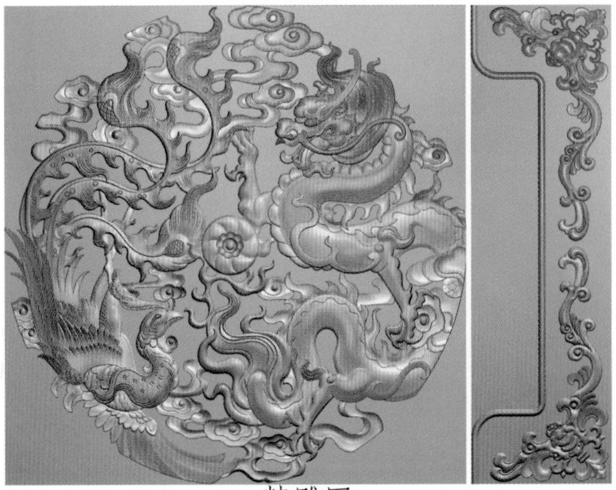

精雕图

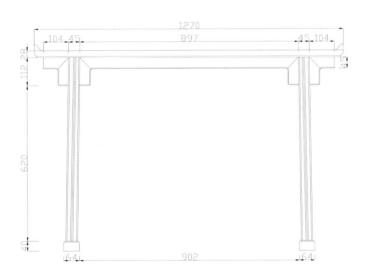

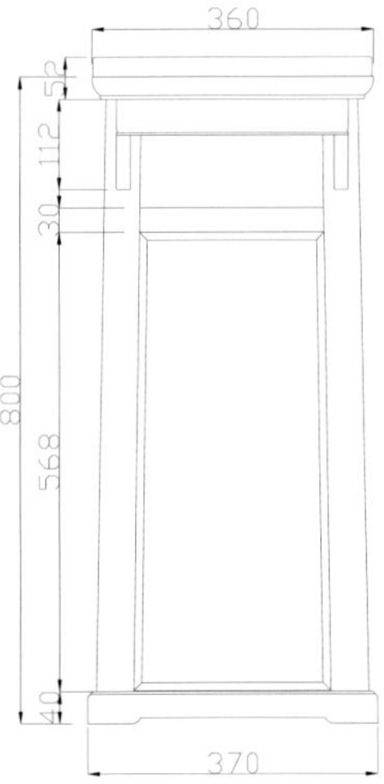

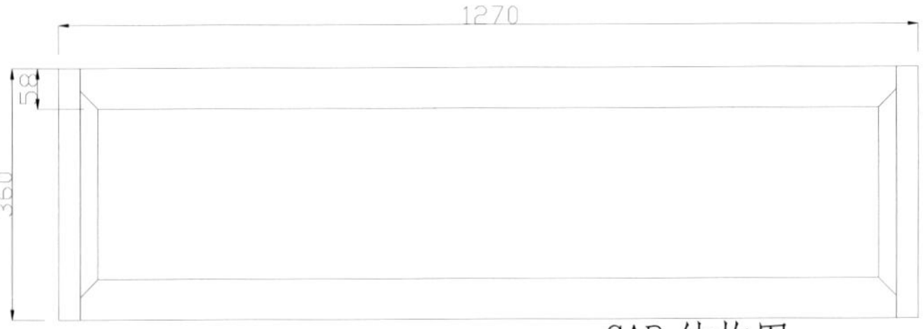

CAD 结构图

翘　头　案

透视图

款式点评：

此案为翘头案，案面光素，面下牙条、牙头雕蝠纹，两侧腿间有圈口，足部一字型增加了整体的稳固性。此案桌牙头、牙条浮雕蝠纹，寓意着对幸福生活的期盼。

主视图

侧视图

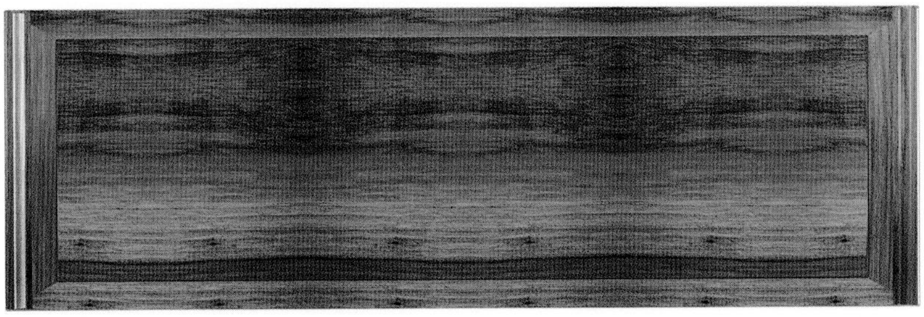

俯视图

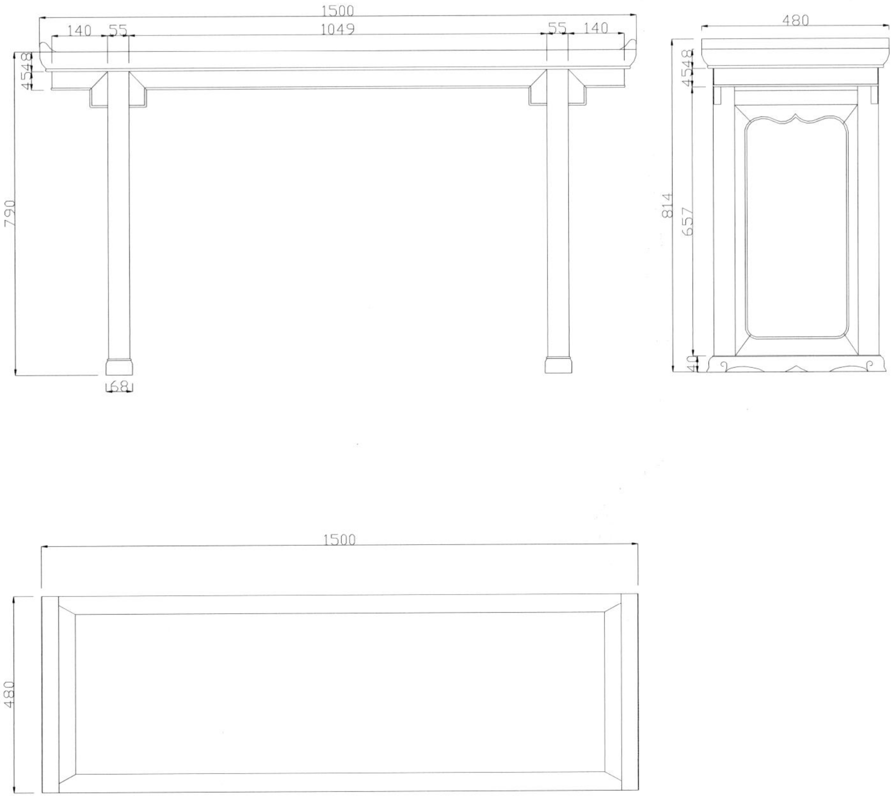

CAD 结构图

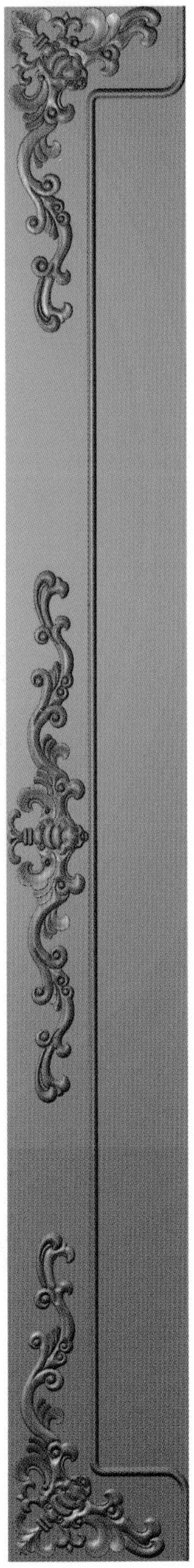

精雕图

紫檀条案

透视图

款式点评：

此案为平头案，案面光素，面下牙条做壶门状，方腿直足，腿间双横枨，增加了牢固性，条案古朴素雅，又有一丝灵动。

主视图

侧视图

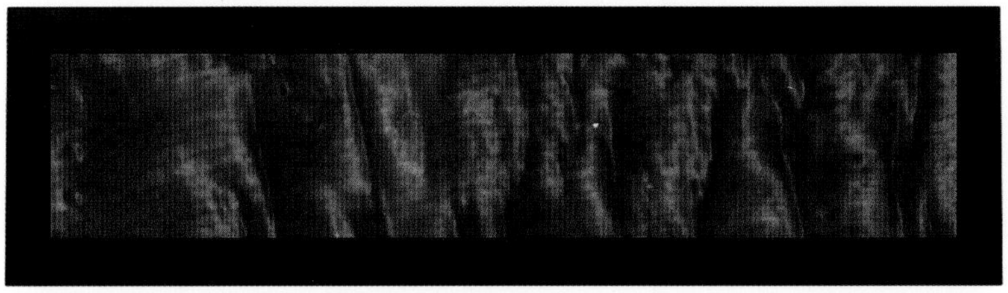

俯视图

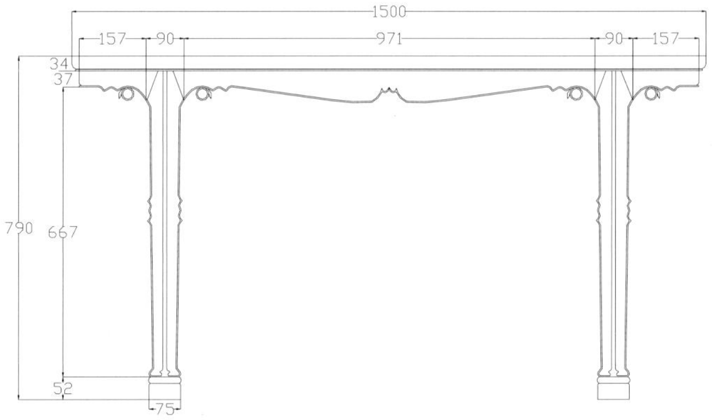

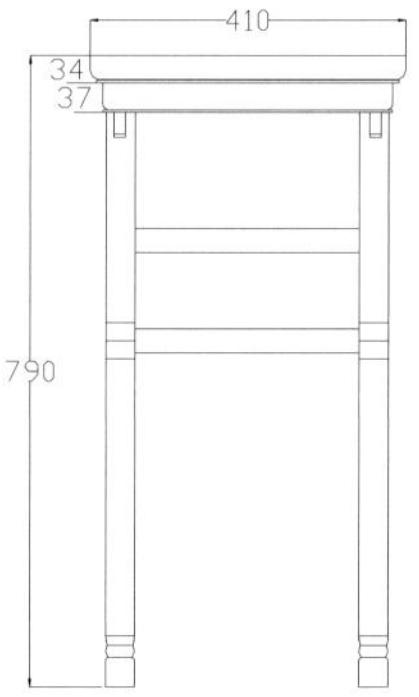

CAD 结构图

花梨翘头案

透视图

款式点评：

此翘头案，案面光素，牙条平直，牙条与腿衔接处做卷云纹装饰，方腿直足，腿间双横枨，增加了牢固性，条案古朴素雅，又有一丝灵动。

主视图

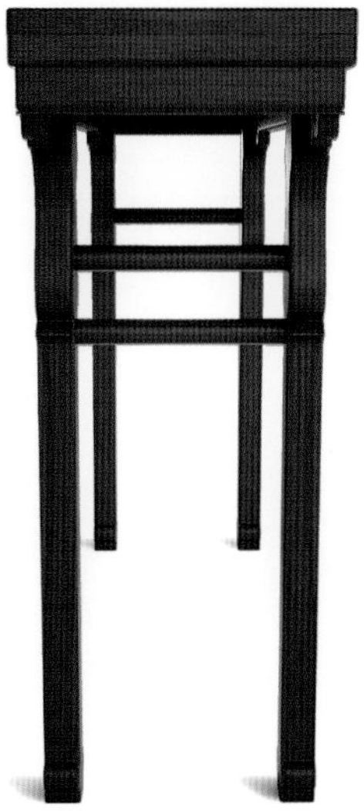

侧视图

俯视图

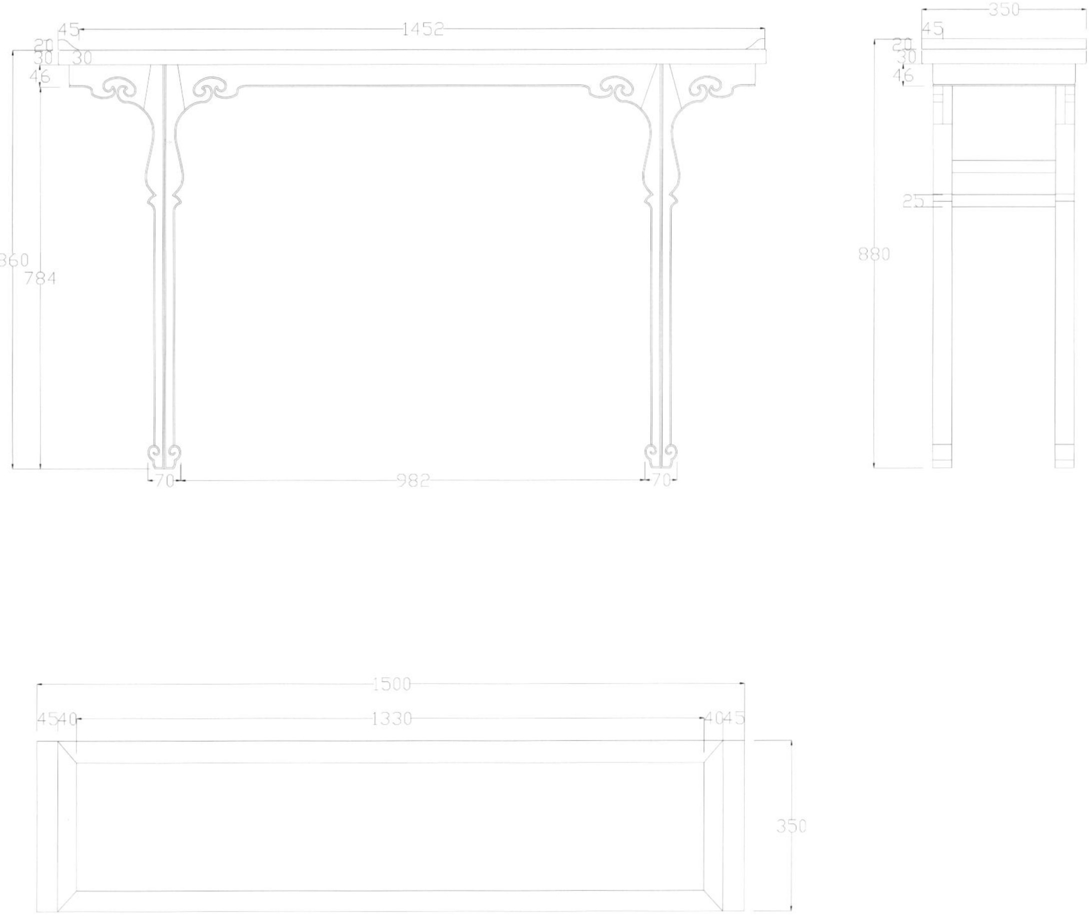

CAD 结构图

小　条　案

透视图

款式点评：

小条案案面平直，牙条壶门造型优美，牙头与腿衔接处做卷云纹装饰，圆腿直足，腿间有横枨，侧边上部有挡板，简洁大方便于使用。

主视图

侧视图

俯视图

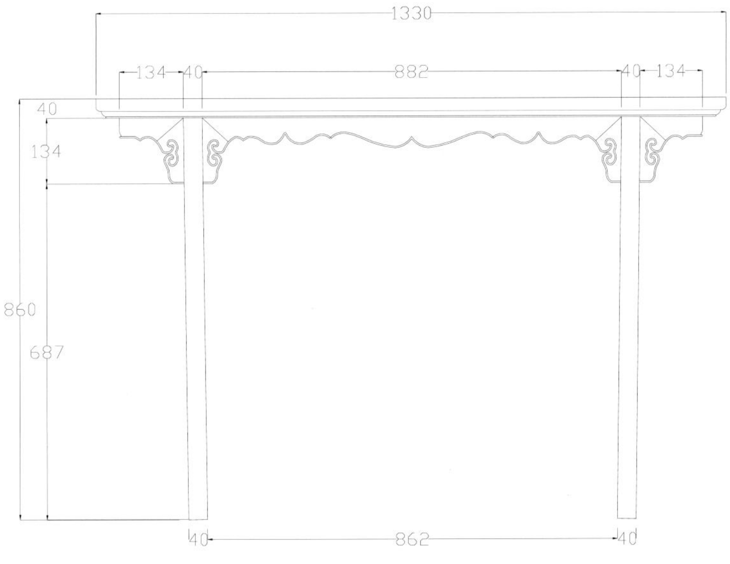

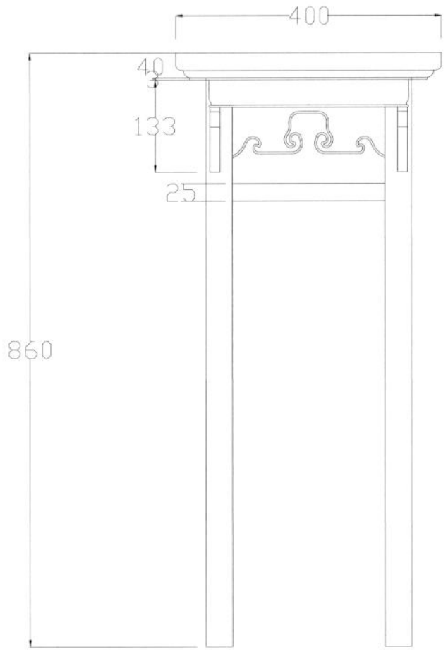

CAD 结构图

画　案

透视图

款式点评：

此画案整体较低矮，案面宽阔便于书写作画，腿侧挡板镂空雕饰，腿厚实稳重。

主视图

侧视图

俯视图

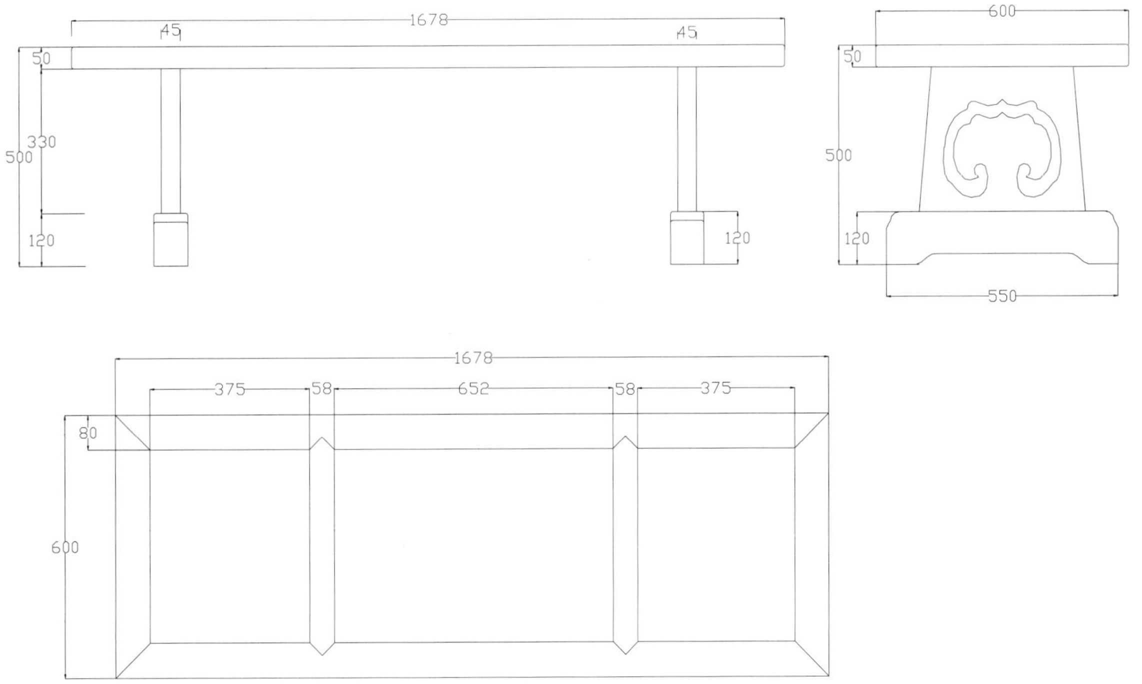

CAD 结构图

小　　条　　案

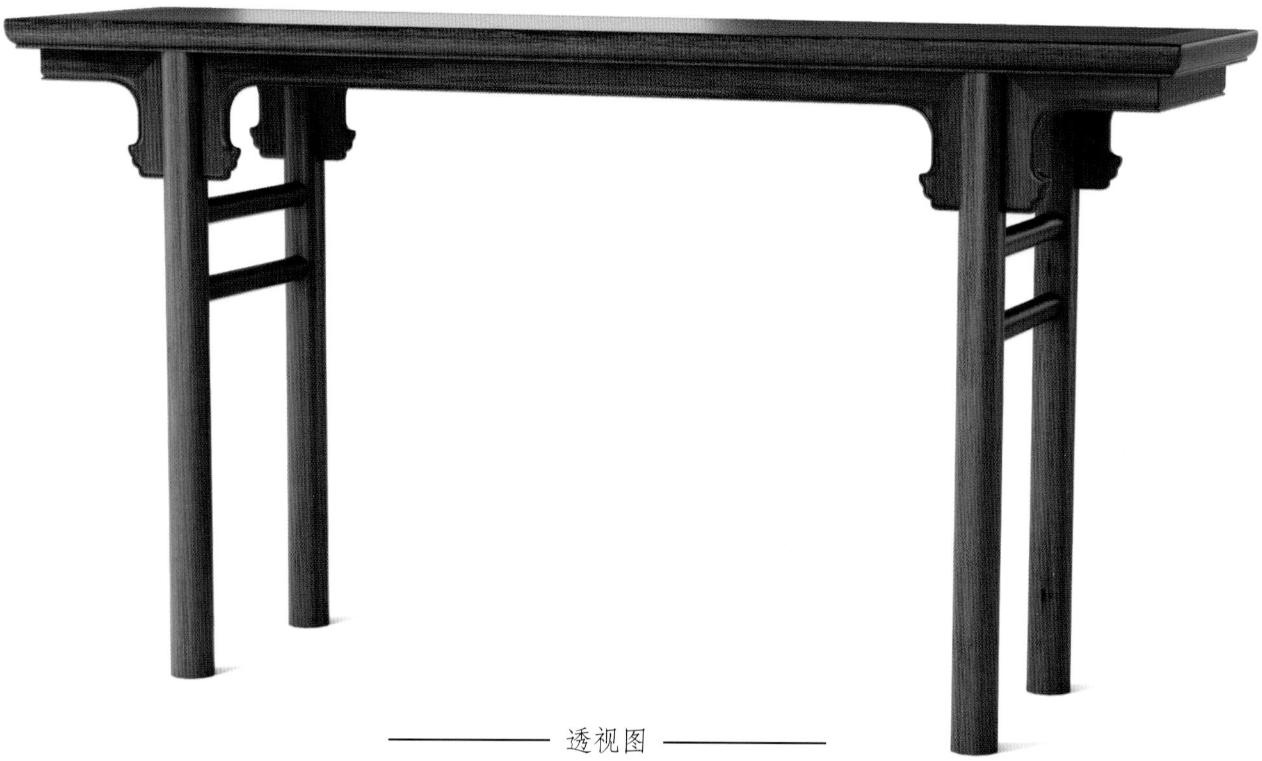

透视图

款式点评：

小条案案面平直，直牙条边沿起阳线造型优美，圆腿直足，腿间双横枨，简洁大方。

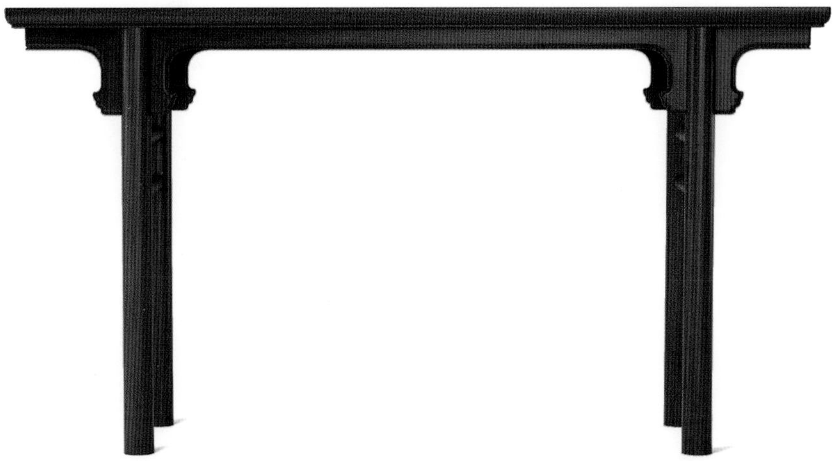

主视图

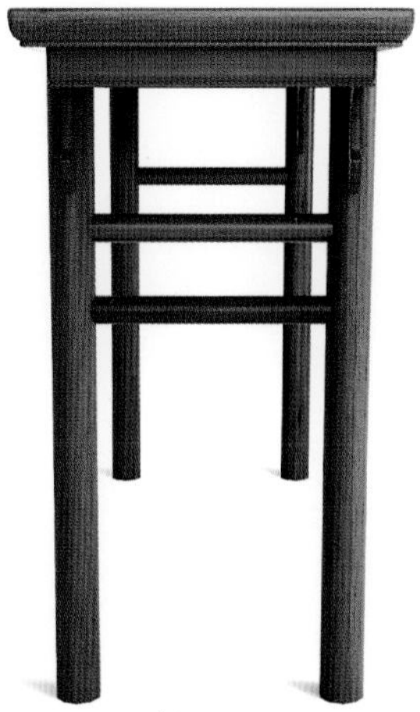

侧视图

俯视图

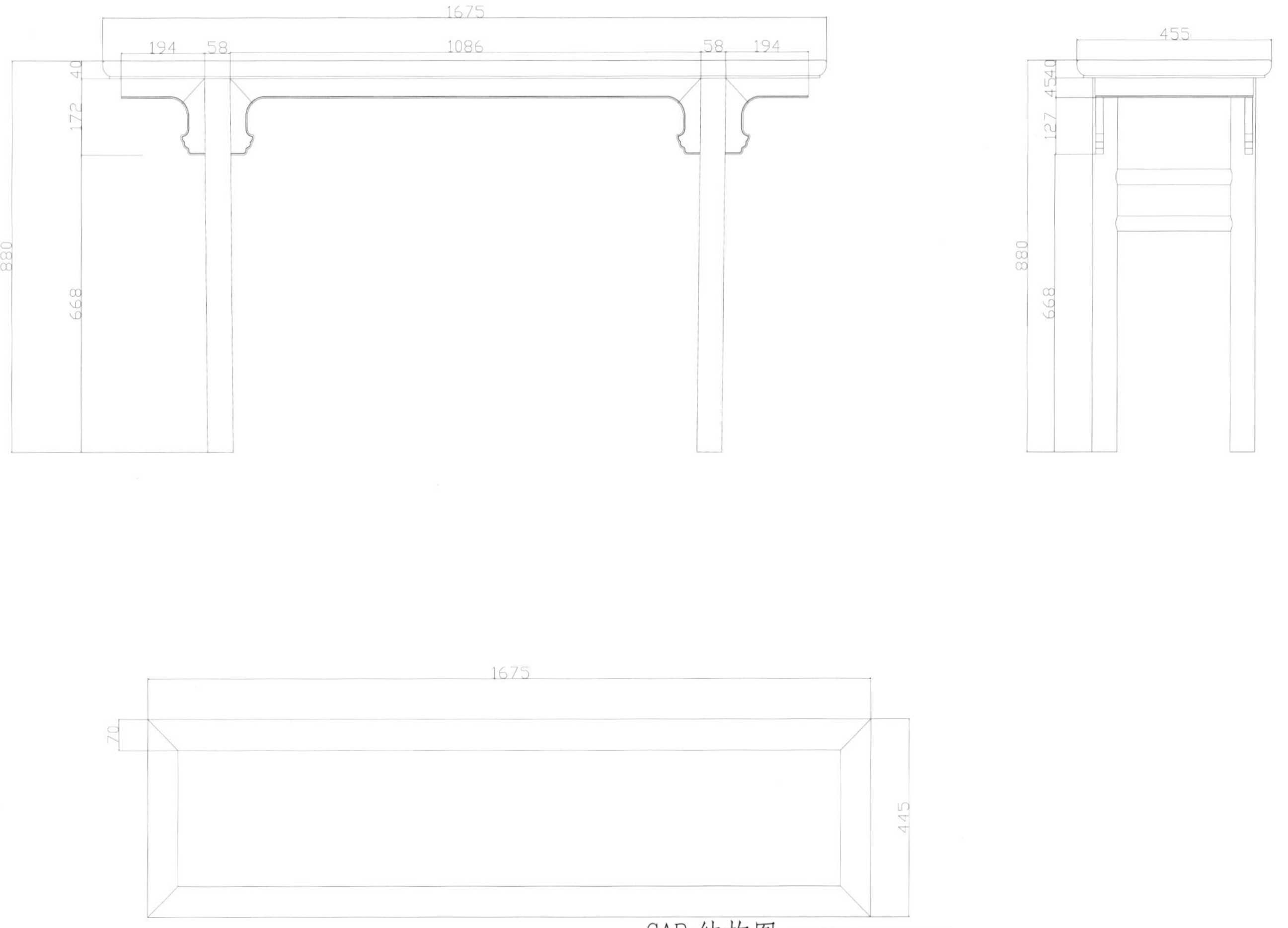

CAD 结构图

小　　供　　桌

透视图

款式点评：

小供桌案面两端有翘头，牙条短小精巧，案面下有屉，铜环拉手，方腿直足，腿间无横枨。

主视图

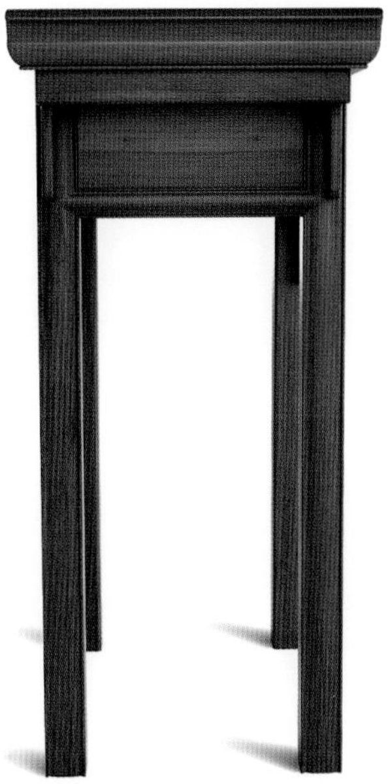

侧视图

俯视图

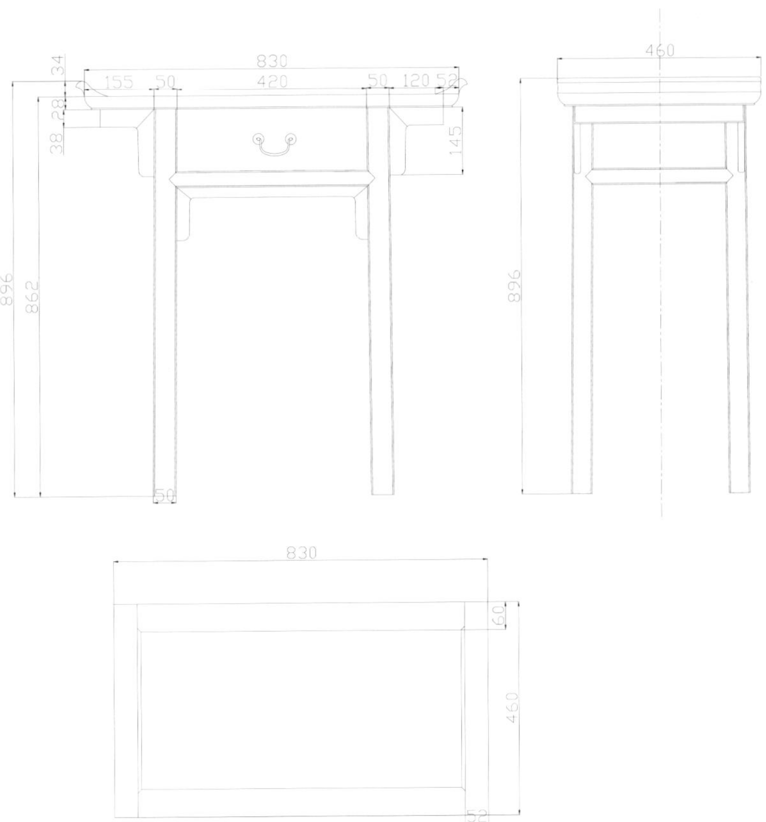

CAD 结构图

翘 头 案

透视图

款式点评：

此案面两端有翘头，牙头与腿衔接处做卷云纹装饰，圆腿直足，腿间有双横枨，造型美观大方。

主视图

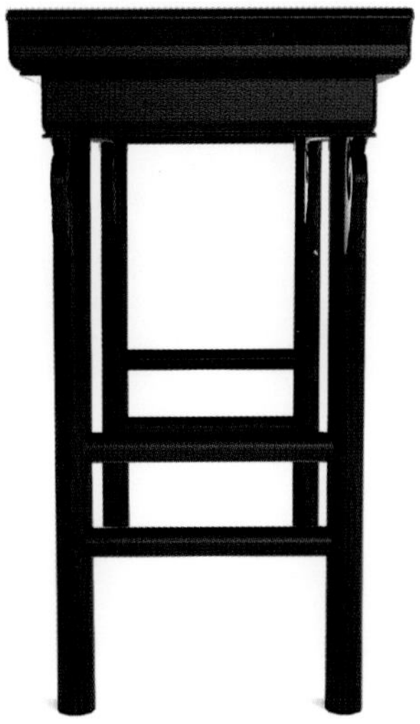

侧视图

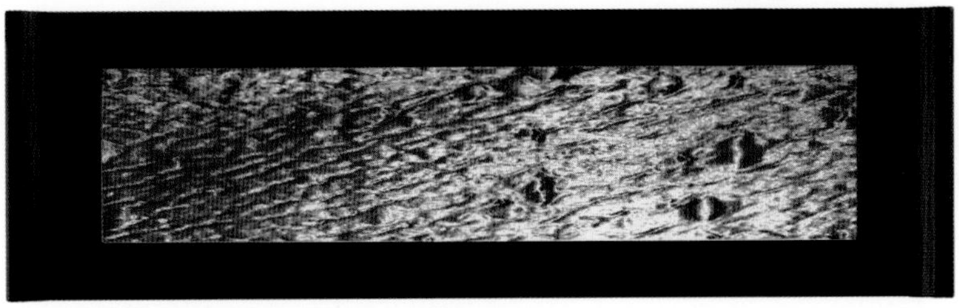

俯视图

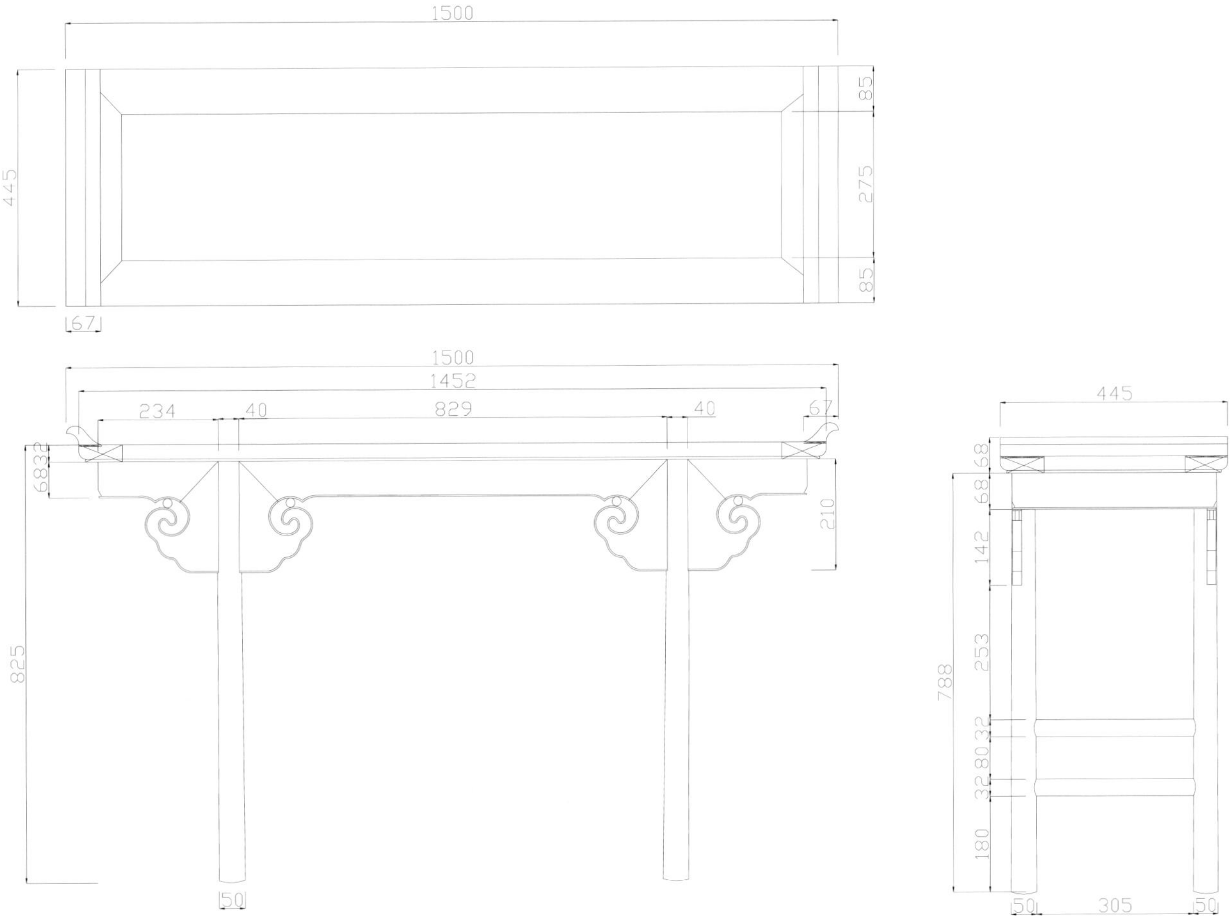

CAD 结构图

福庆翘头案

透视图

款式点评：

此案为翘头案，案面光素，两端翘头，侧沿打洼。牙条、牙头一木连作，牙头透雕万字纹，案面下牙条、牙头雕铜钱、中国结等纹案，两侧腿间有横板相连均雕刻纹样，此案庄重中见精雕细作，象征着对幸福生活的期盼。

主视图

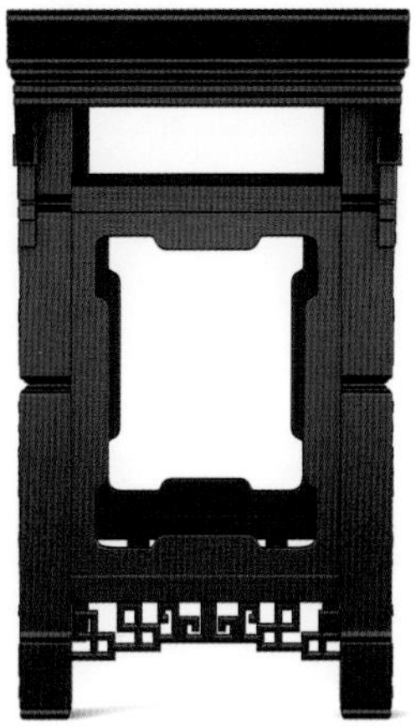

侧视图

俯视图

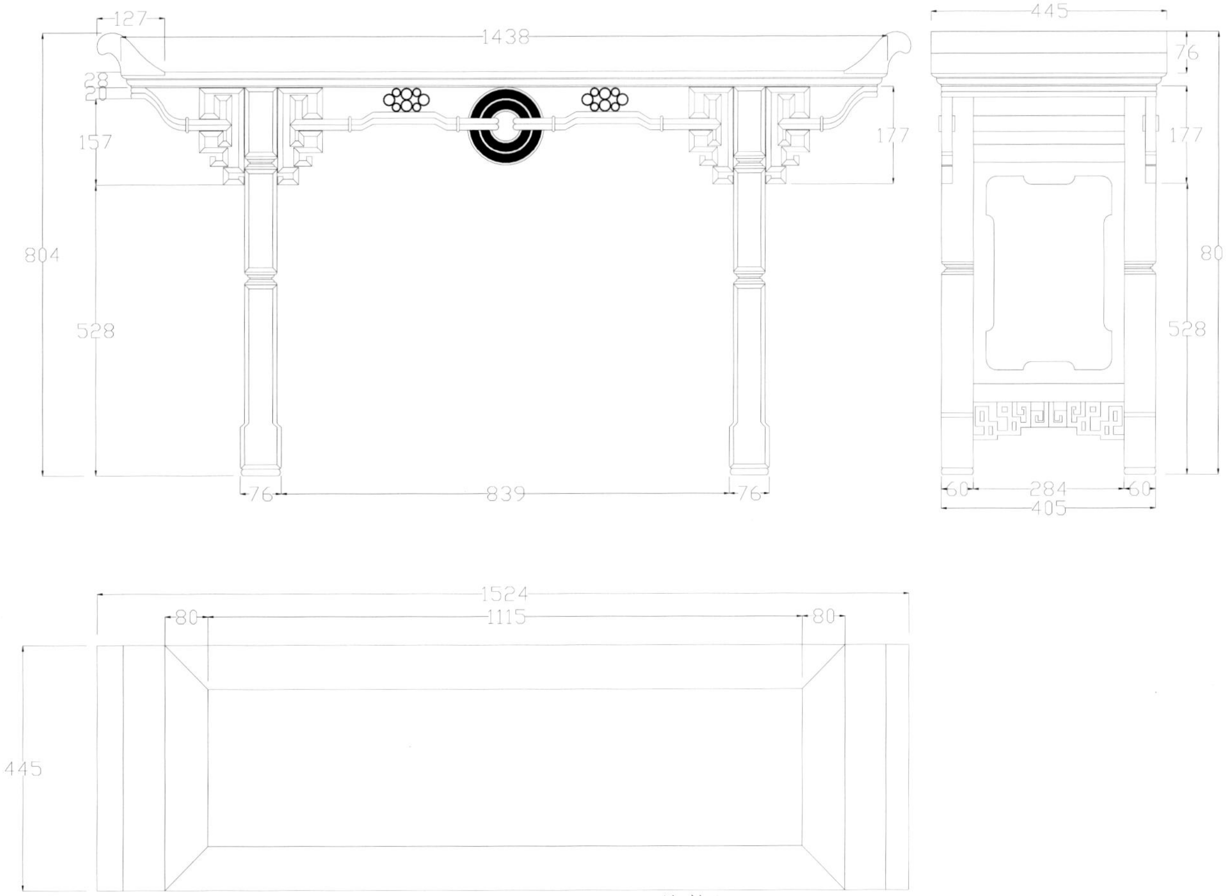

CAD 结构图

供　　桌

透视图

款式点评：

此供桌案面平整光滑，案头翘起，牙板、牙头透雕卷草纹，回字纹作为案面与腿间链接，以镂空式花纹相连，凡横材与立柱相交的地方，都有雕花挂牙和角牙支托。

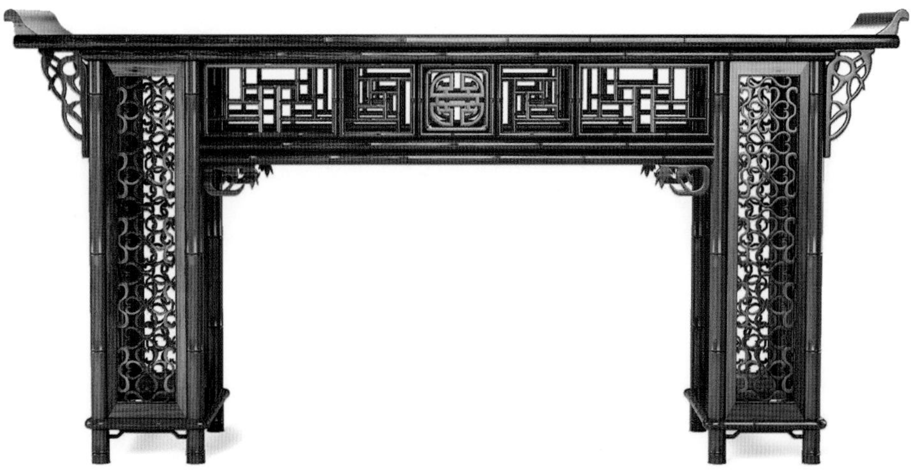

主视图

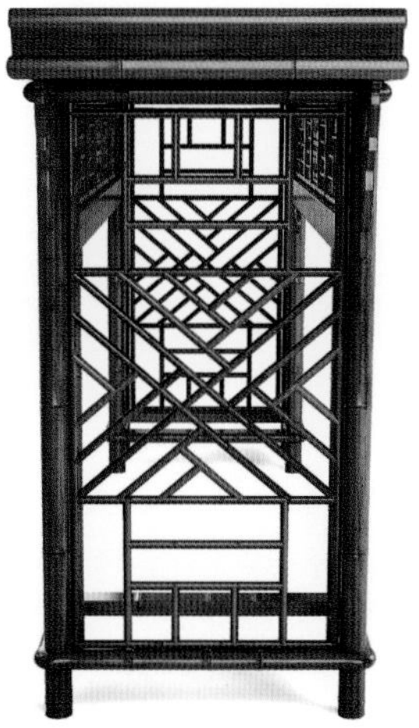

侧视图

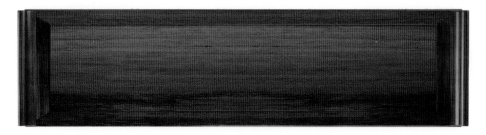

俯视图

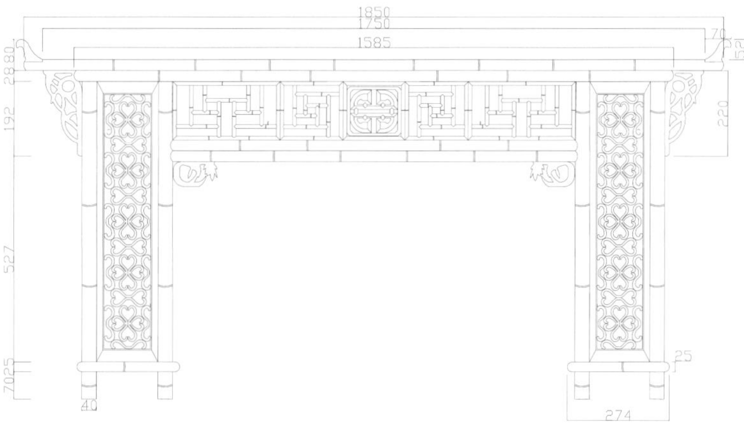

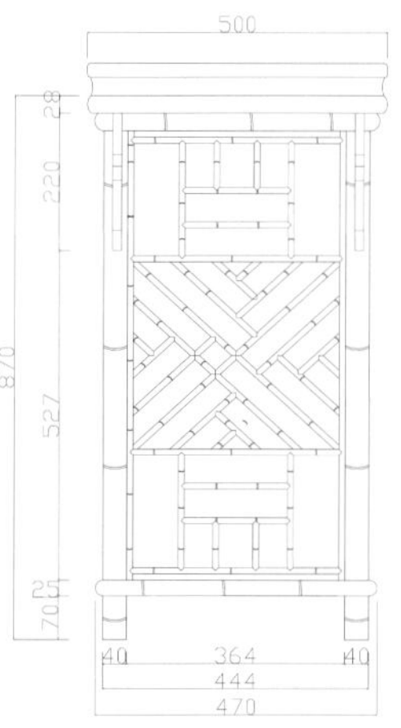

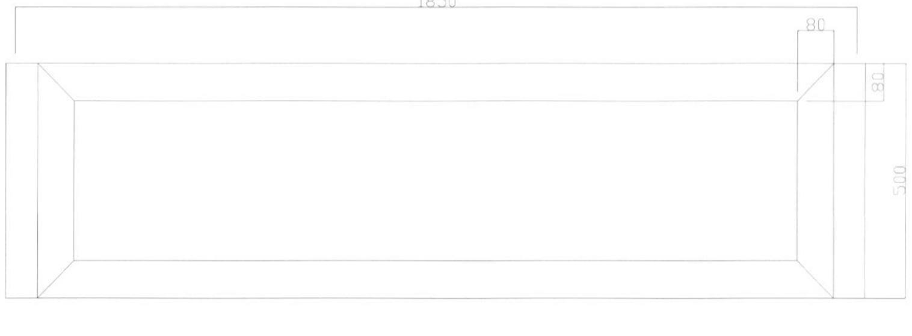

CAD 结构图

八　仙　供　桌

透视图

款式点评：

八仙供桌面有翘头，面下双屉，屉面浮雕八仙纹式，三弯腿，腿间有单横枨，腿下有圆形托泥脚，整器典雅古朴。

主视图

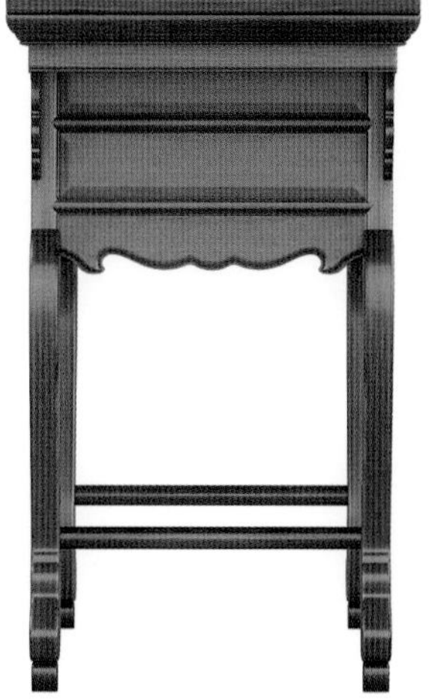

侧视图

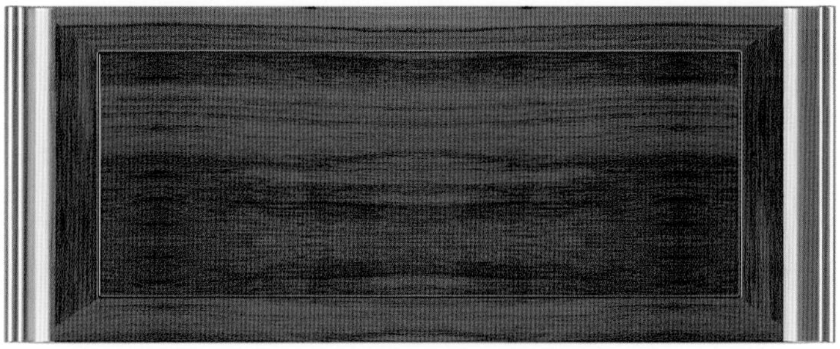

俯视图

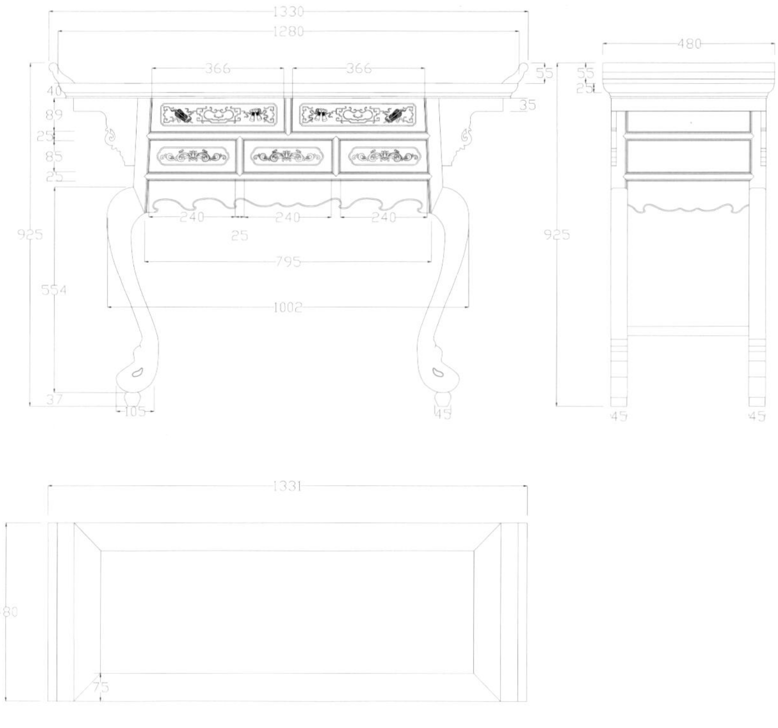

CAD 结构图

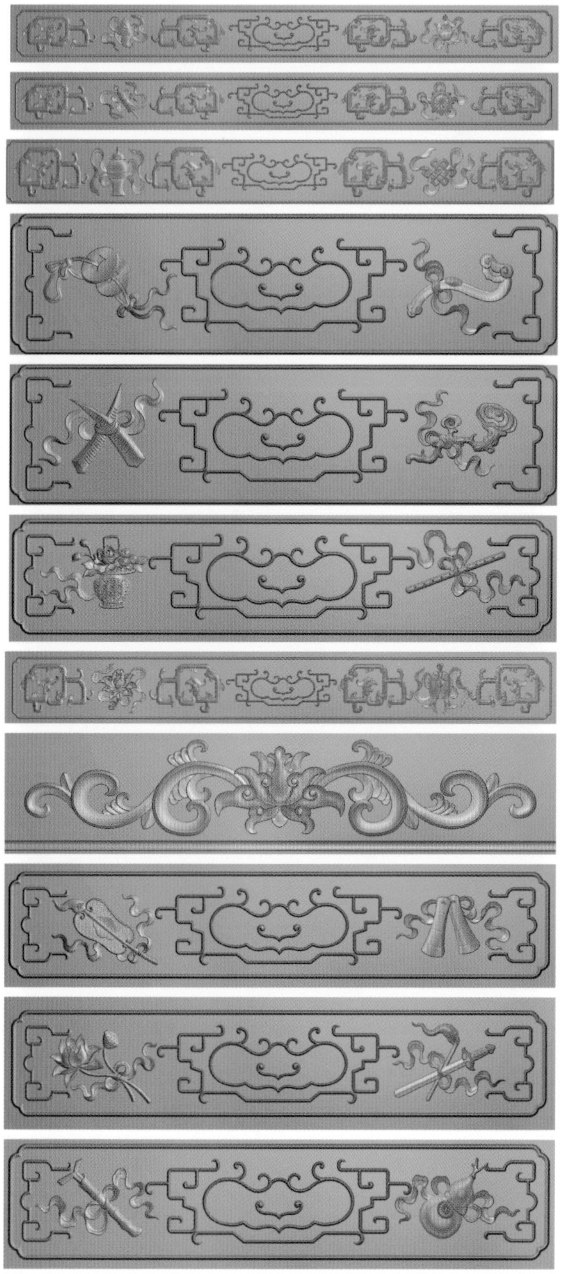

精雕图

卷纹草安桌

透视图

款式点评：

此款案桌为高低组合款，上下案面均平整光滑，外侧案头向上卷起，内侧案头向下卷起，案面下设抽屉，案面与六腿连接处均有雕花挂牙和角牙连接支托。高案下有两层横板可用来摆放物品。

主视图

侧视图

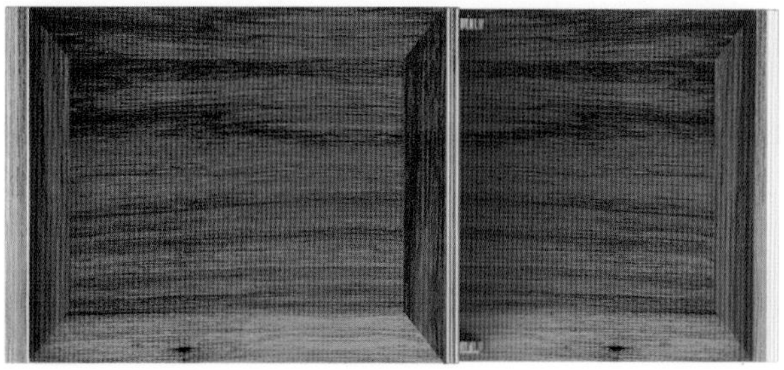

俯视图

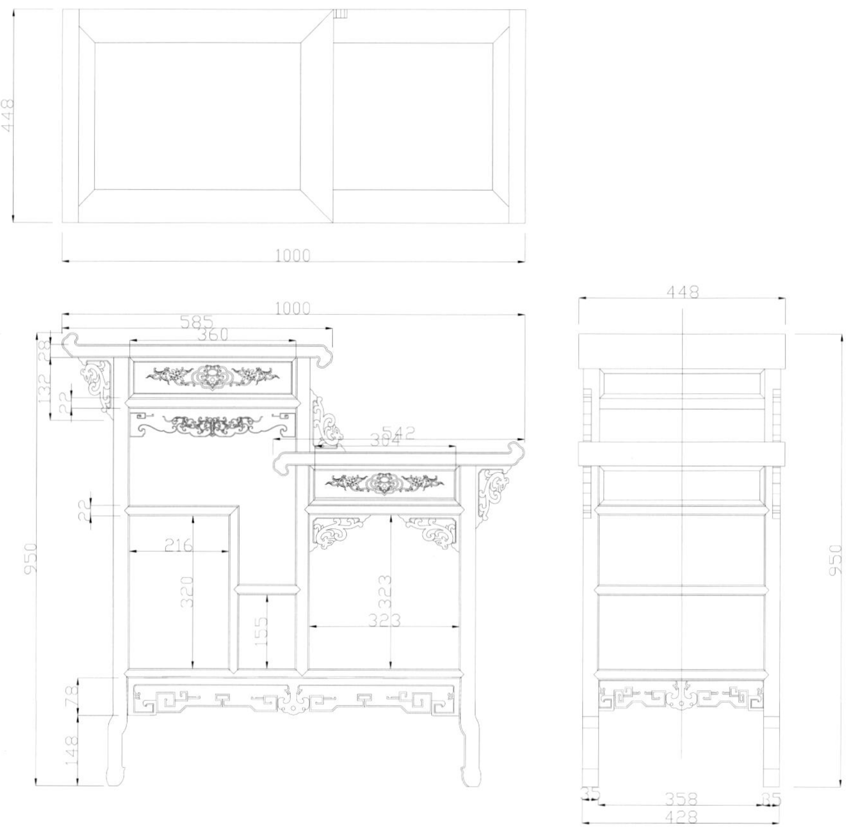

CAD 结构图

精雕图

画案两件套

透视图

款式点评：

此款画案套装古朴而美观，案面光素平整，两侧案腿以祥云图案相连，牙条平整，牙头雕刻为如意云头样式。配套座椅靠背板上部雕刻图案形象而生动。

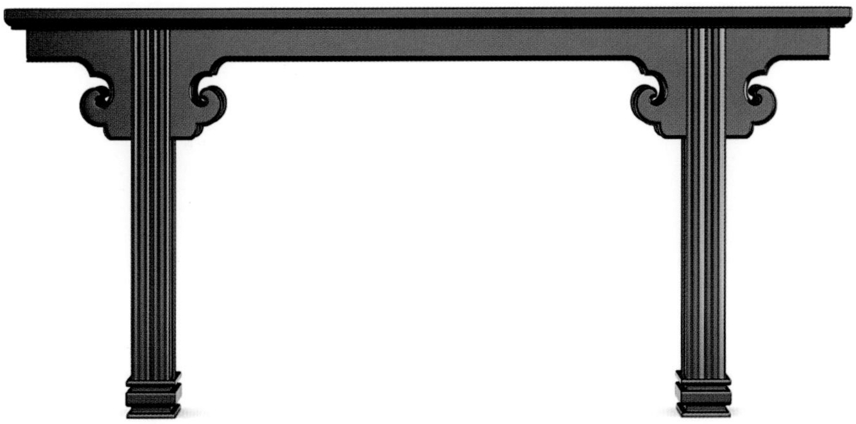

主视图

侧视图

俯视图

透视图

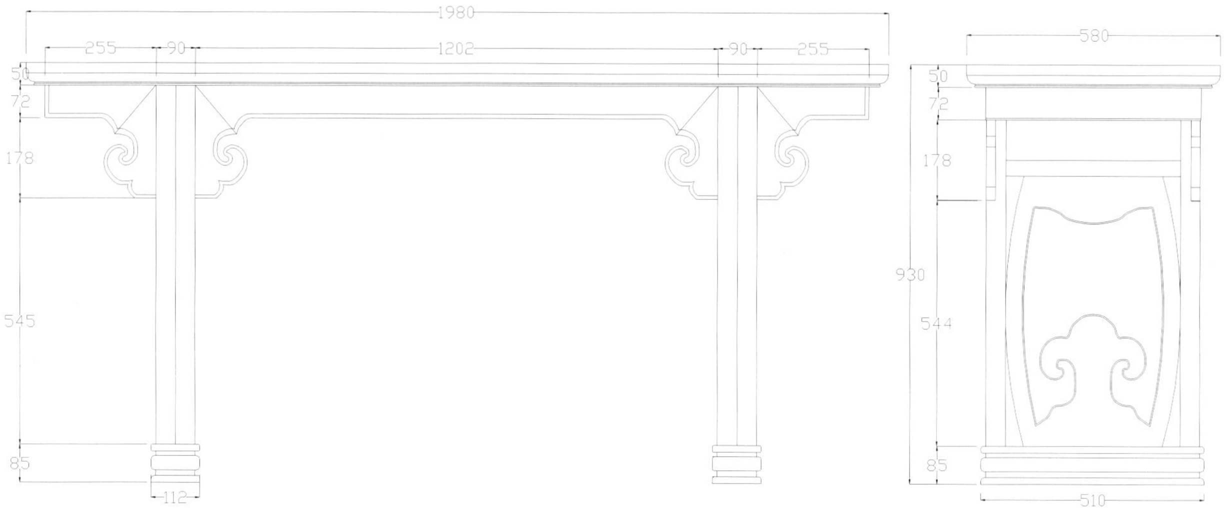
1980
255
90
1202
90
255
50
72
178
545
85
112
580
50
72
178
930
544
85
510

1980
100
100
580

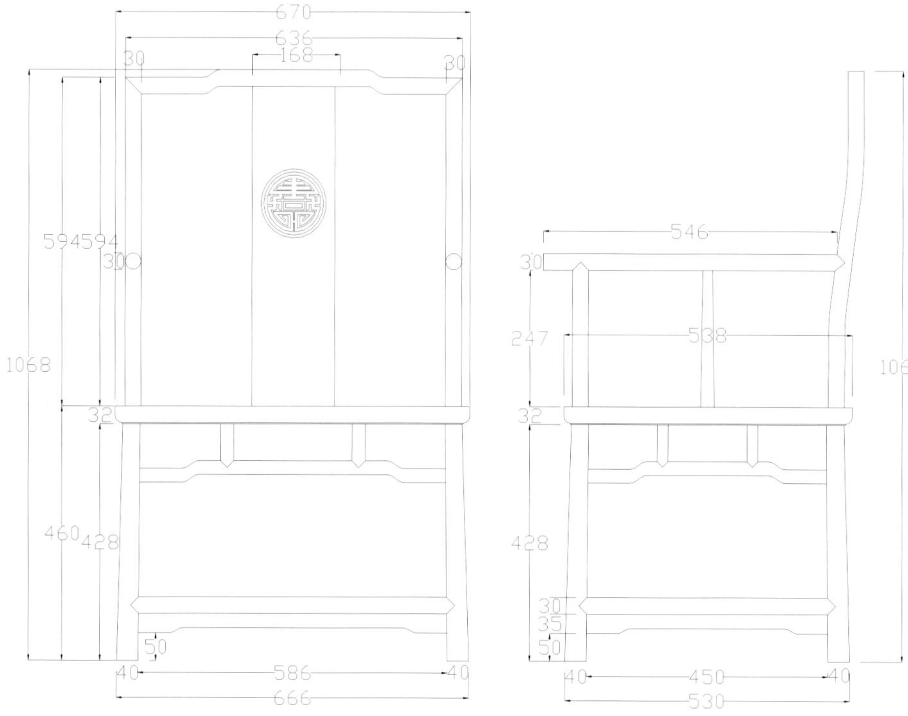
670
636
168
30
30
594594
30
1068
32
460
428
50
40
586
40
666
546
30
247
538
1068
32
428
30
35
50
40
450
40
530

CAD 结构图

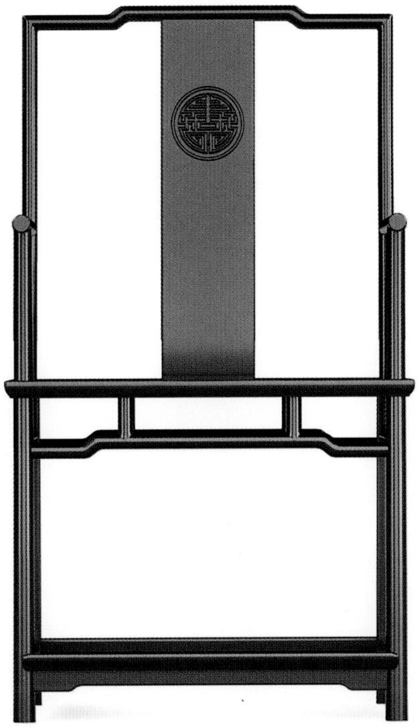

主视图

侧视图

俯视图

透视图

小 条 案

透视图

款式点评：

此款案面平直，牙头与腿衔接处做卷云纹装饰，圆腿直足，腿间有横板，造型美观大方。

主视图

侧视图

俯视图

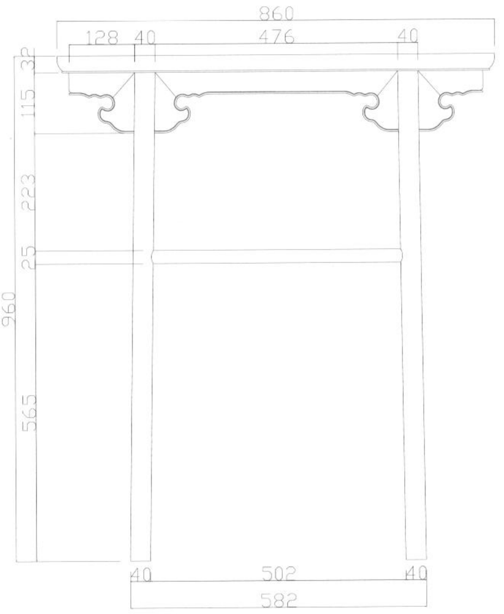

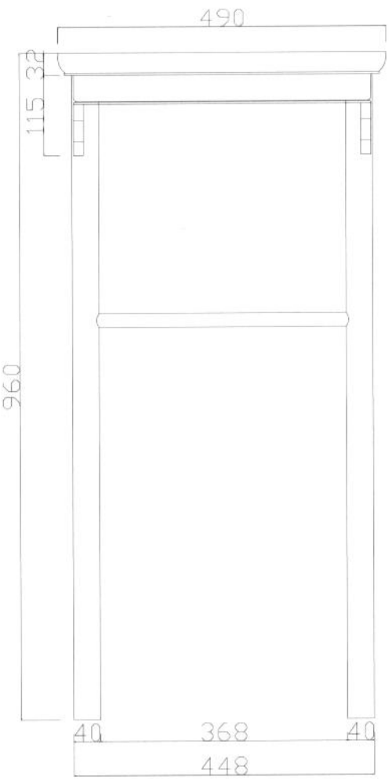

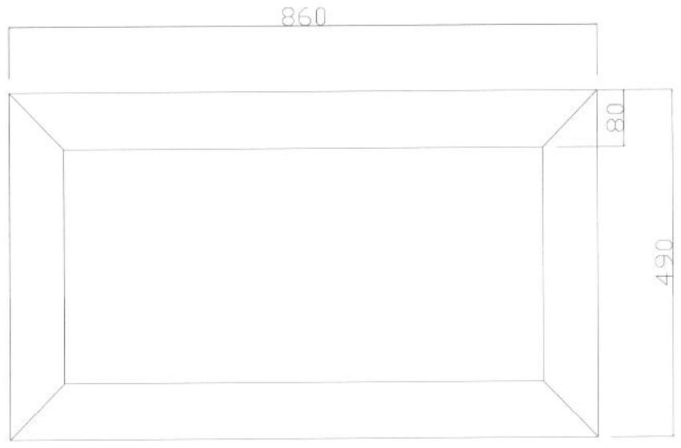

CAD 结构图

半 圆 桌 01

透视图

款式点评：

此款为半圆桌，桌面平整光滑，牙条、牙头透视性强，圆腿直足，腿间有透雕花纹作为横板连接，可放置物品。整体美观而简洁。

主视图

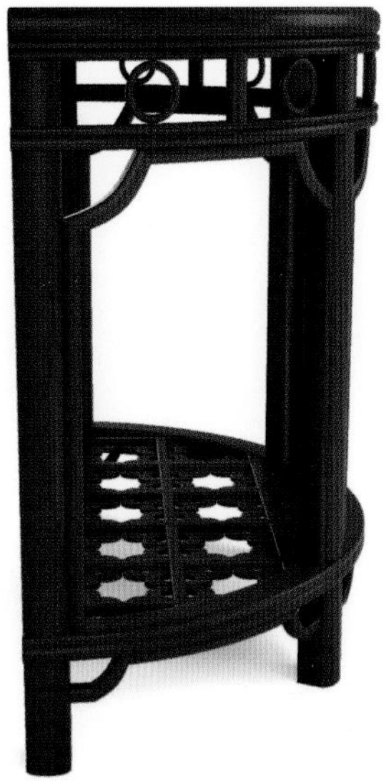

侧视图

俯视图

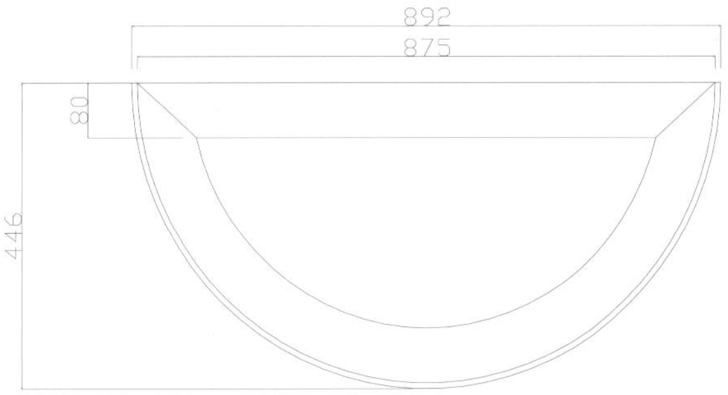

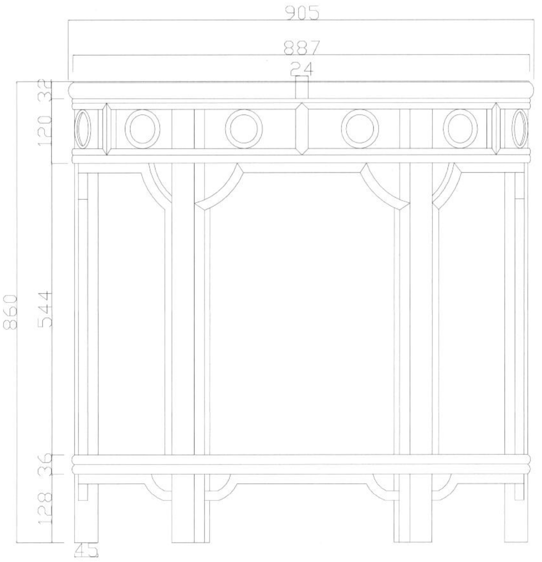

CAD 结构图

半 圆 桌 02

透视图

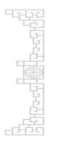

款式点评：

此款半圆桌采用束腰式桌面，壶门式轮廓上雕刻花腾纹样，雕花式三弯腿以牙条相连接，整体灵动而充满古韵。

主视图

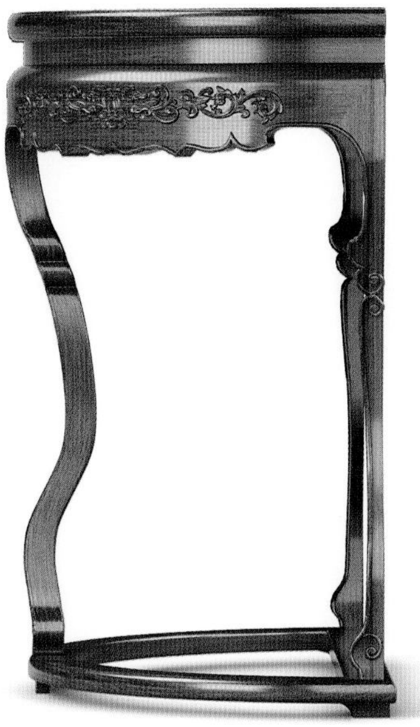

侧视图

俯视图

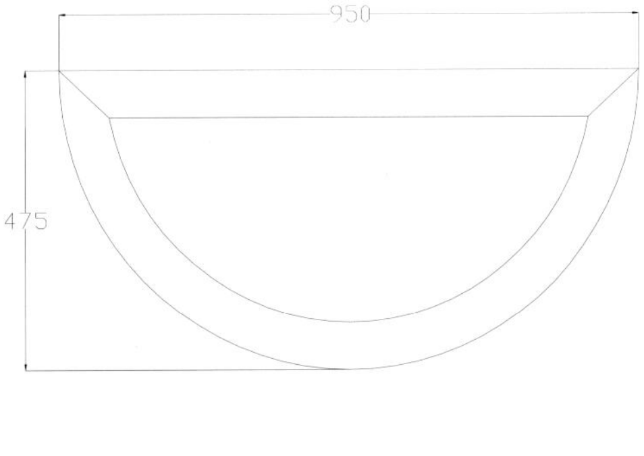

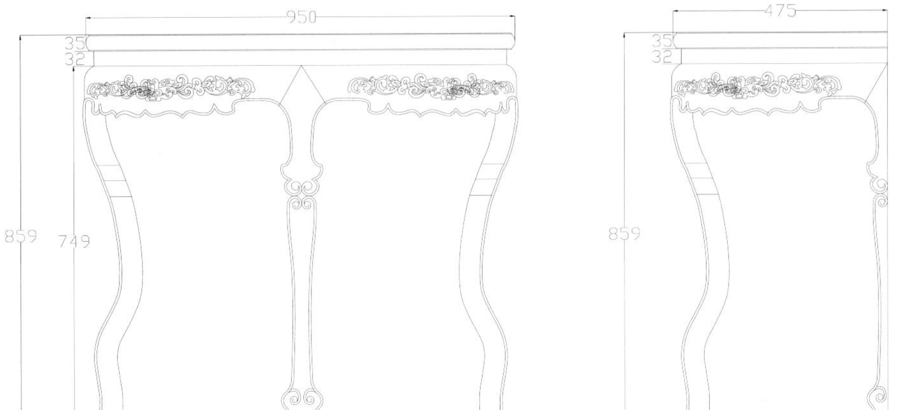

CAD 结构图

六　　角　　桌

透视图

款式点评：

此款六角桌桌面平整光亮，束腰雕刻有藤蔓纹样，牙条平直雕刻有铜钱纹路，四腿方直以雕花横板做连接，足下雕有祥云纹样。

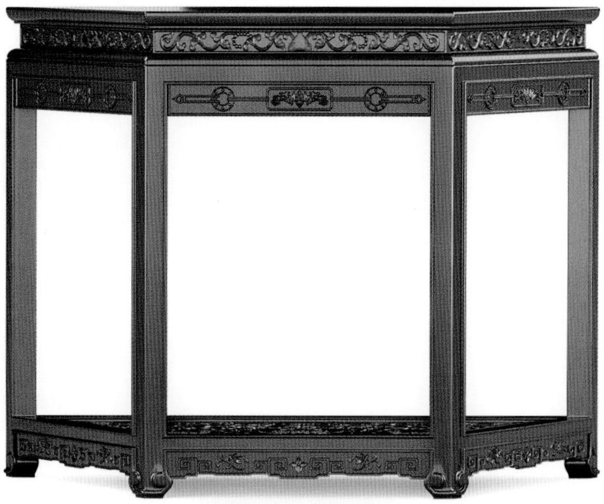

主视图

侧视图

俯视图

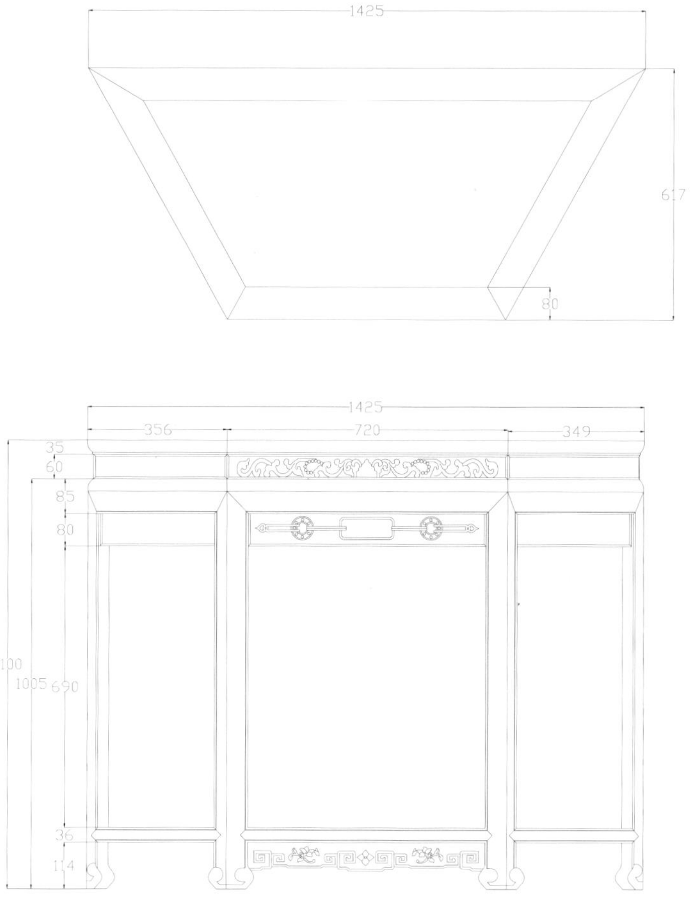

CAD 结构图

古朴餐台组合

透视图

款式点评：

此款餐台给人以方正厚重之感，桌面平整厚重，四腿粗壮，腿间以枨相连。牙板与腿上雕有花纹图样。配套座椅椅背宽厚，搭脑两端突出，四腿以枨相连，方腿直足，脚为外翻马蹄形。

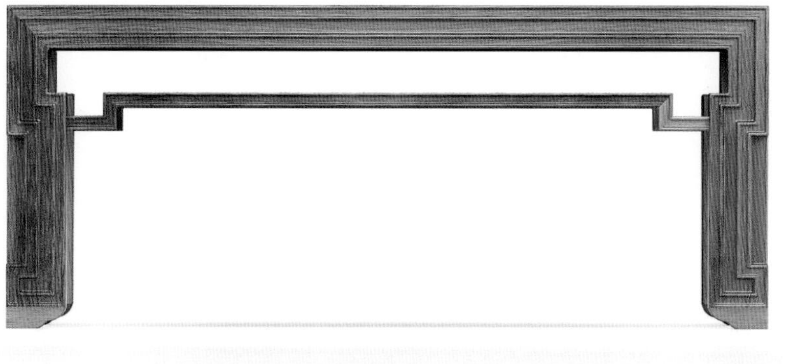
主视图

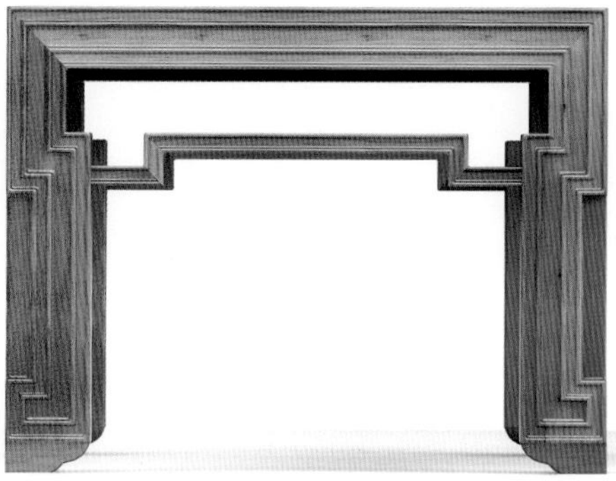
侧视图

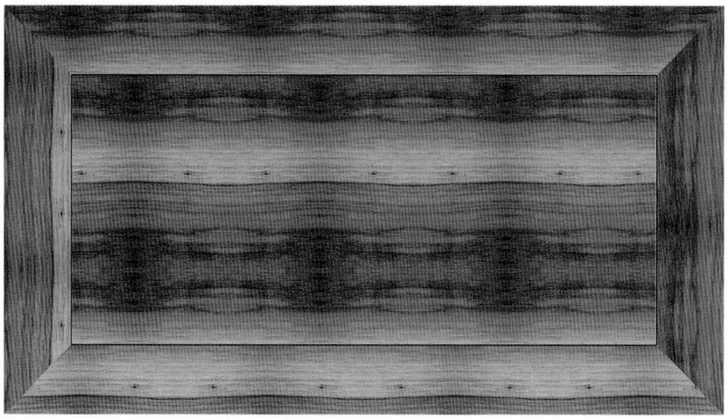
俯视图

透视图

主视图

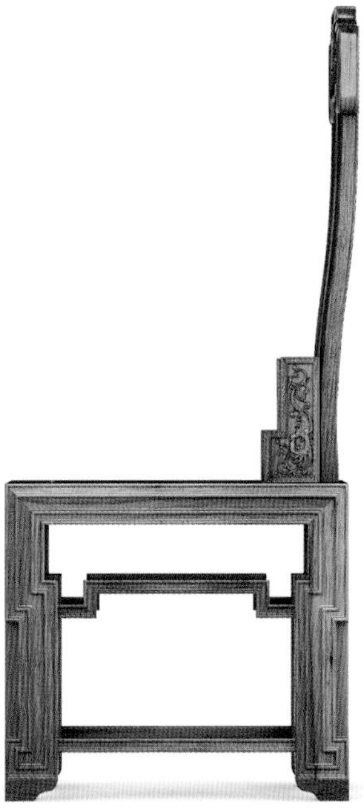

侧视图

俯视图

透视图

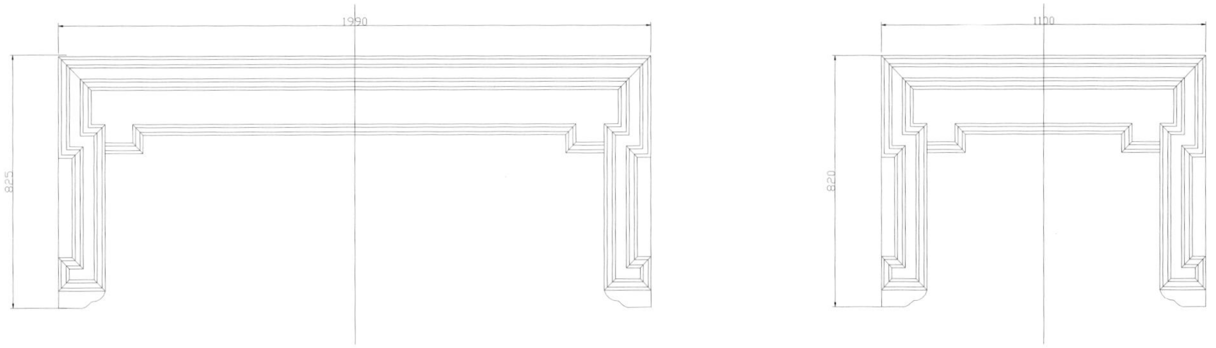

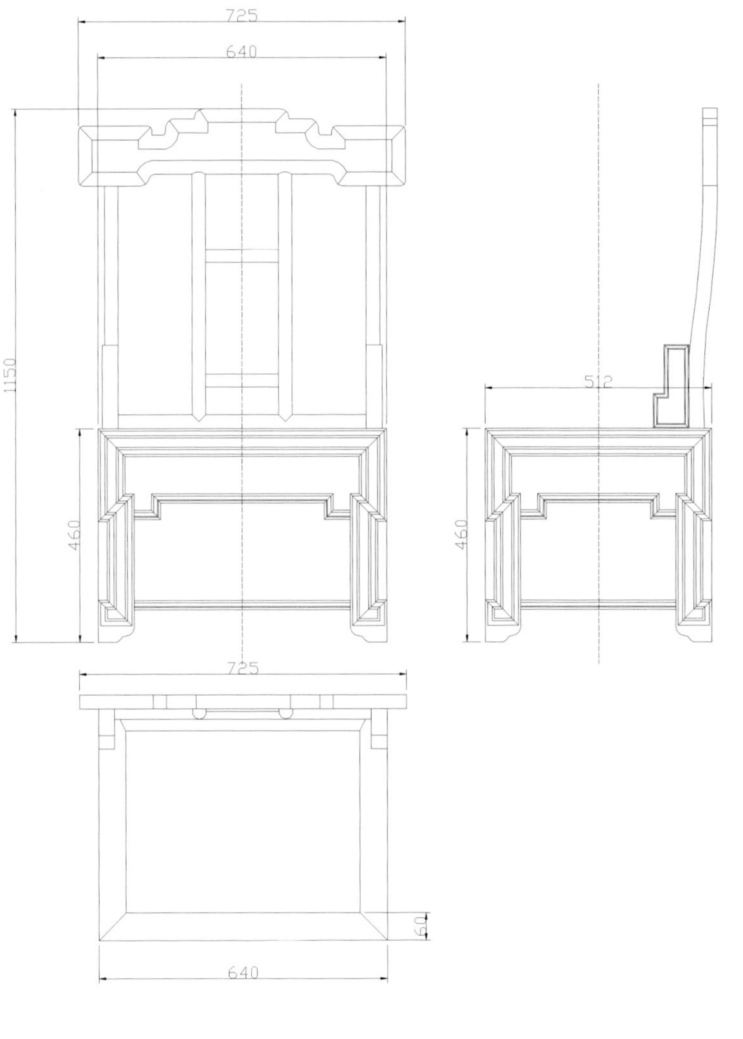

CAD 结构图

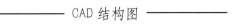

富贵餐台组合

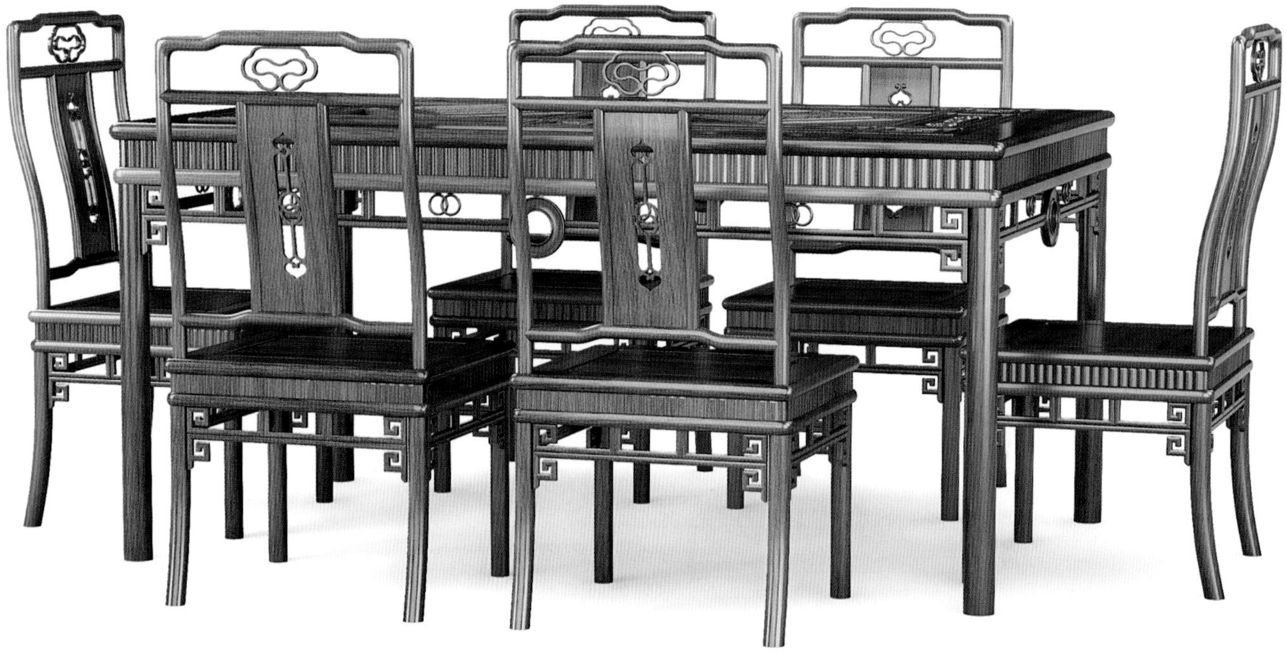

透视图

款式点评：

此款餐台预示着富贵吉祥之意，桌面平整，高束腰做竖条纹状，牙条牙头呈铜钱、祥云形状，圆腿直足，配套座椅靠背板与搭脑做型精美，椅面平整，高束腰纹理与桌面呼应，圆腿外撇，中有罗锅枨和矮老做支撑，罗锅枨顶端为万字纹造型。

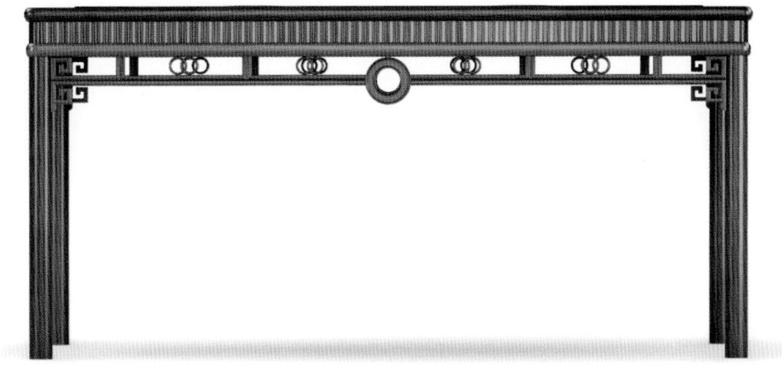

主视图

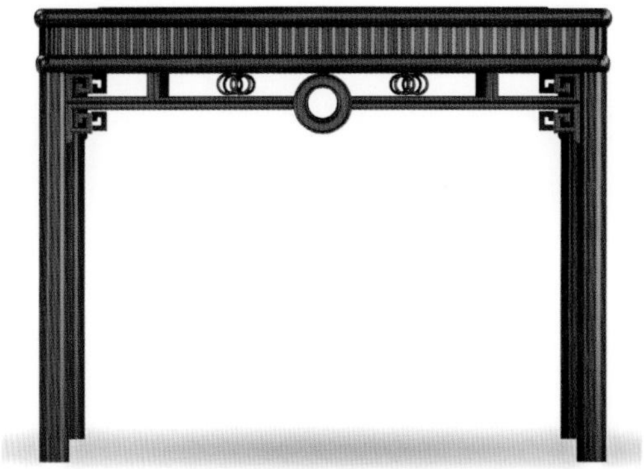

侧视图

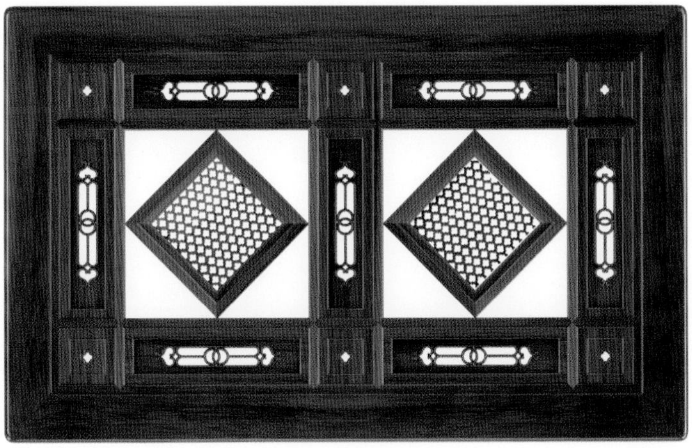

俯视图

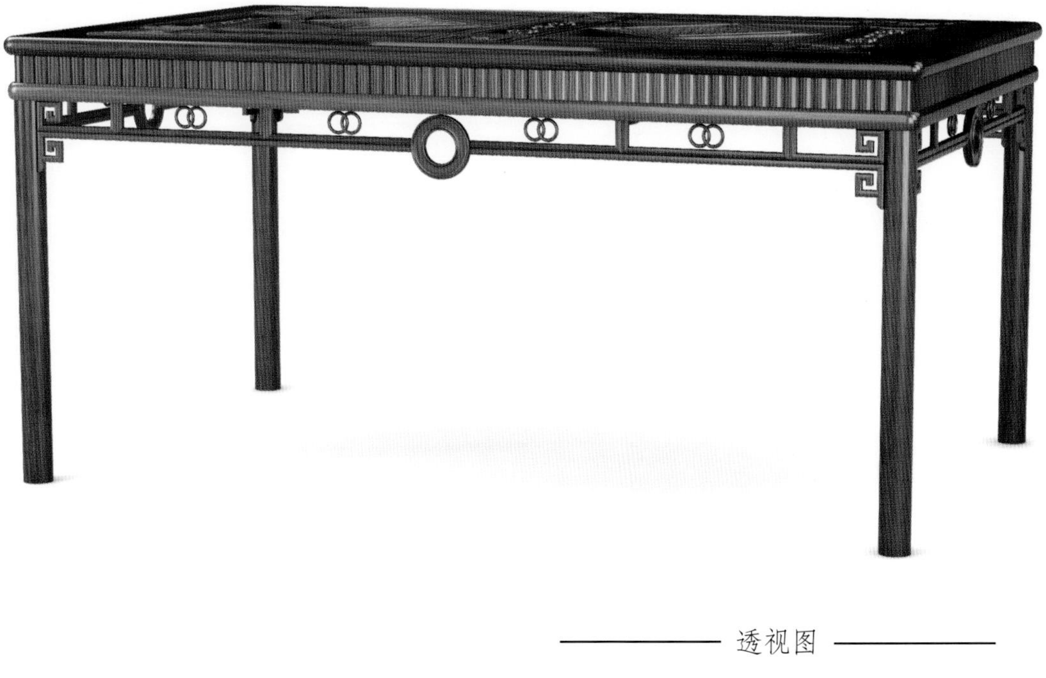

透视图

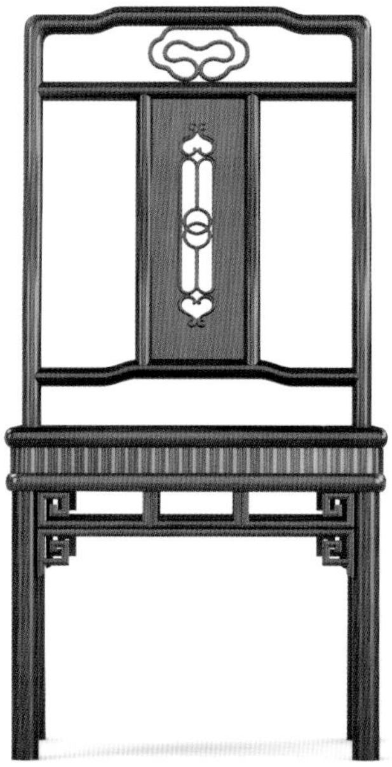

主视图

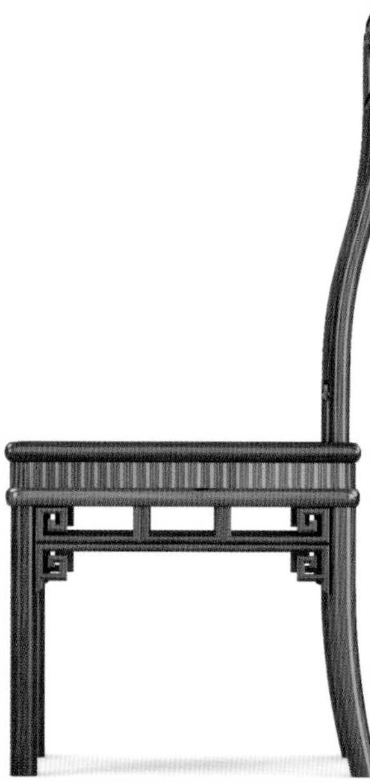

侧视图

俯视图

透视图

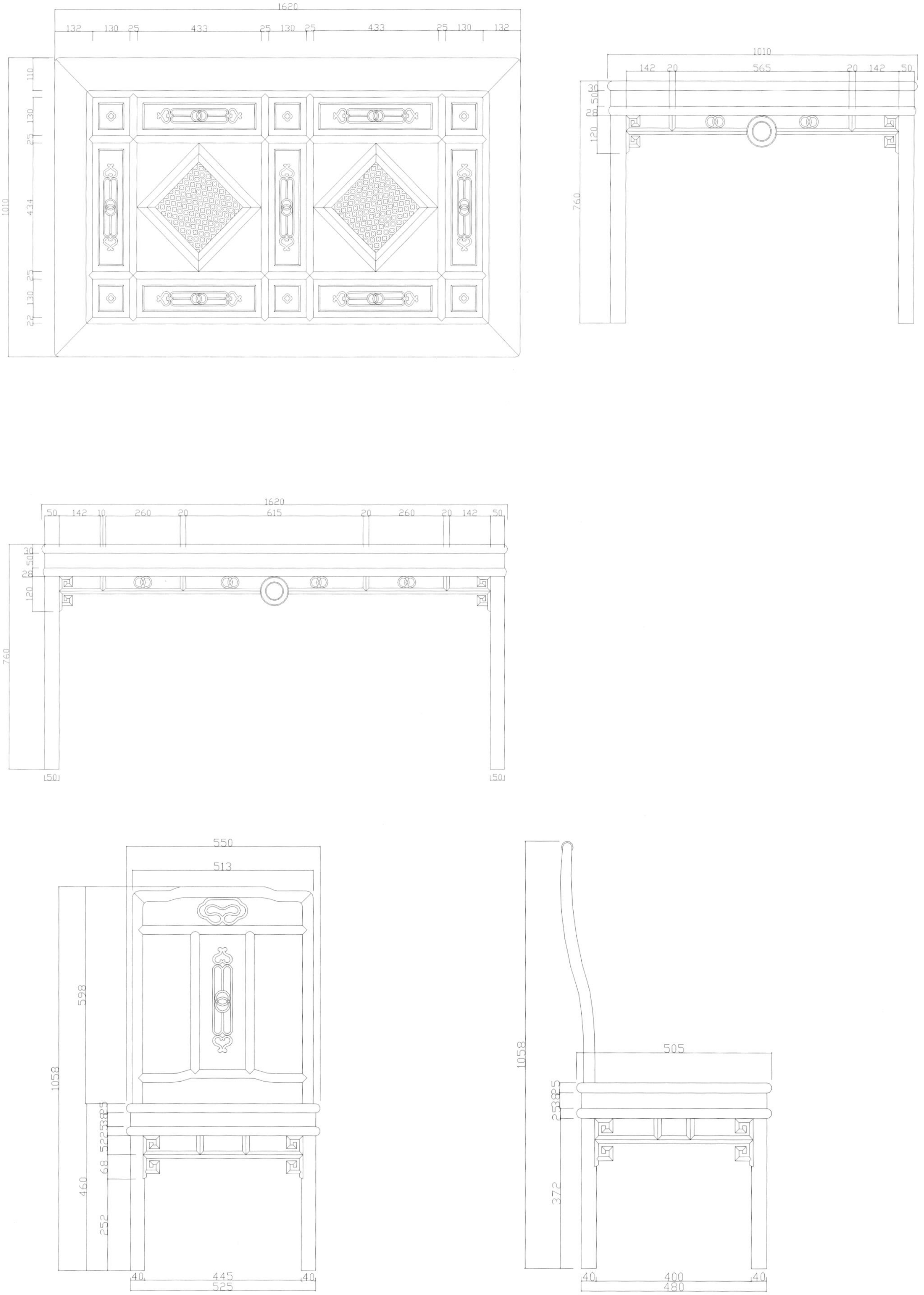
1620
132 130 25 433 25 130 25 433 25 130 132
110 130 25 434 25 130 22
1010
142 20 565 20 142 50
30 50 25 120
760
50 142 10 260 20 615 20 260 20 142 50
550
513
598
1058
460
252
40 445 40
525
505
372
40 400 40
480

CAD 结构图

臺案類

竹　节　餐　台

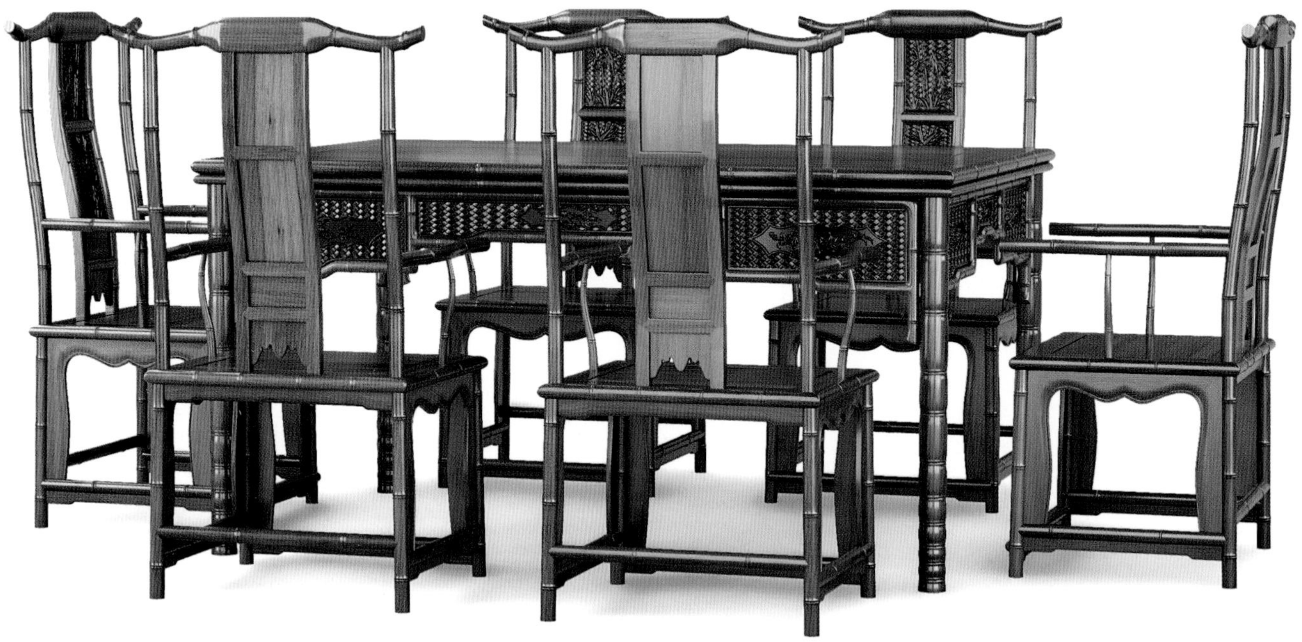

透视图

款式点评：

此款餐台预示着步步登高，桌椅均以竹节作为基本造型，长方形的桌面平整光滑，罗锅枨与矮老连接支撑的四腿间有透雕牙板。配套座椅为典型的“官帽椅”靠背板分为三部分，上中以透雕花纹为主，底部留有亮脚，腿间并设步步登高枨。

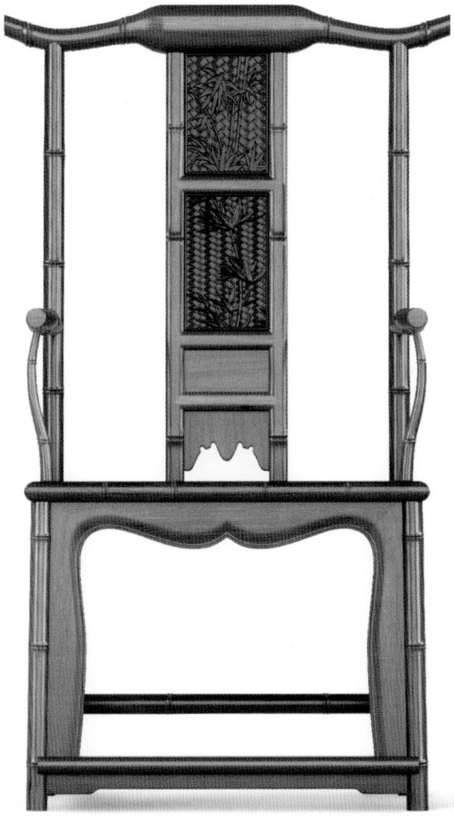

主视图

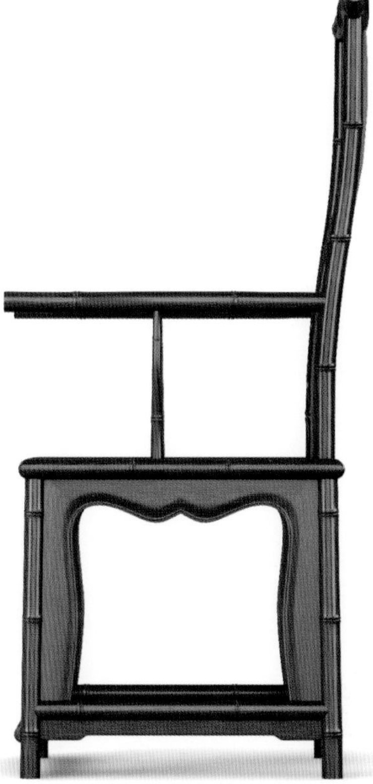

侧视图

俯视图

透视图

透视图

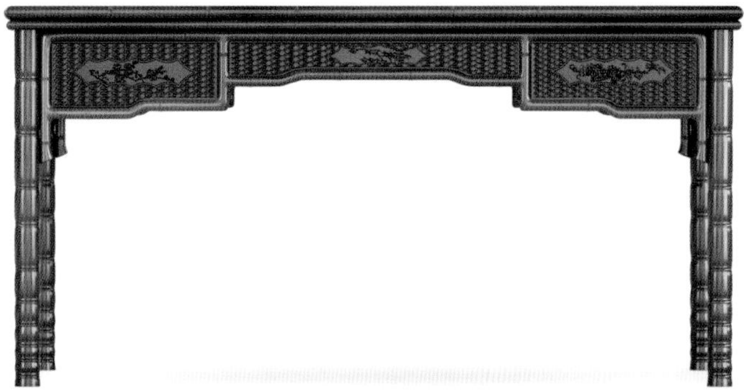

主视图

侧视图

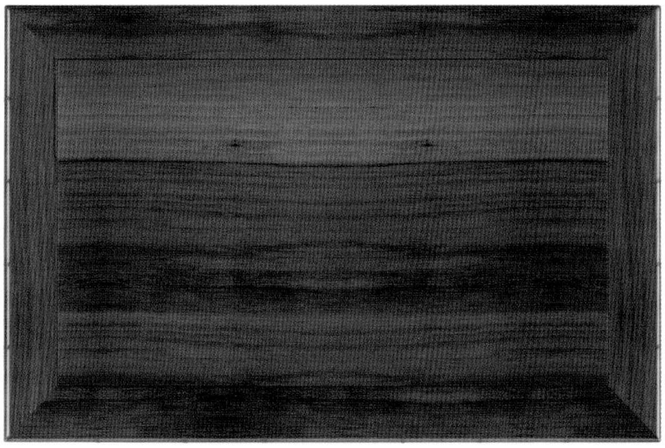

俯视图

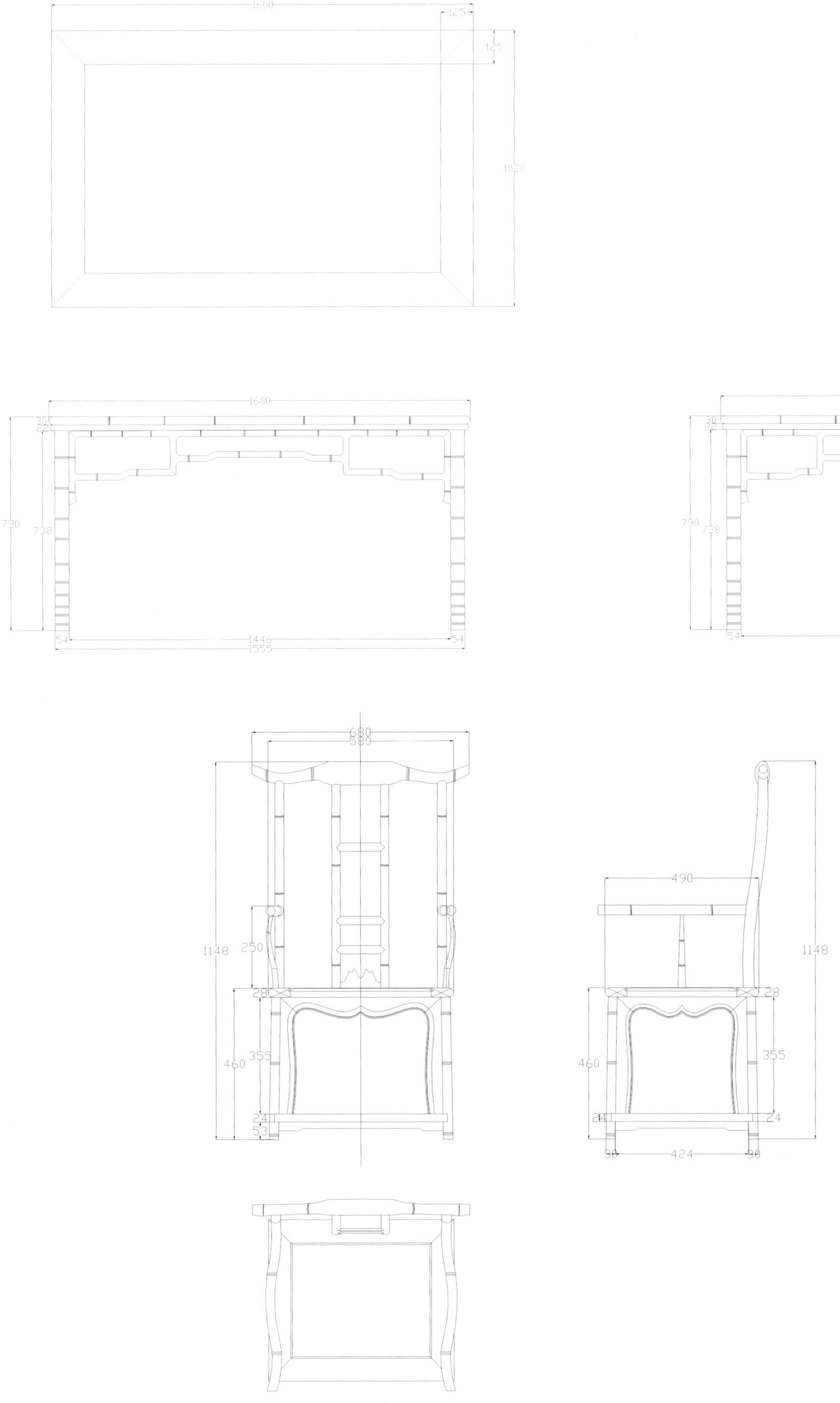
1600
125
125
1020
1600
30
22
790
738
54
1446
54
1555
1020
30
22
790
738
54
866
54
680
580
1148
250
28
460
355
24
53
490
1148
28
460
355
24
24
38
424
38

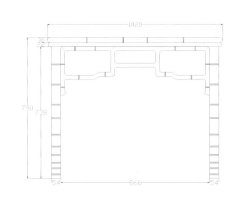

CAD 结构图

福 庆 餐 台

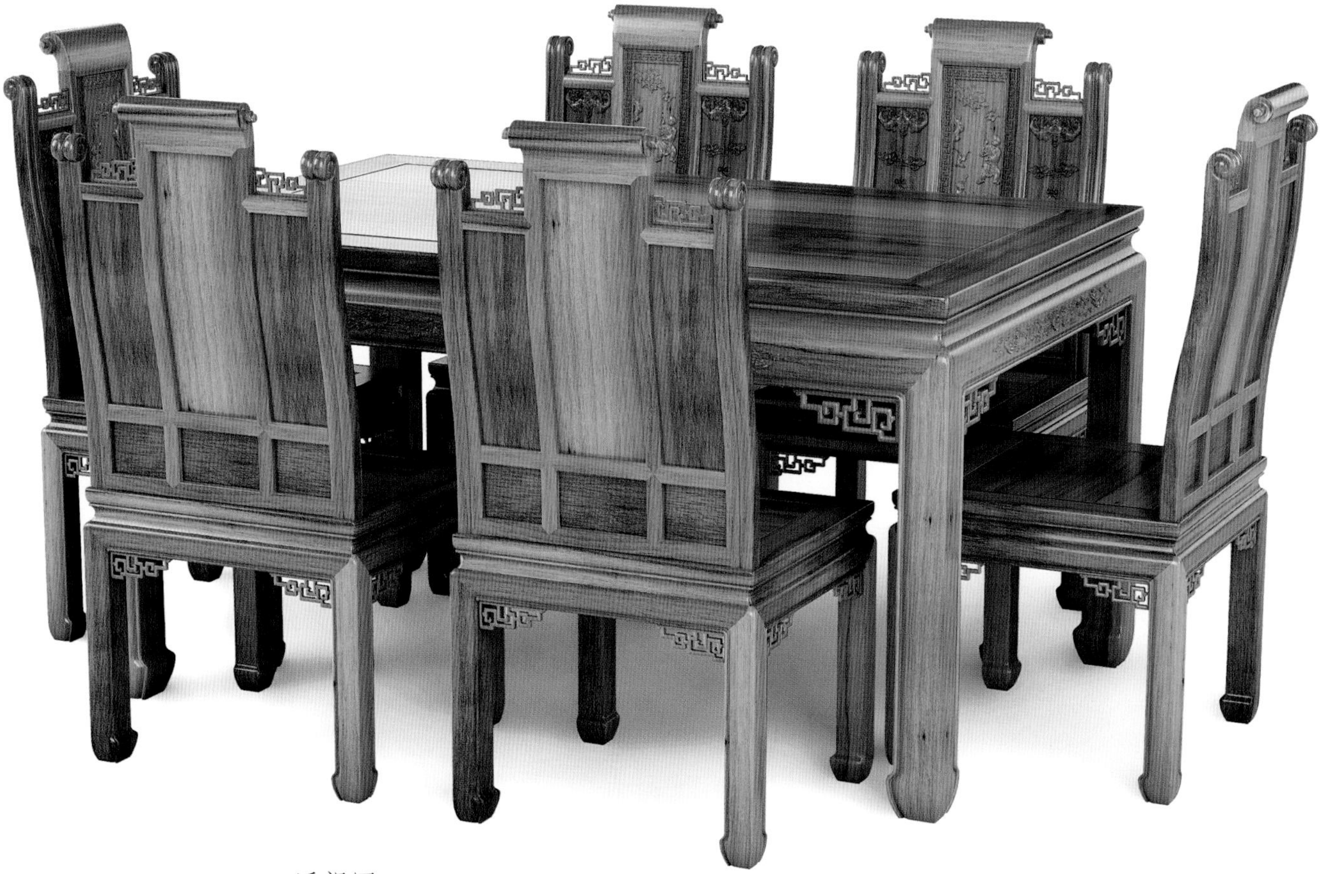

透视图

款式点评：

此款餐桌充满着浓厚的古韵，整体显得厚重大气。桌面光素下有束腰，牙板简洁牙头雕刻以回字纹。方腿直足，脚呈内翻马蹄形。配套座椅搭脑呈书卷型，靠背板分成左中右三部分，均以精美浮雕做装饰，四腿间牙头装饰与桌腿相呼应，脚为内翻马蹄形。

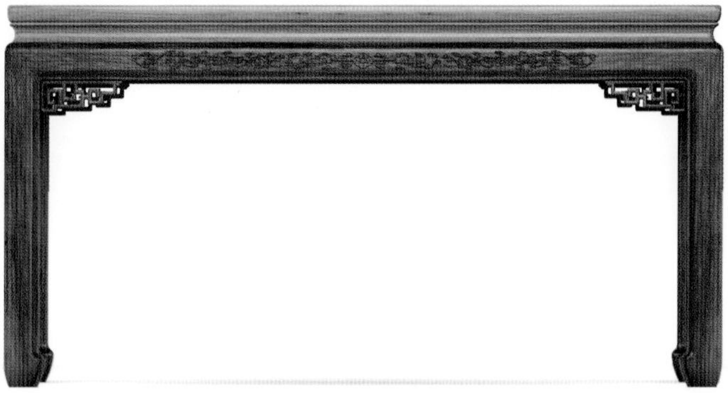

主视图

侧视图

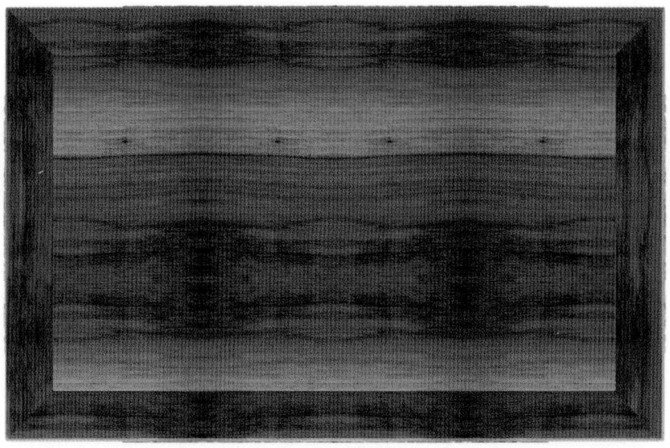

俯视图

透视图

主视图

侧视图

俯视图

透视图

精雕图

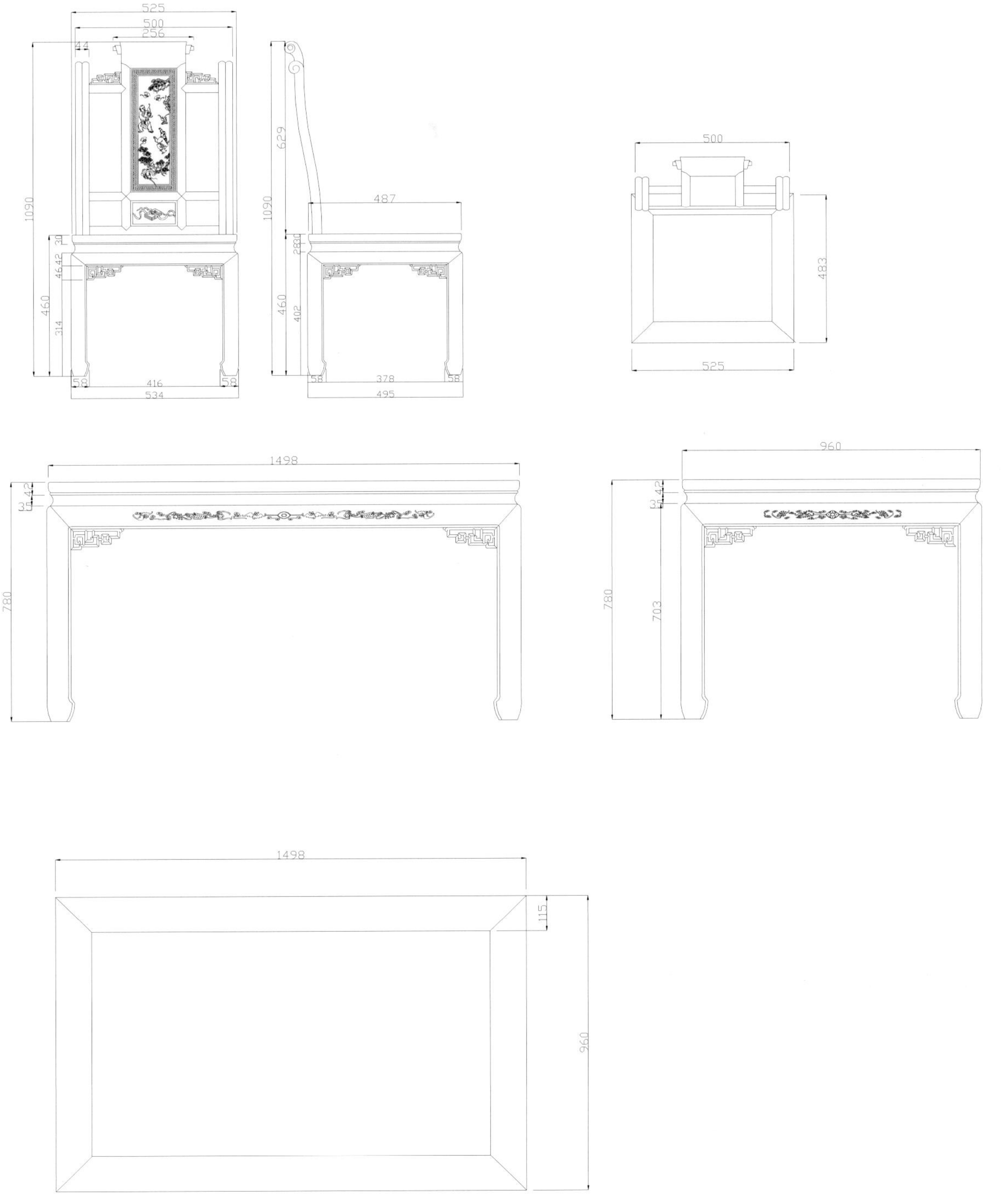

CAD 结构图

格子长方桌

透视图

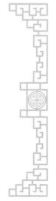

款式点评：

此款长方桌简洁大方，最大特点是桌面整体为透雕回字纹，圆腿直足，腿间以罗锅枨和矮老做支撑连接，古朴而美观。

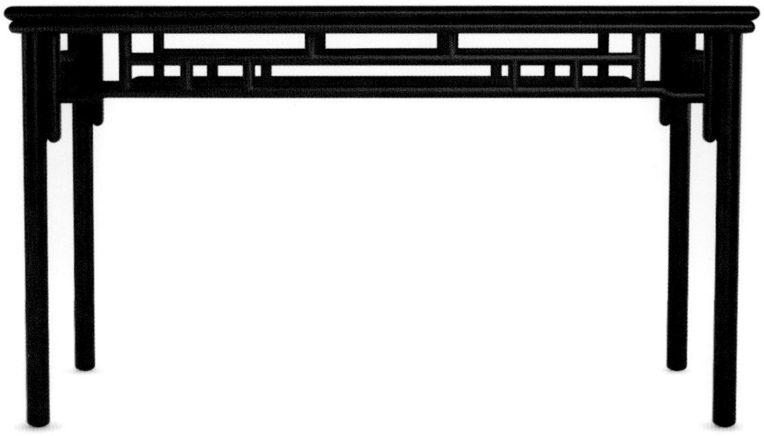

主视图

侧视图

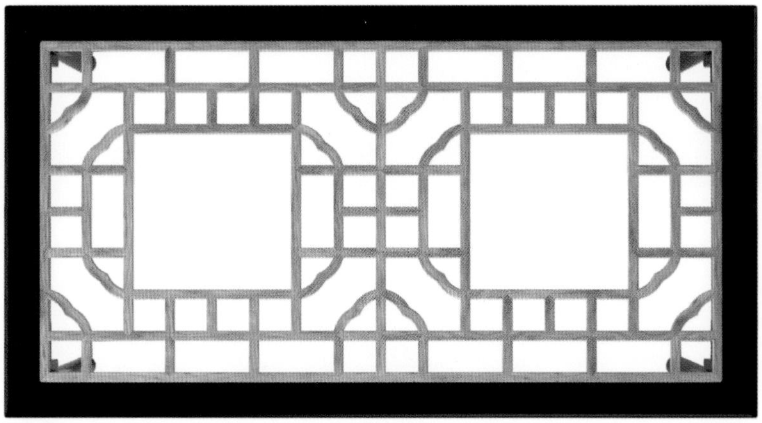

俯视图

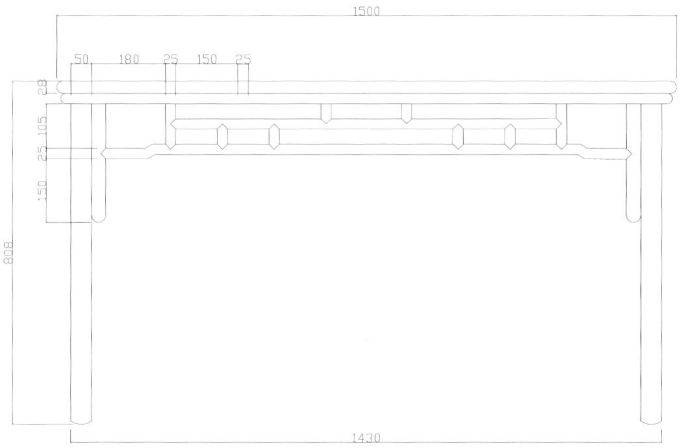

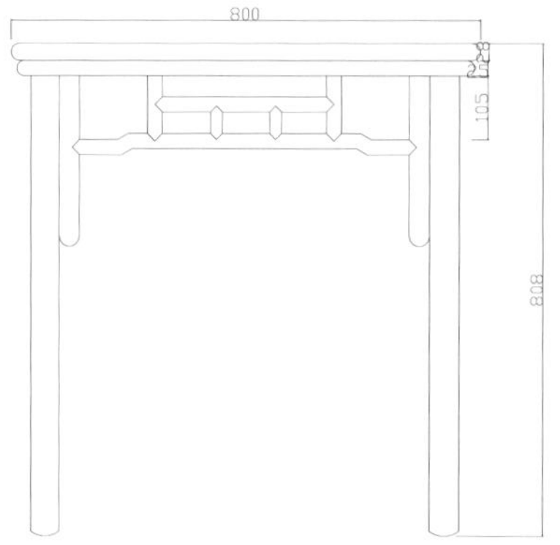

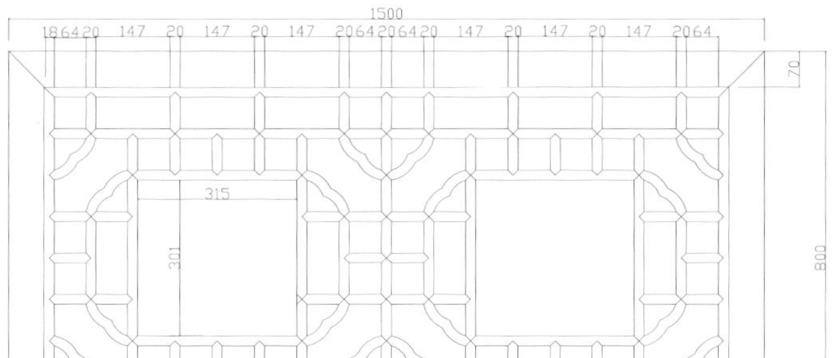

CAD 结构图

花梨长方桌

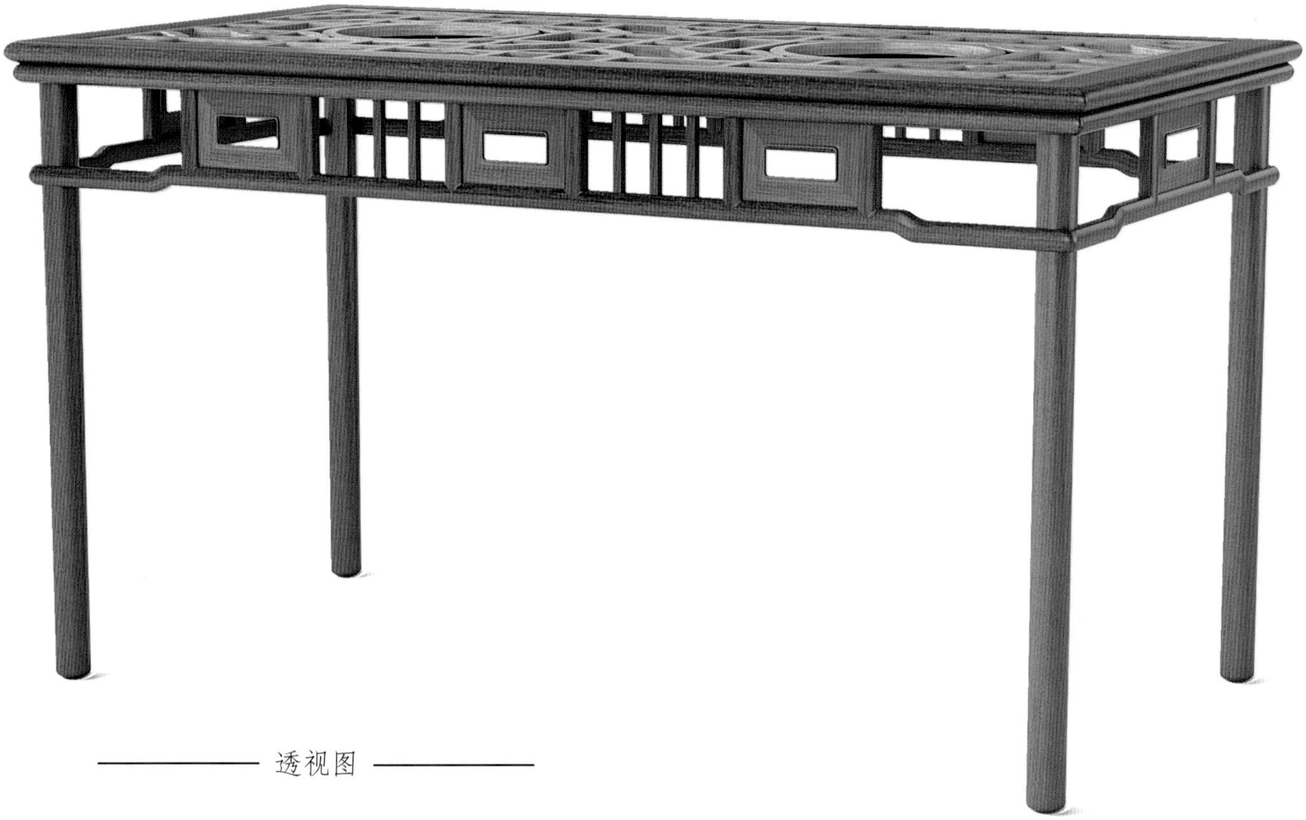

透视图

款式点评：

此款长方桌由花梨木所制，桌面透雕回字纹，圆腿直足，腿间以罗锅枨和矮老做支撑，矮老之间有回字形装饰。

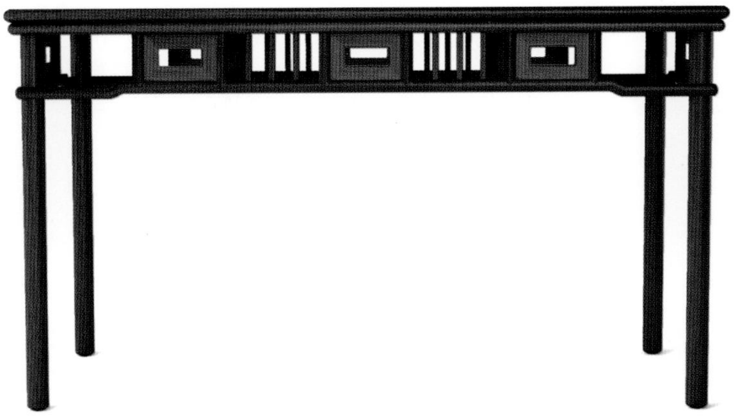

主视图

侧视图

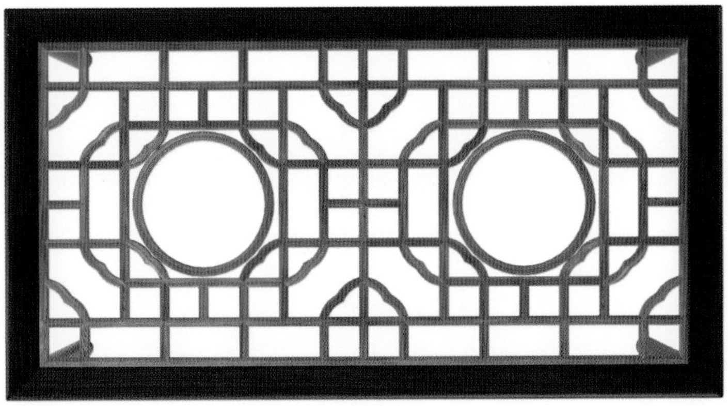

俯视图

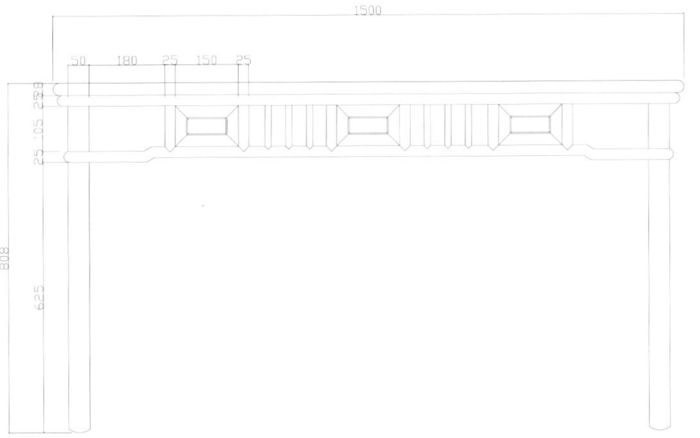

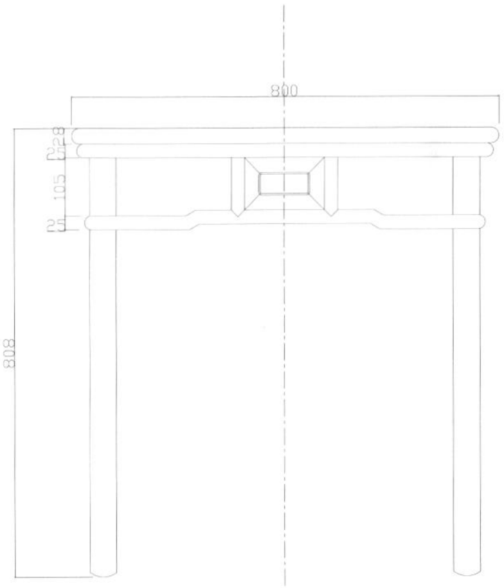

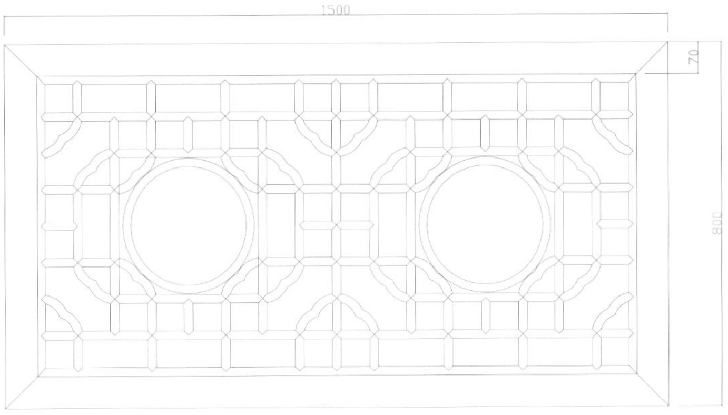

CAD 结构图

圆台休闲桌

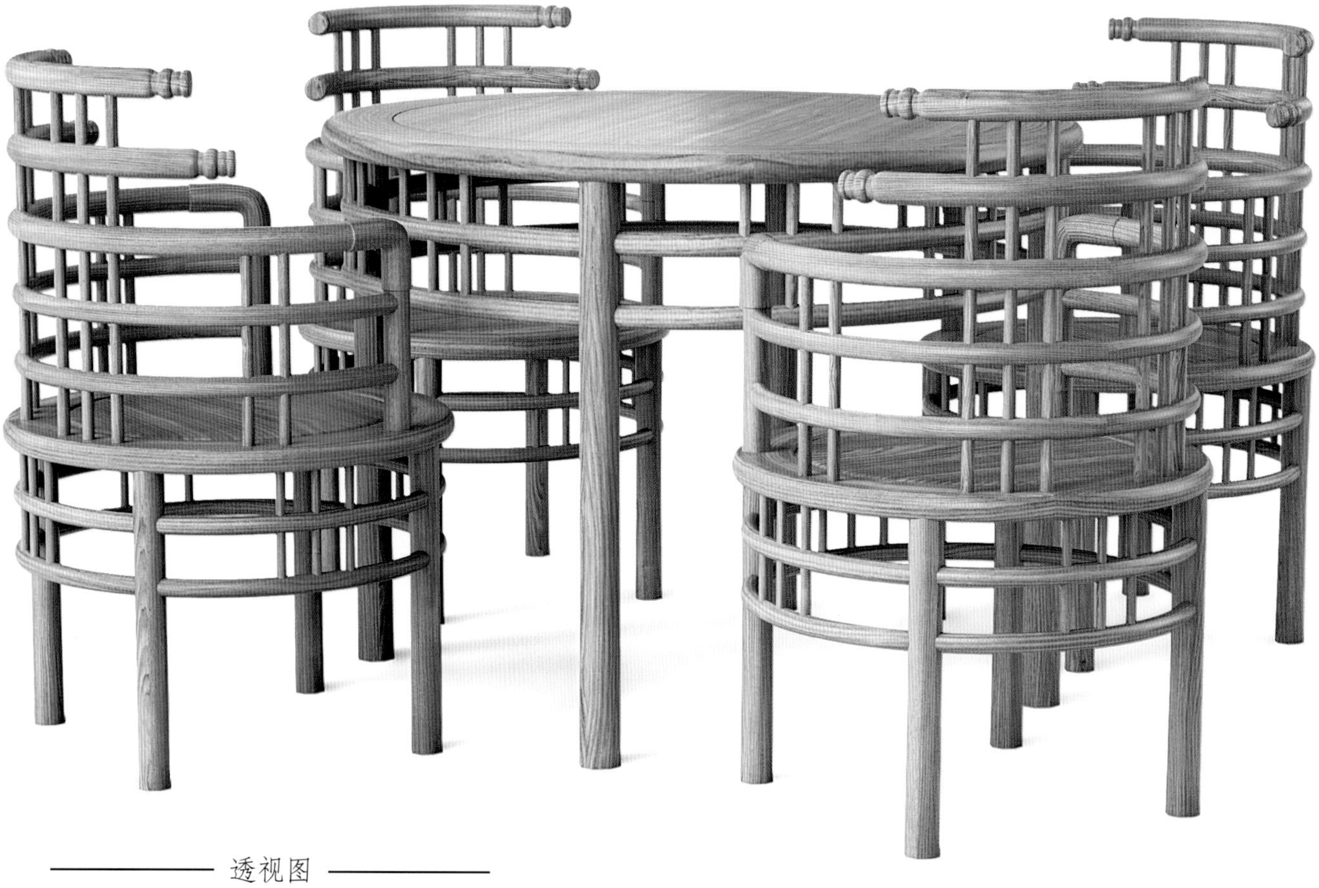

透视图

款式点评：

此款座椅圆润周正，自然而朴实，桌面平整，圆腿直足，腿间以罗锅枨和矮老相连做支撑，配套座椅椅面呈圆形，椅背扶手圆润，圆腿直足，造型与桌相仿。

主视图

俯视图

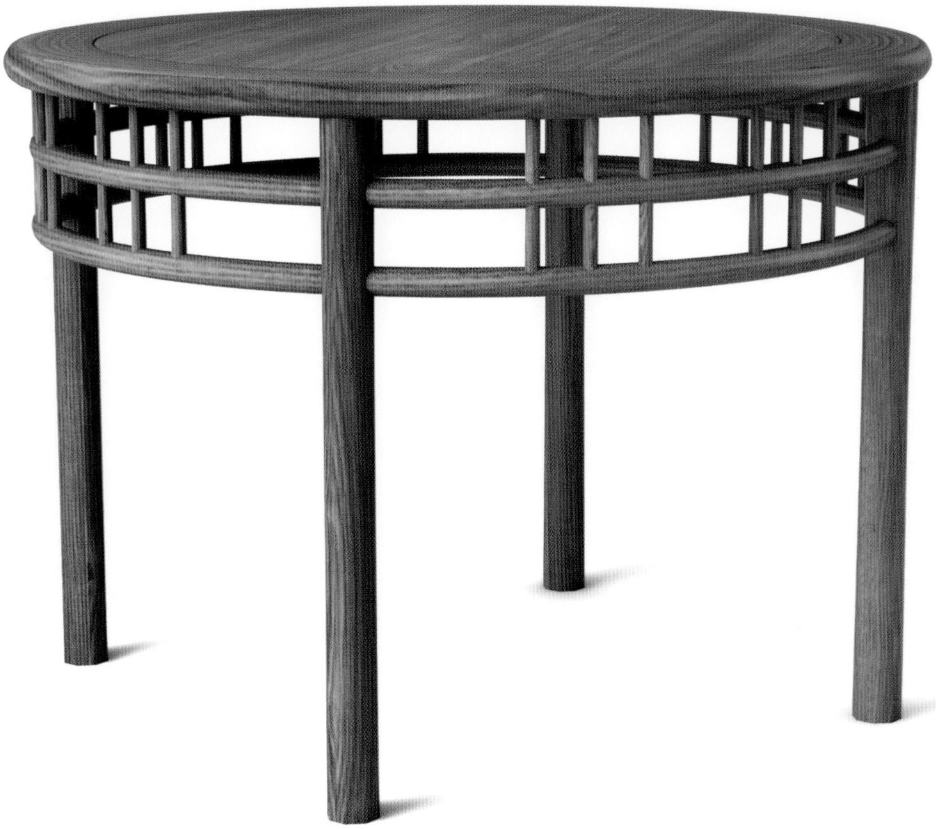

透视图

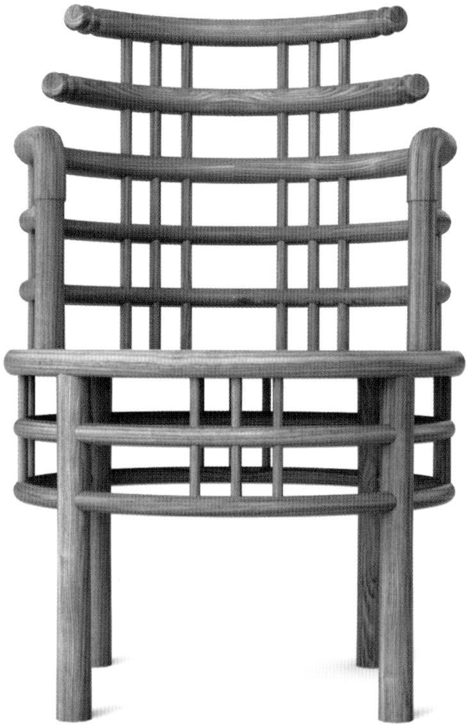

主视图

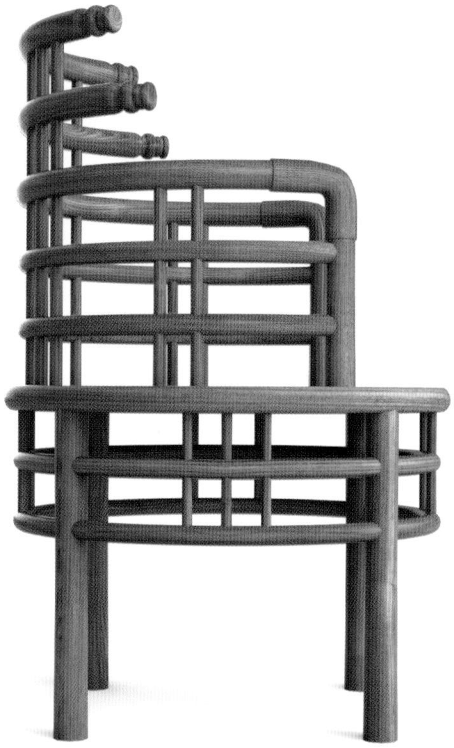

侧视图

俯视图

透视图

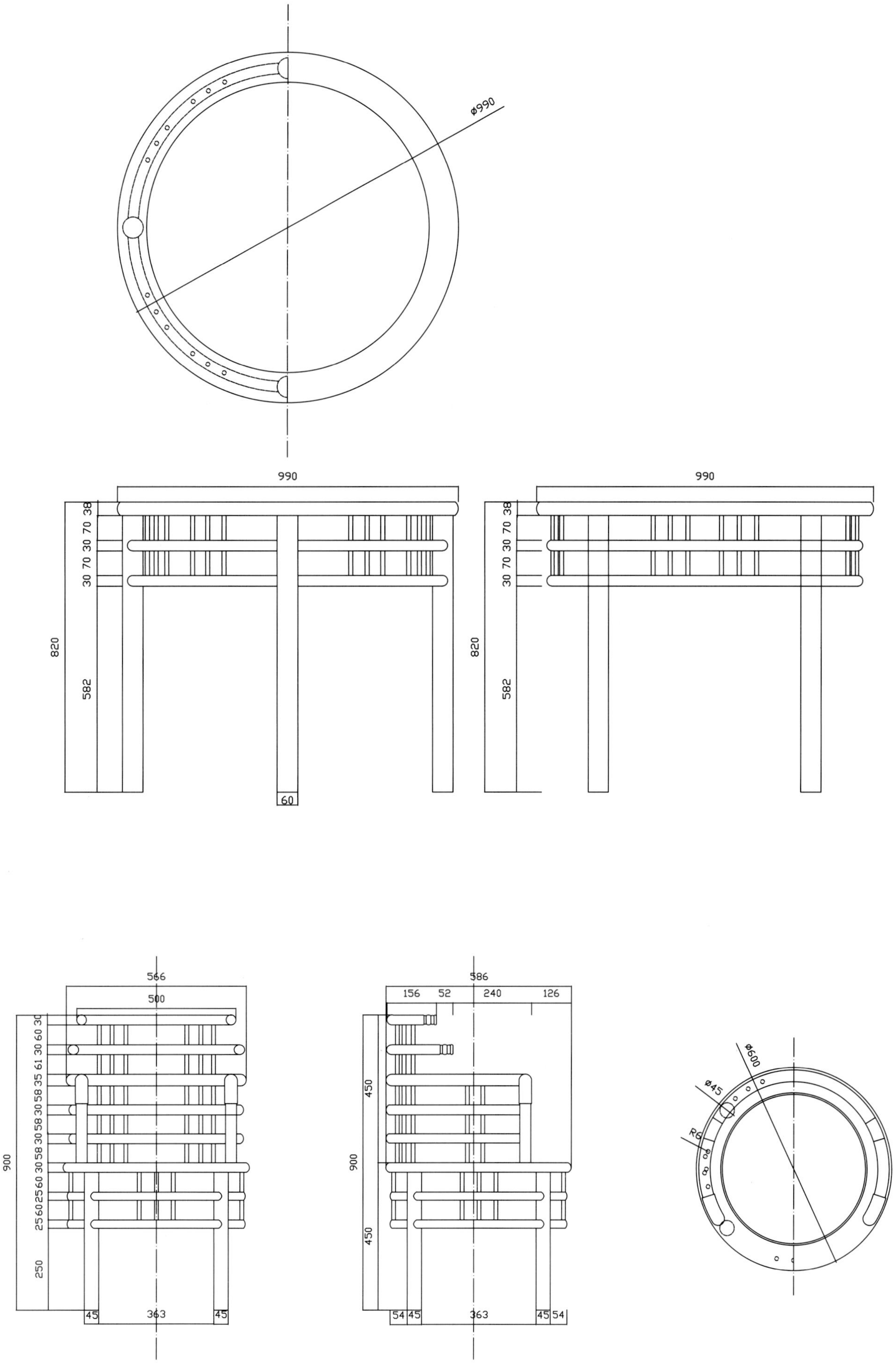
ø990
990
38
70
30
30
70
30
820
582
60
566
500
586
156
52
240
126
900
450
250
45
363
54
ø600
ø45
R6

——— CAD 结构图 ———

方 形 茶 台

透视图

款式点评：

此款茶台造型优雅，桌面凳面均呈正方形，束腰线条优雅，牙条牙头以如意型作为装饰，方腿直足，四脚内翻呈如意头形状。配套矮凳牙条牙头与方桌相呼应，下有托泥。

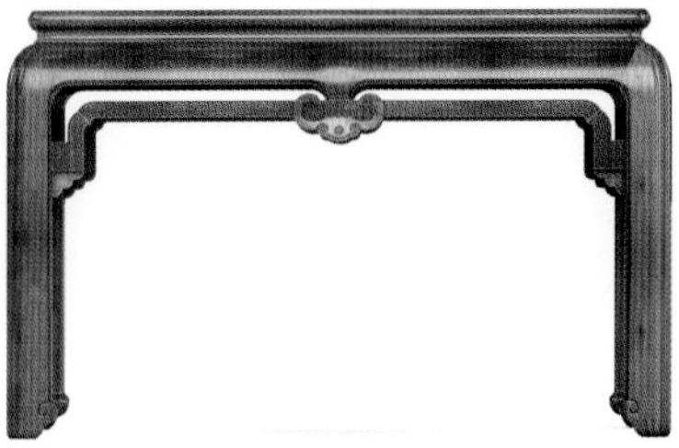

主视图

俯视图

透视图

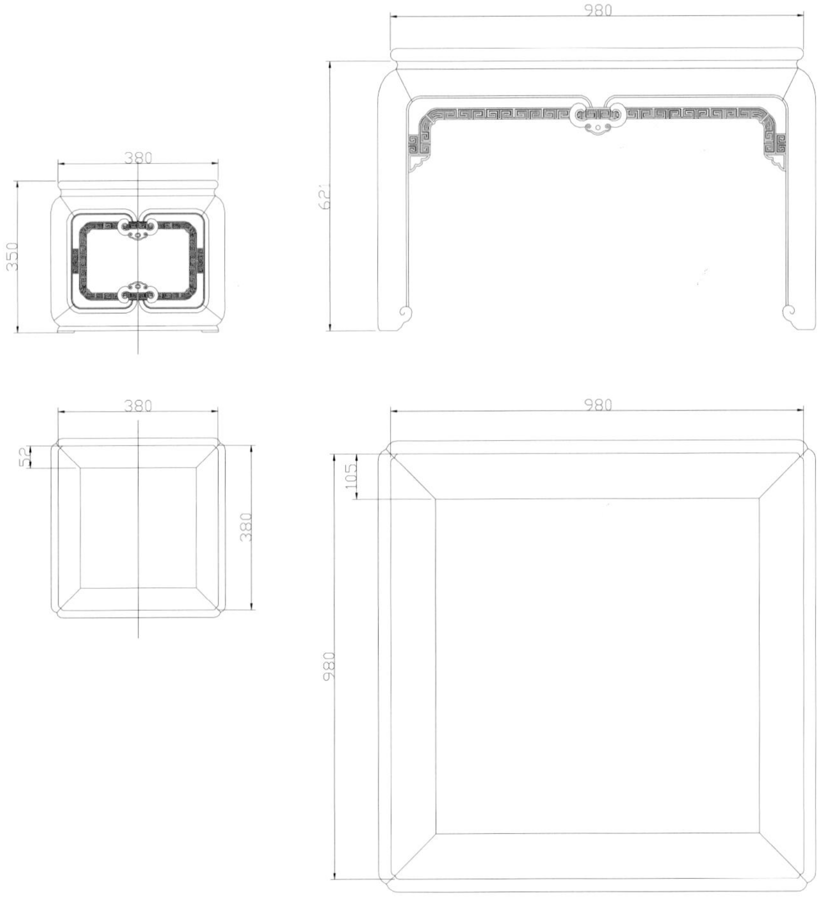

CAD 结构图

主视图

俯视图

素面方正餐台

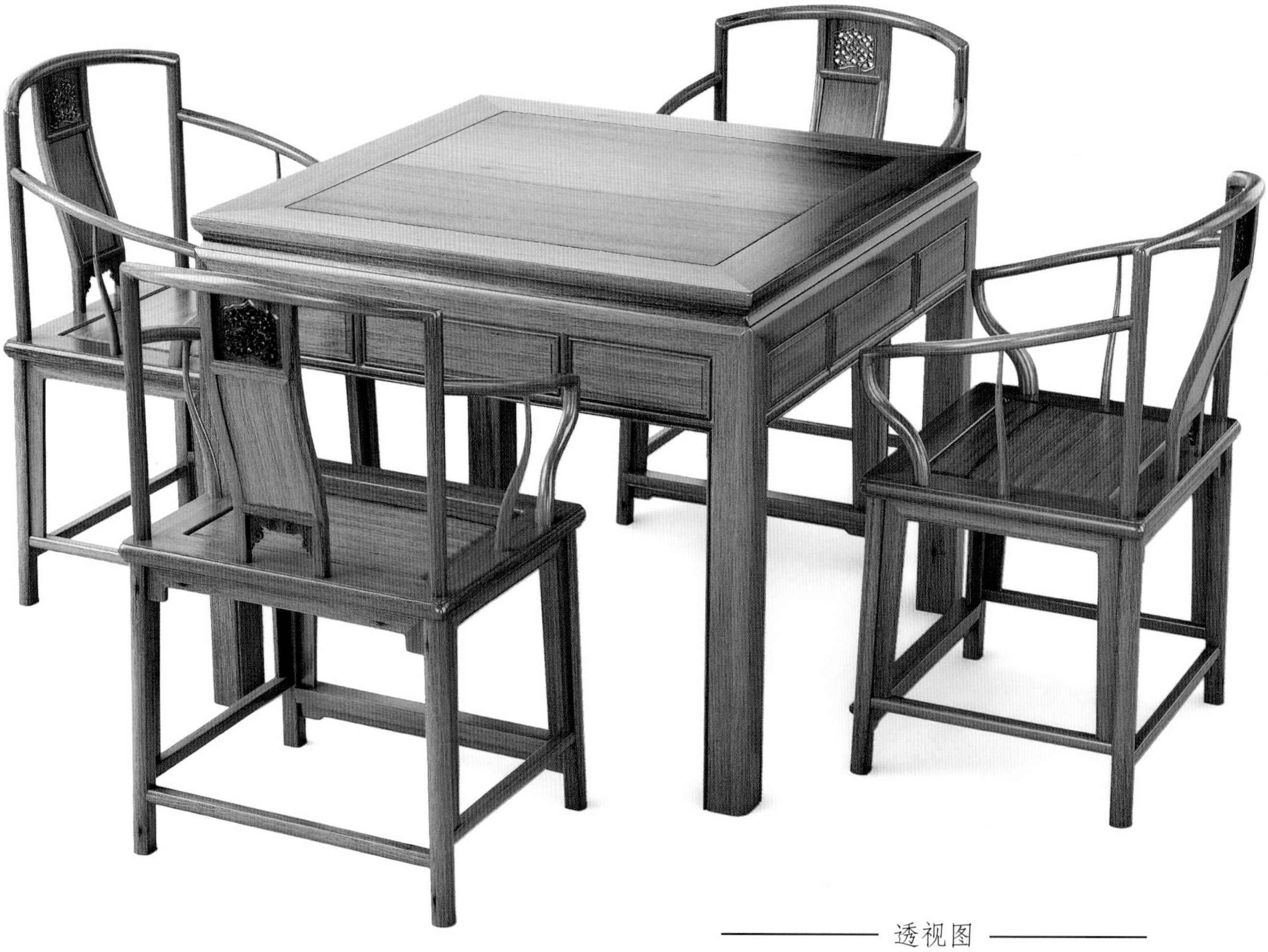

透视图

款式点评：

餐台方正，牙板简单隔断无雕纹，方腿直足。椅子整体给人方正感，靠背板浮雕变体寿字纹样，椅背扶手弧度柔美，腿间步步高横枨。

主视图

俯视图

透视图

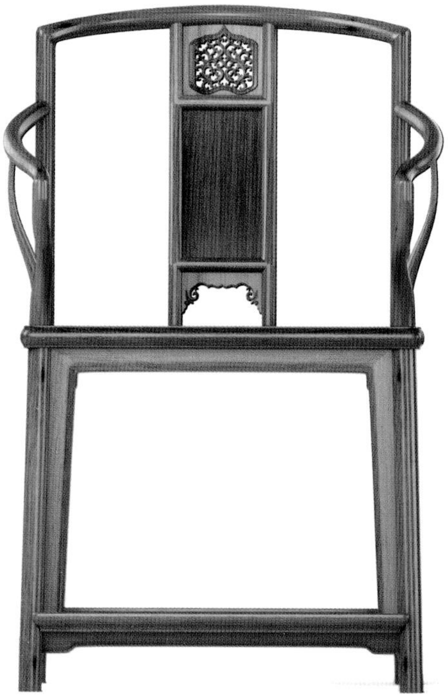

主视图

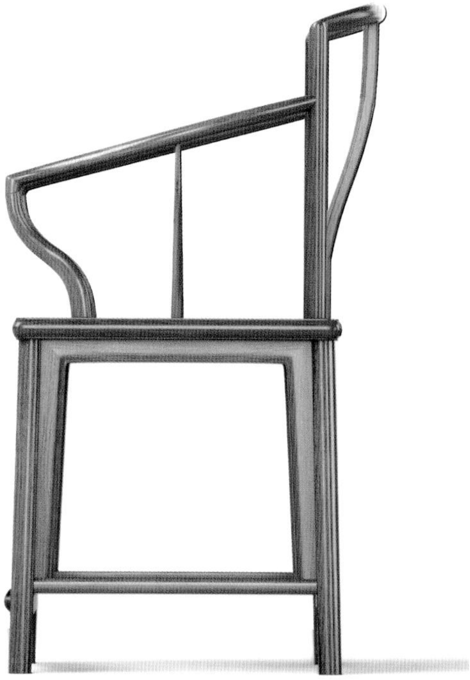

侧视图

俯视图

精雕图

透视图

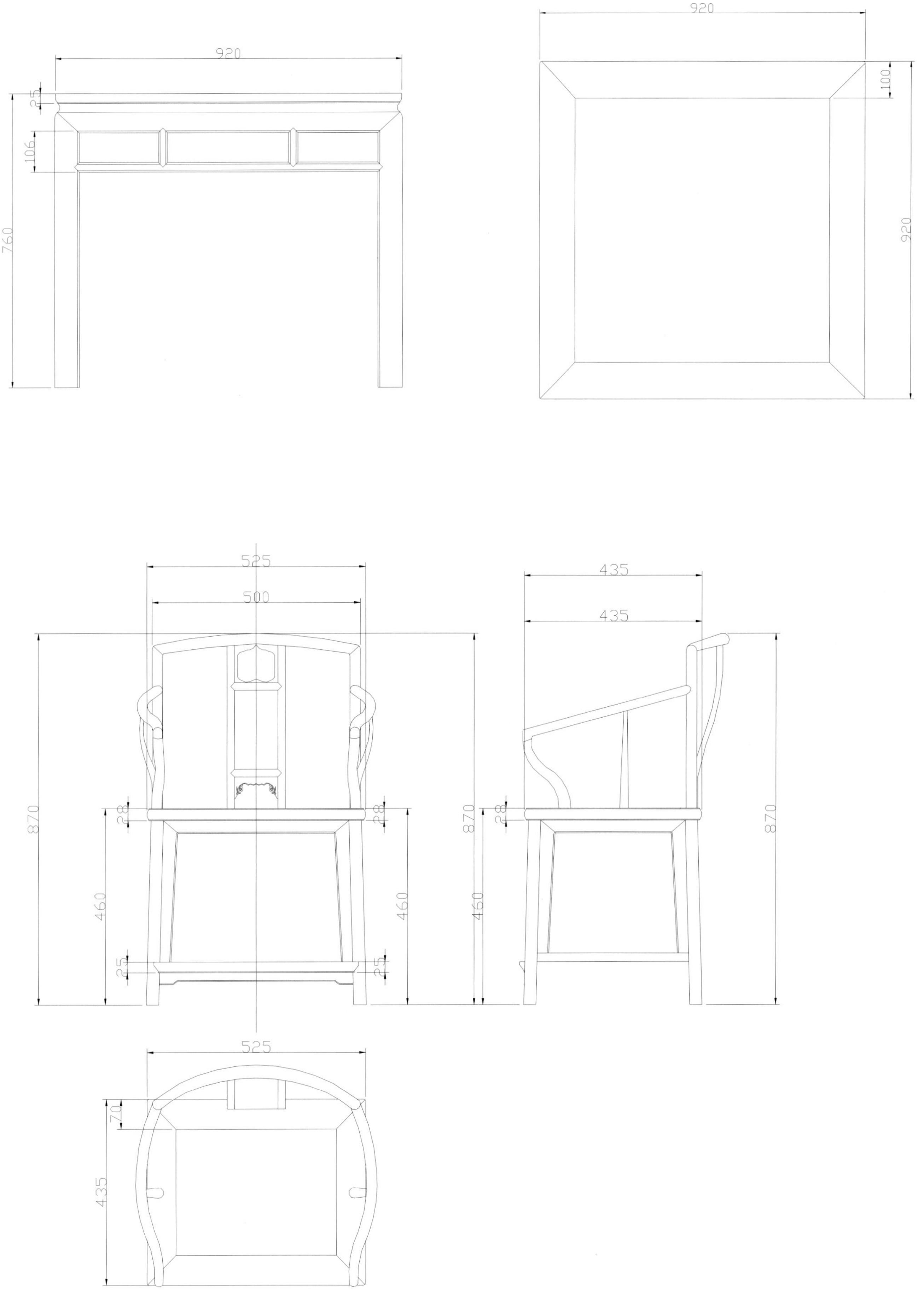
920
25
106
760
920
100
920
525
500
870
28
28
870
460
460
460
25
25
435
435
28
870
525
70
435

CAD 结构图

五角花型餐台

透视图

款式点评：

此款餐台造型优美，桌面呈五角花型，牙板雕刻美观，牙头透雕卷叶草纹样，双足间与圆木相连，配套座椅有背无扶手，背靠板雕工精美，圆腿外撇中间以罗锅枨相连。

主视图

侧视图

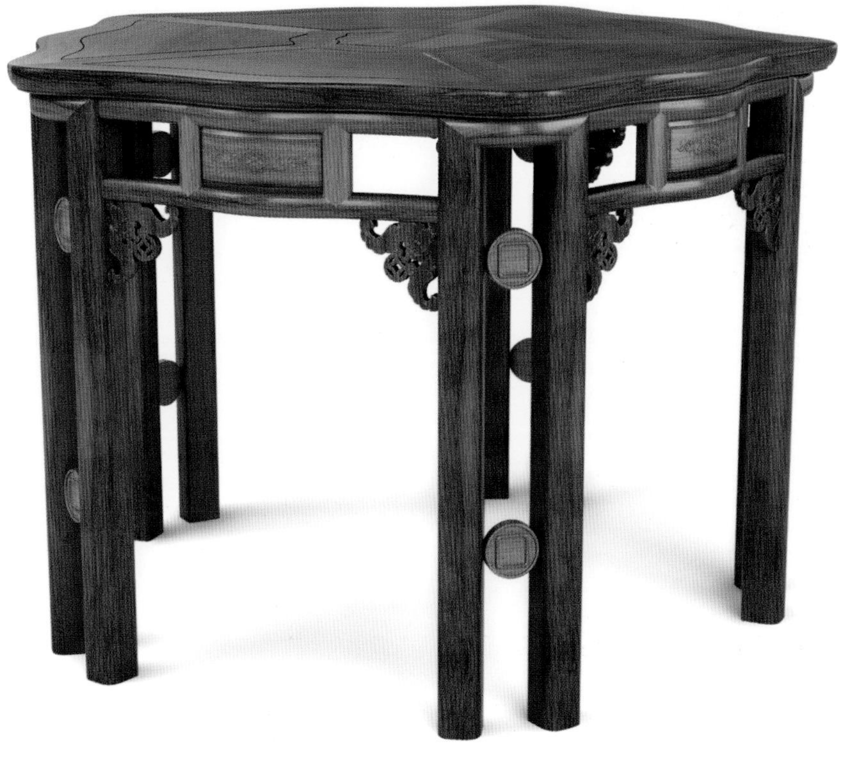

透视图

主视图

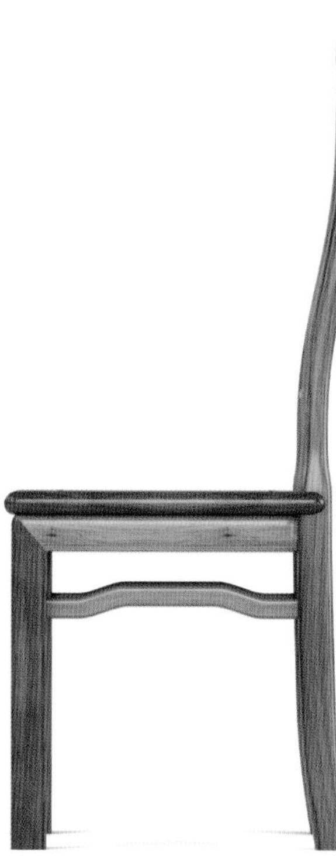

侧视图

俯视图

透视图

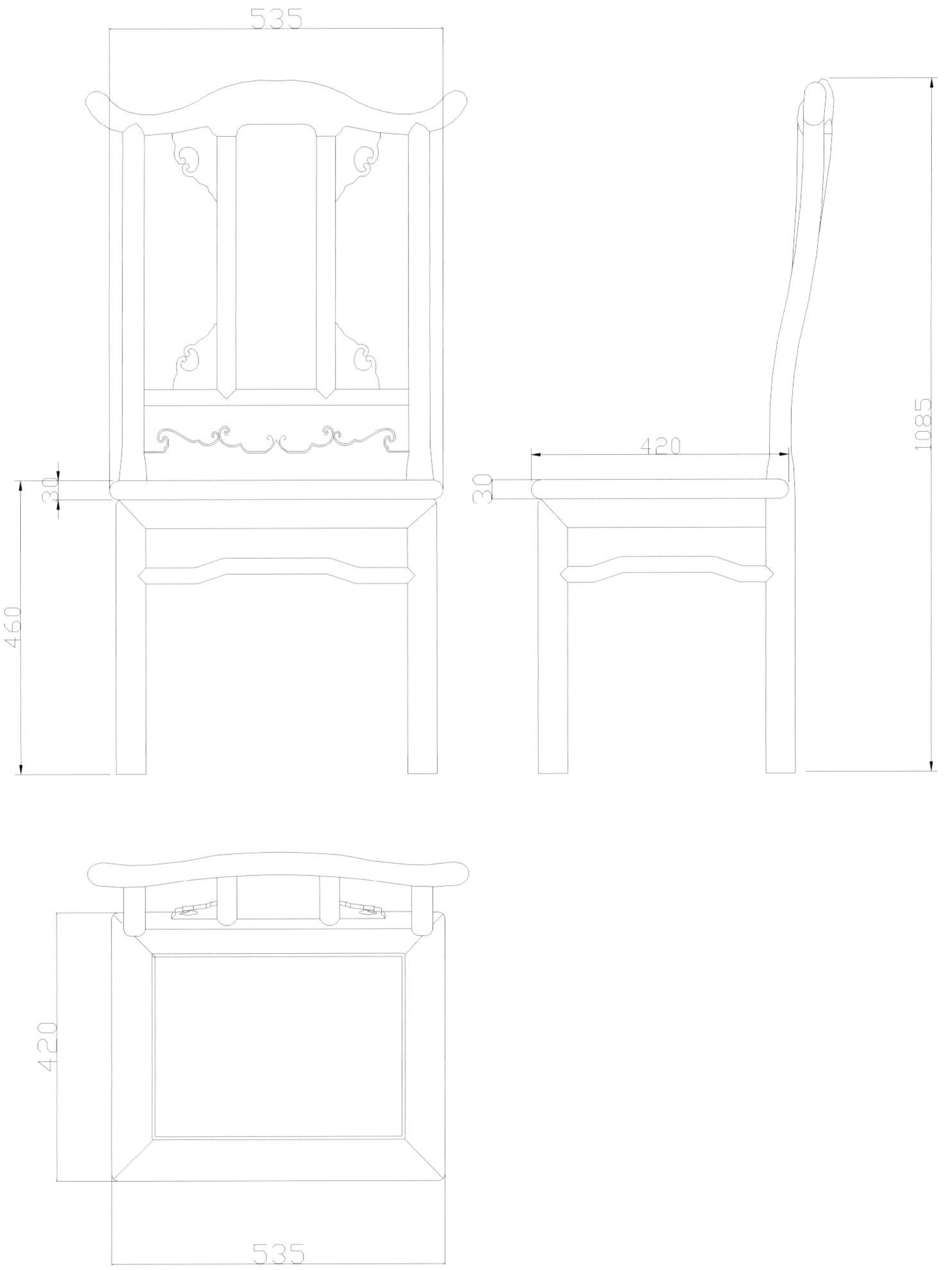

CAD 结构图

精雕图

如意圆餐台

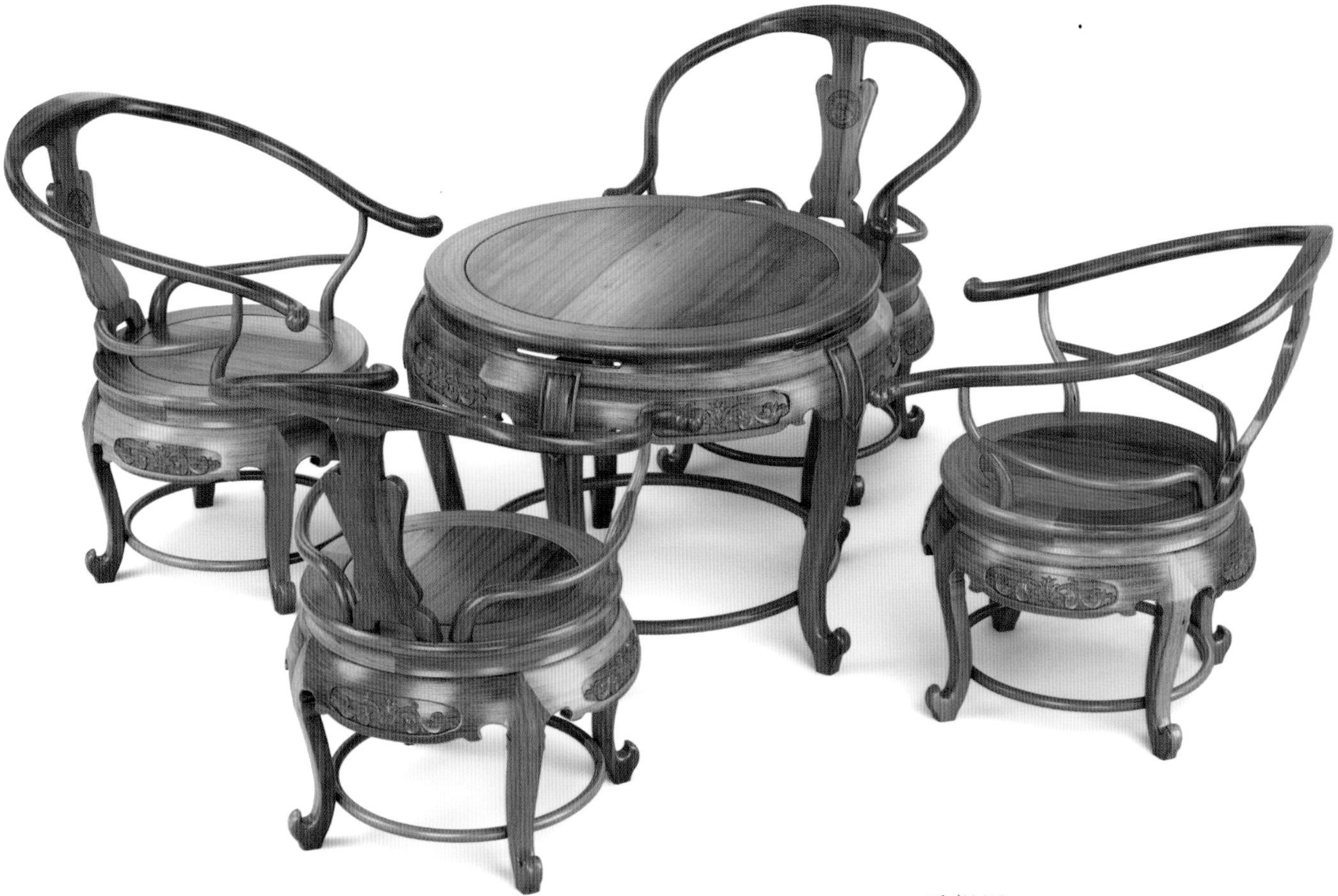

透视图

款式点评：

此餐台造型饱满、圆润优雅，圆桌彭牙，牙板雕共精美，三弯腿腿间有枨，五足外翻呈如意头状。配套圈椅椅圈光滑圆润，凳面下彭牙雕刻配套花纹，三弯腿外翻如意脚。

主视图

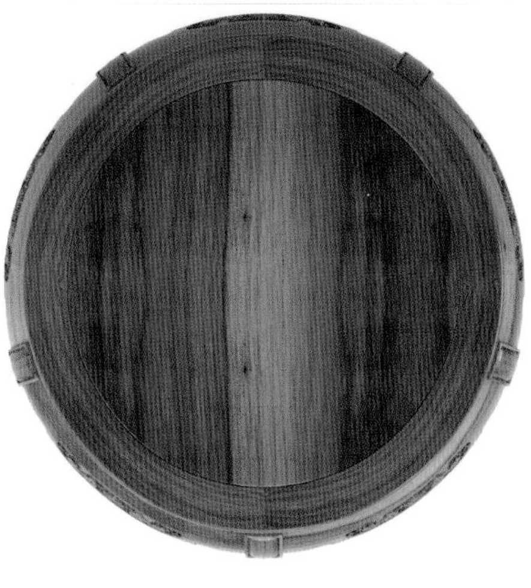

俯视图

透视图

精雕图

主视图

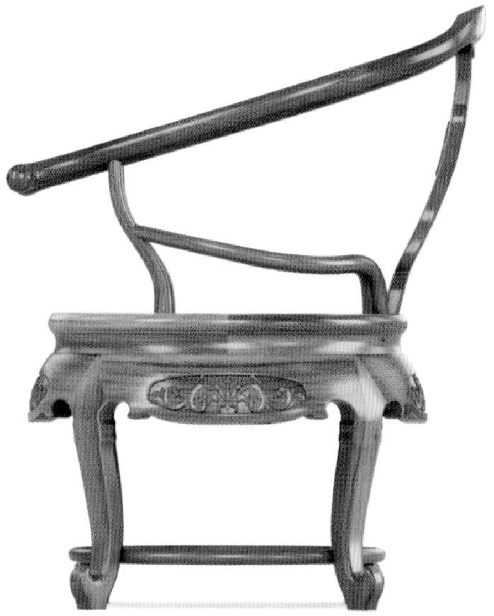

侧视图

俯视图

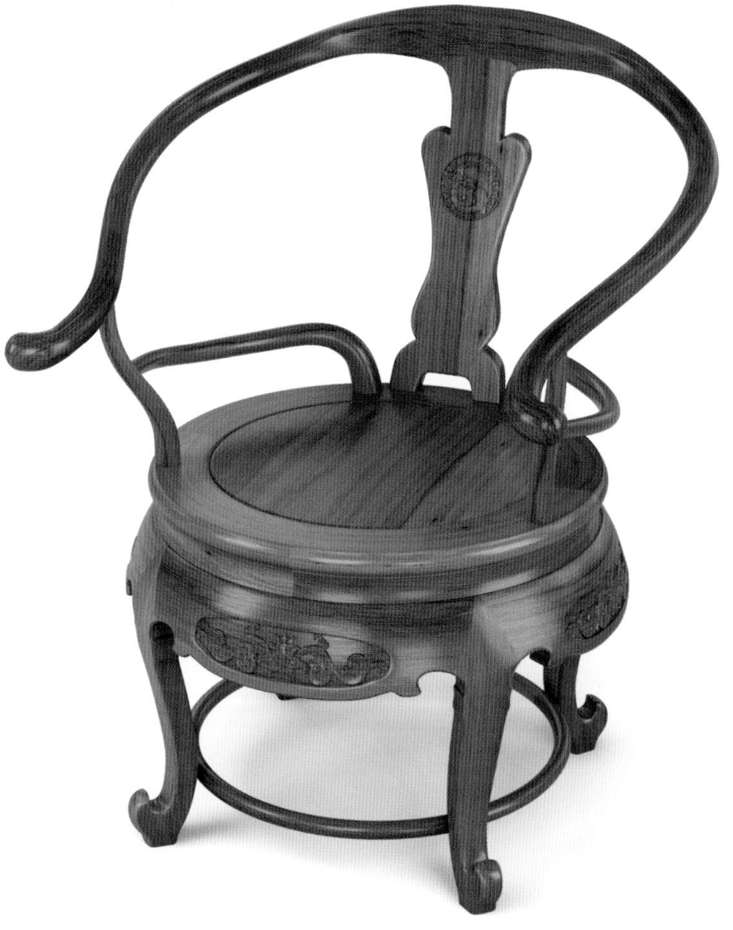

透视图

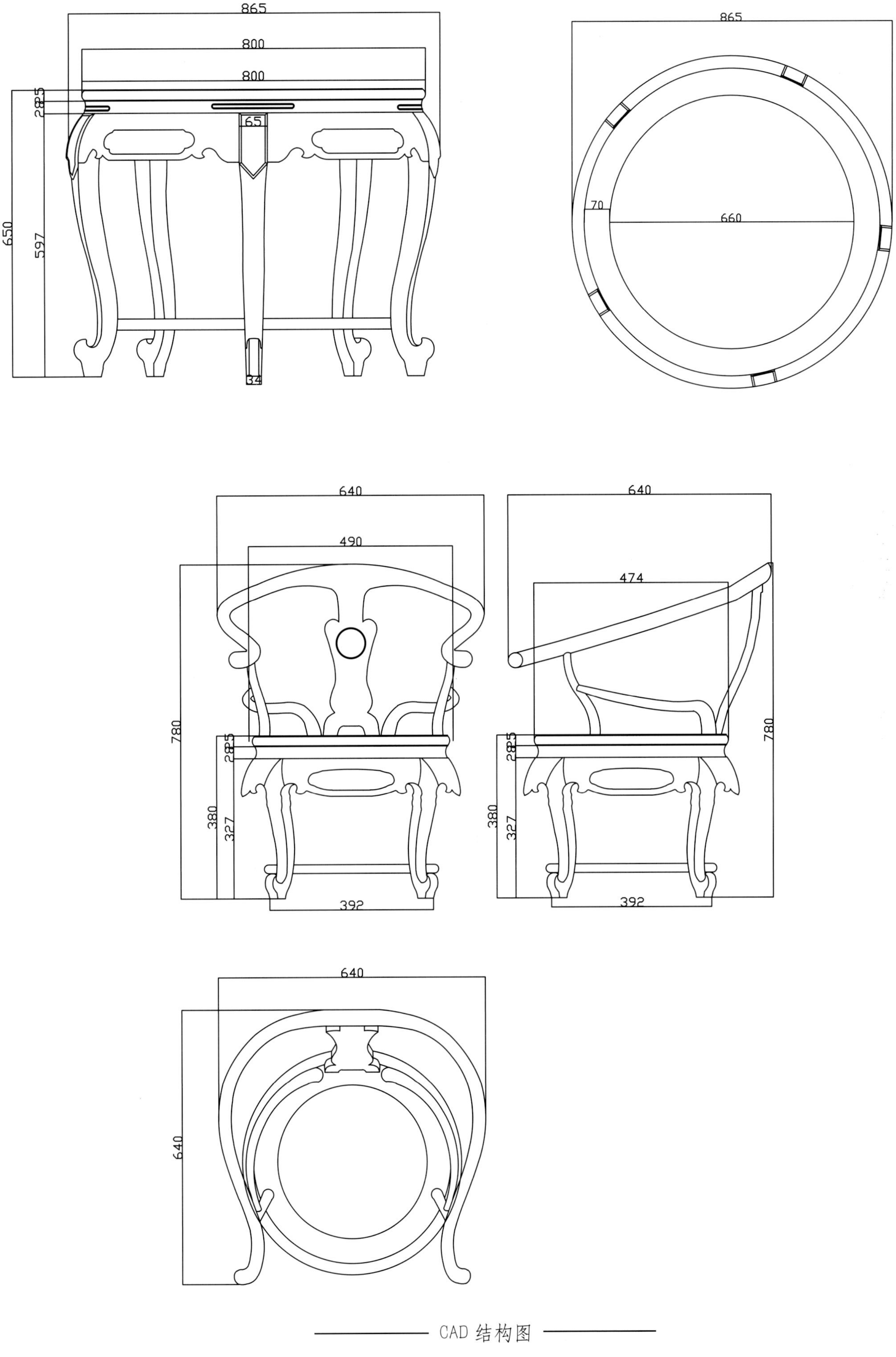
865
800
800
25
28
65
650
597
34
865
70
660
640
490
780
25
28
380
327
392
640
474
25
28
380
327
780
392
640
640

CAD 结构图

素面办公台组合

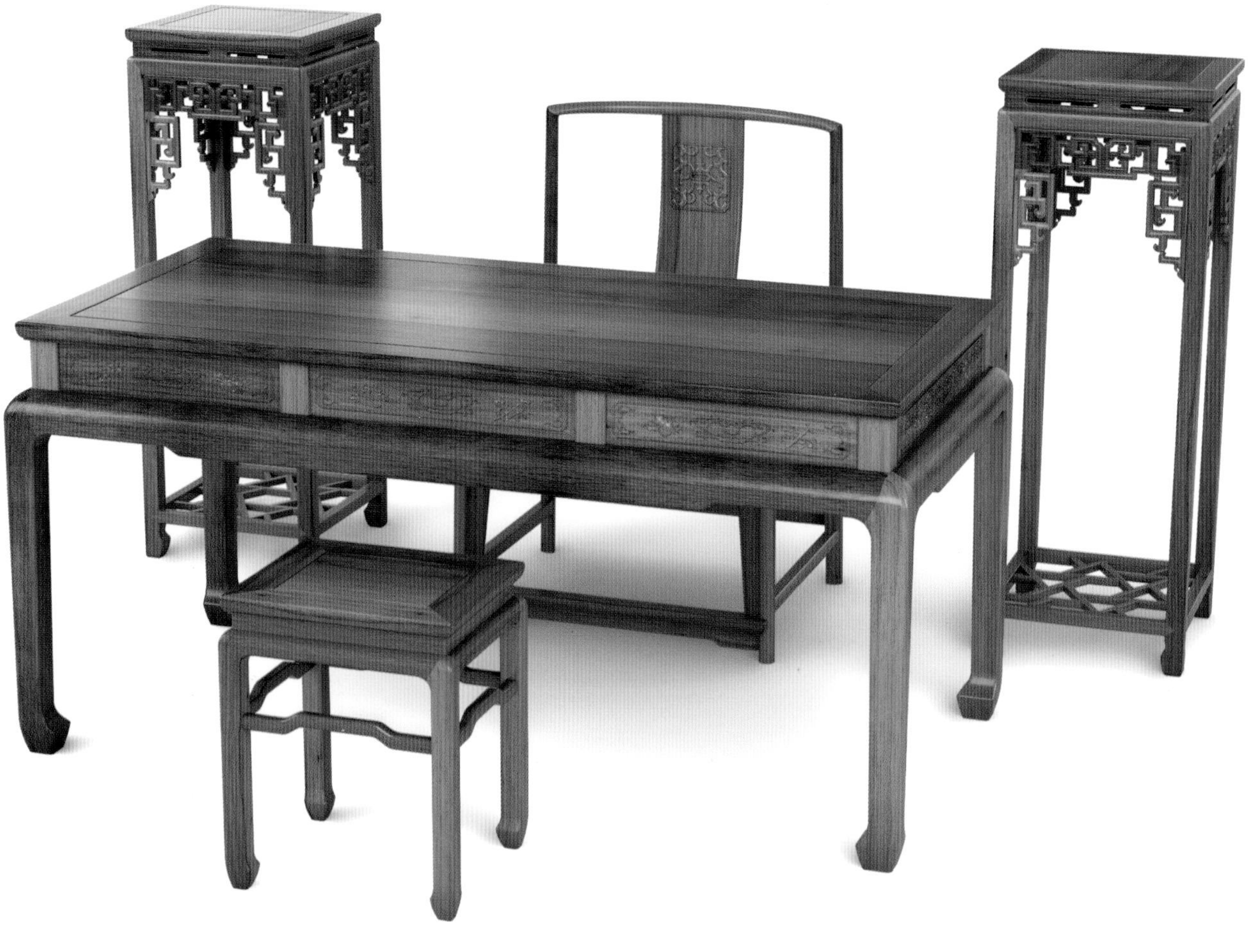

透视图

款式点评：

此款办公桌造型简朴，光滑圆润，桌面光素，高束腰，彭牙直腿，内翻马蹄脚。办公桌简洁而不简单，质朴中彰显高大贵气。

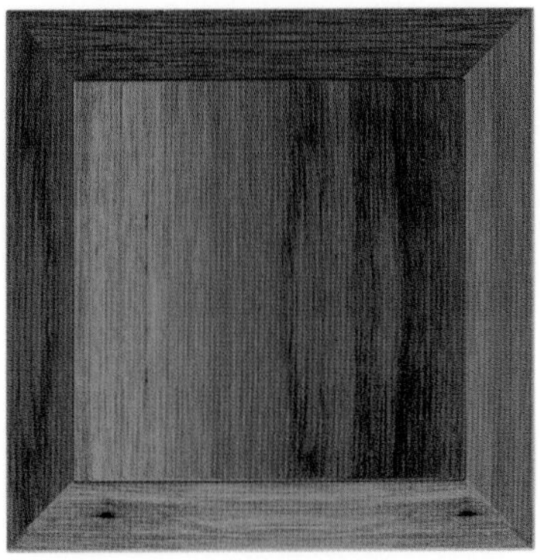

俯视图

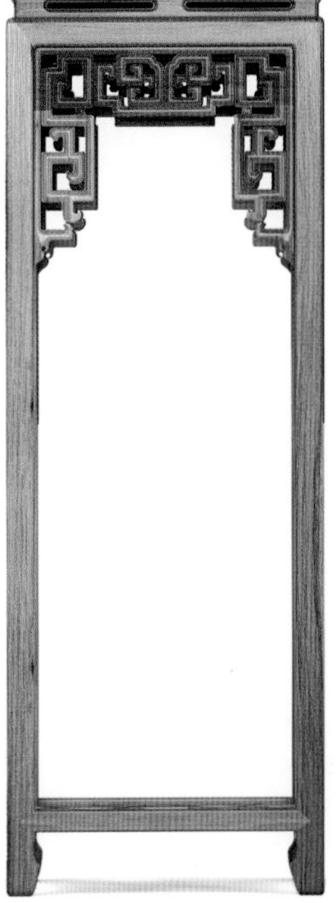

主视图

CAD 结构图

透视图

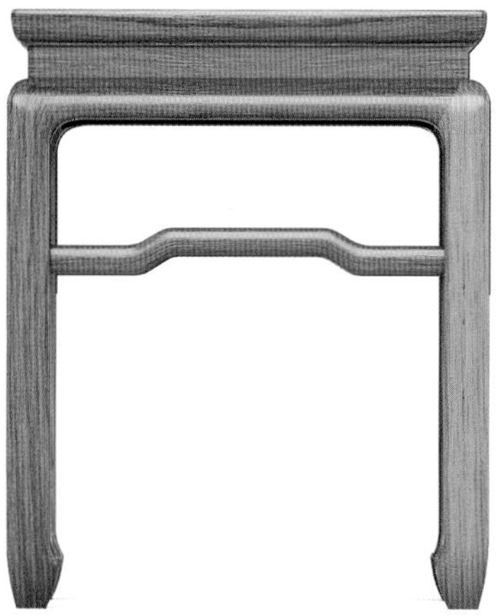

主视图

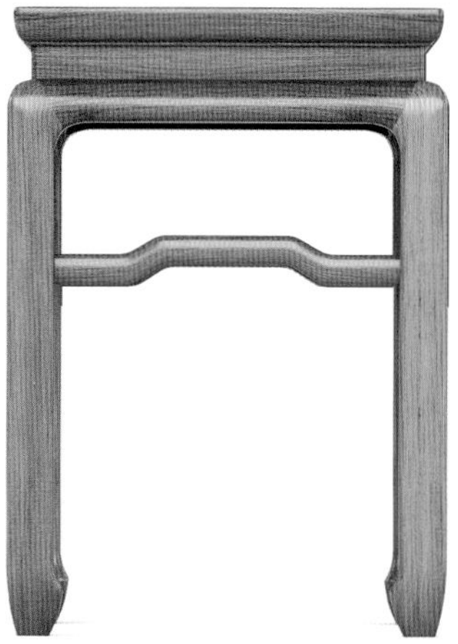

侧视图

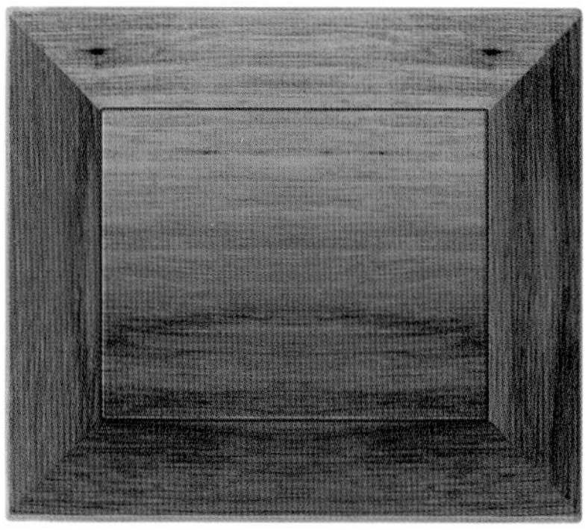

俯视图

透视图

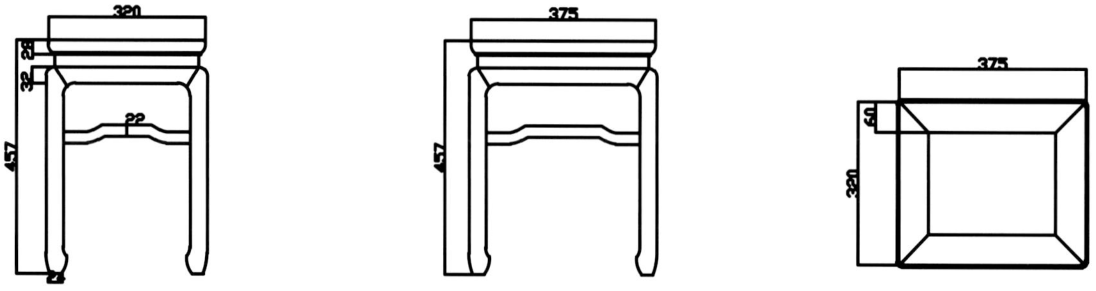

CAD 结构图

主视图

侧视图

俯视图

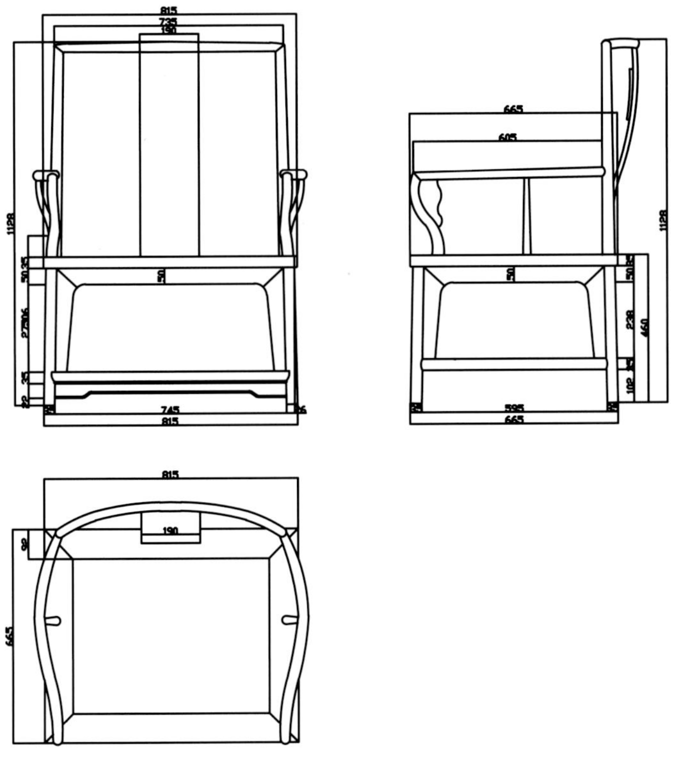

CAD 结构图

透视图

主视图

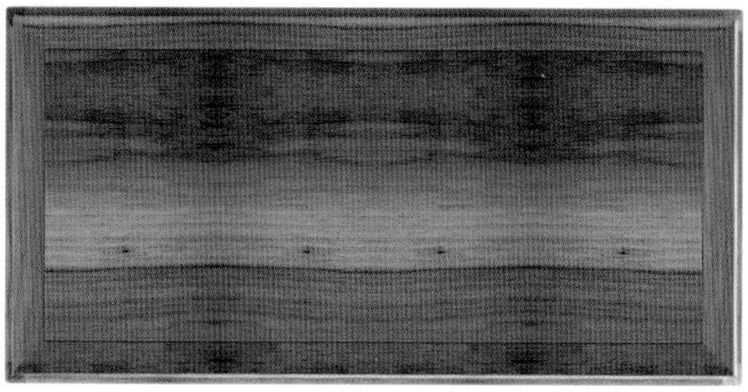

俯视图

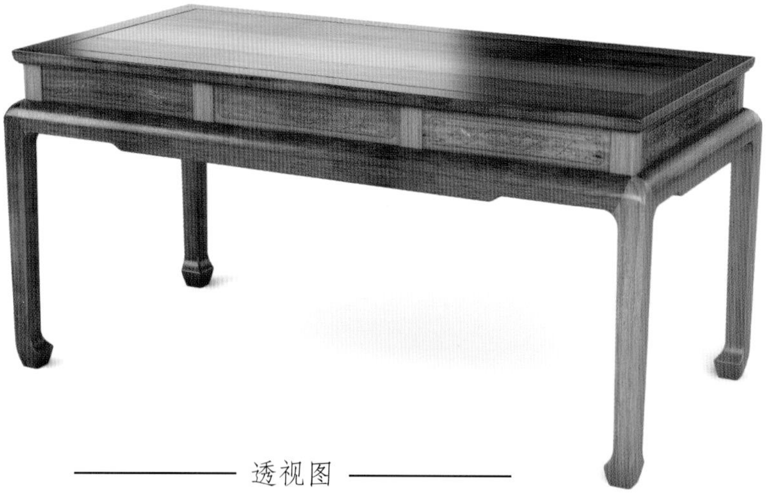

透视图

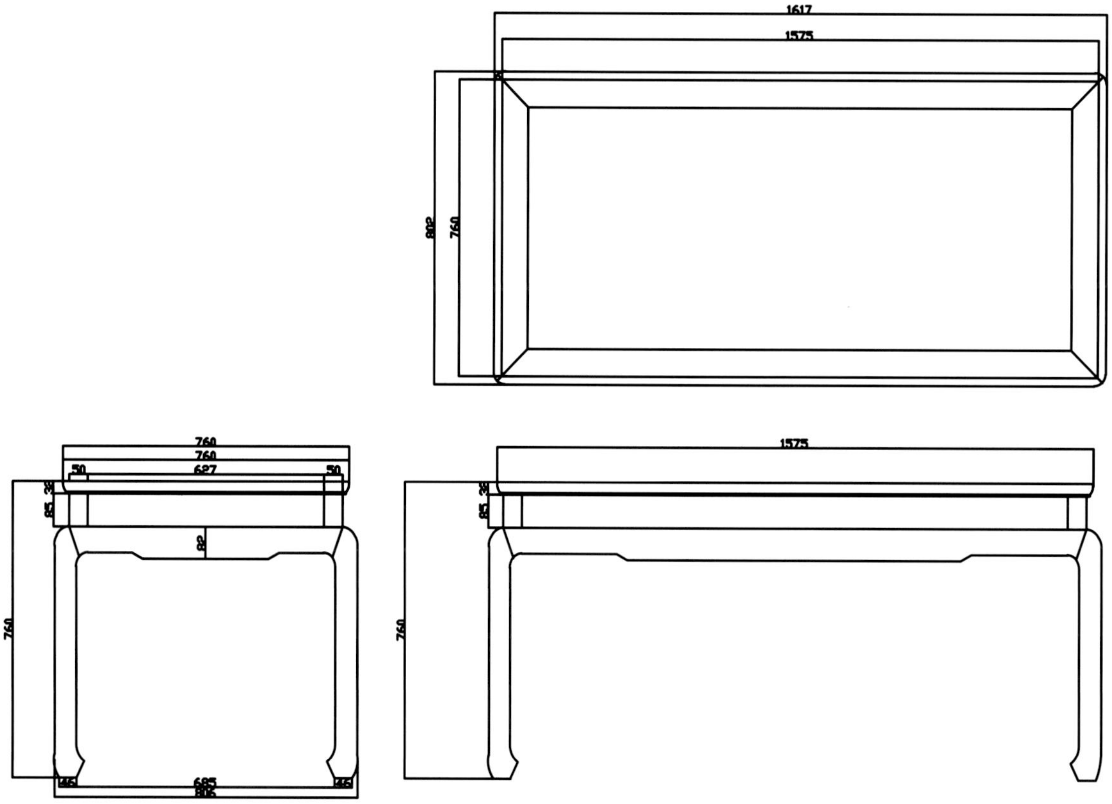

CAD 结构图

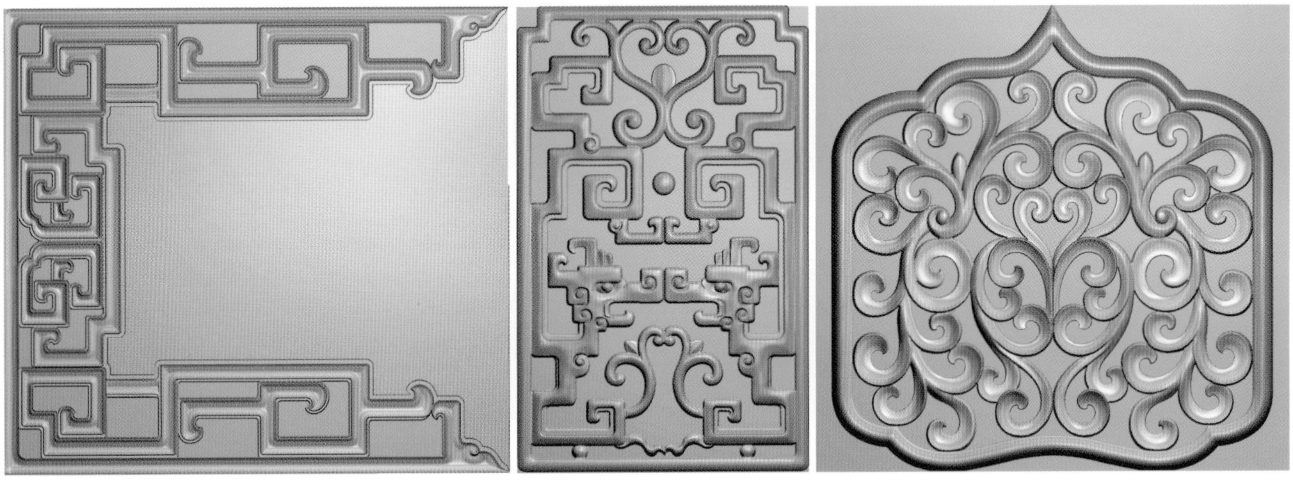

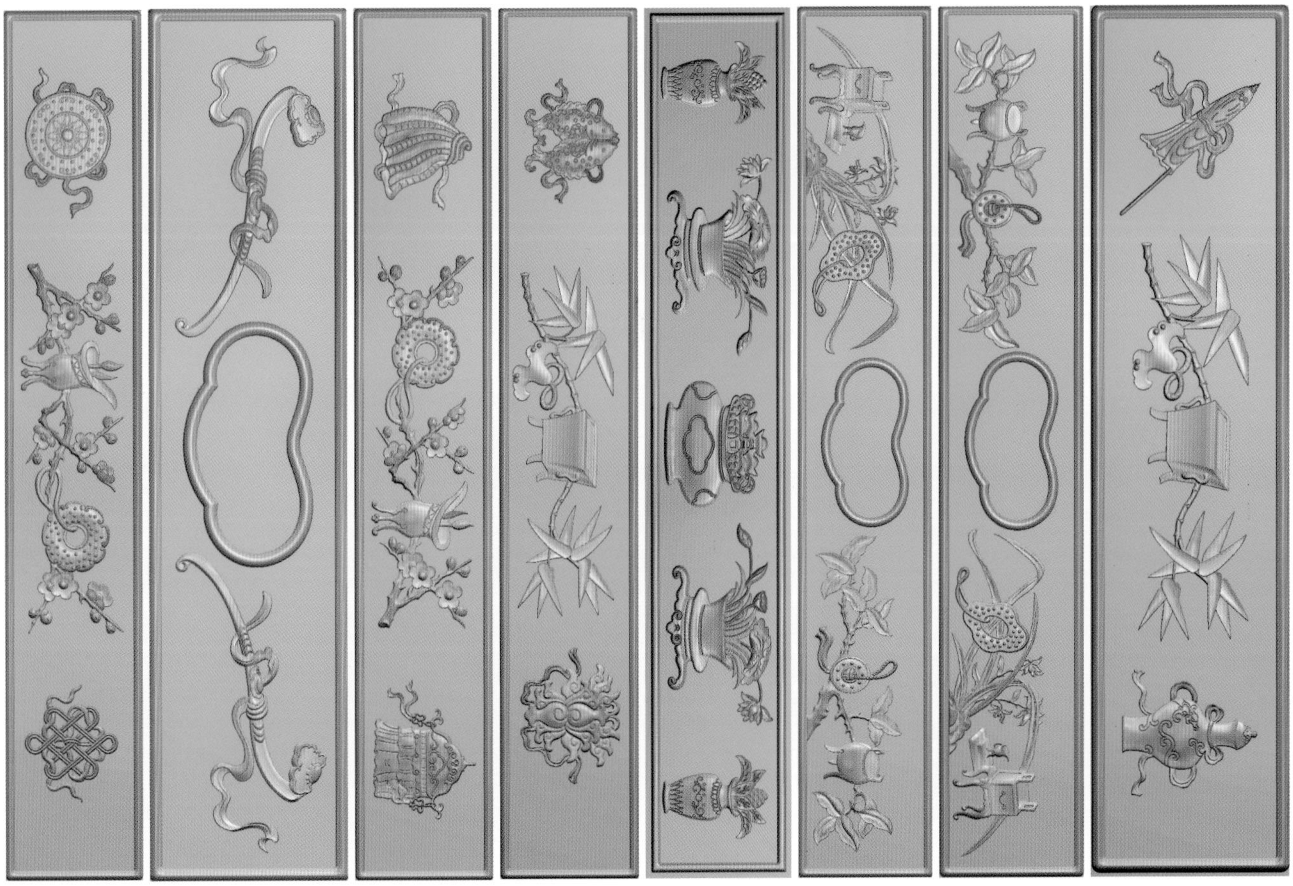

精雕图

圆润休闲桌

透视图

款式点评：

此款休闲桌造型圆润，极具张力，圆桌桌面光素，下有束腰，彭牙彭腿，牙板间雕花精美，牙头以透雕花样作为装点，桌椅腿均雕有相同花纹，腿间有冰裂图形拖泥，拖泥外圈雕有花卉，拖泥下承龟足。配套圈椅椅圈曲度柔美，凳面一下造型与圆桌相仿。

主视图

侧视图

俯视图

透视图

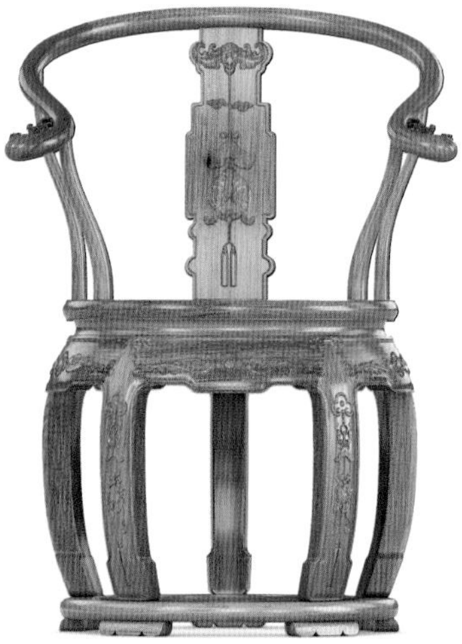
主视图

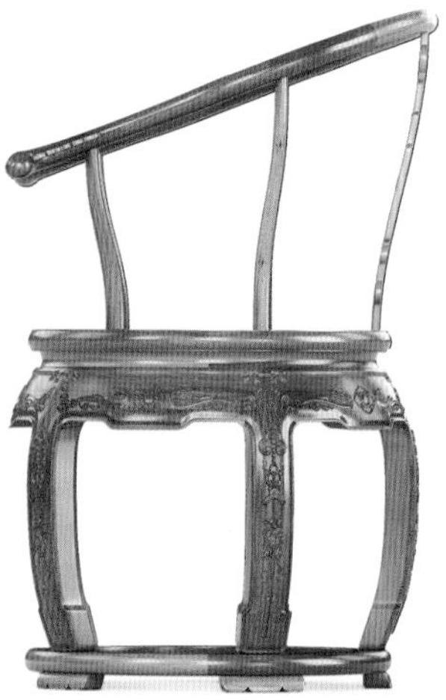
侧视图

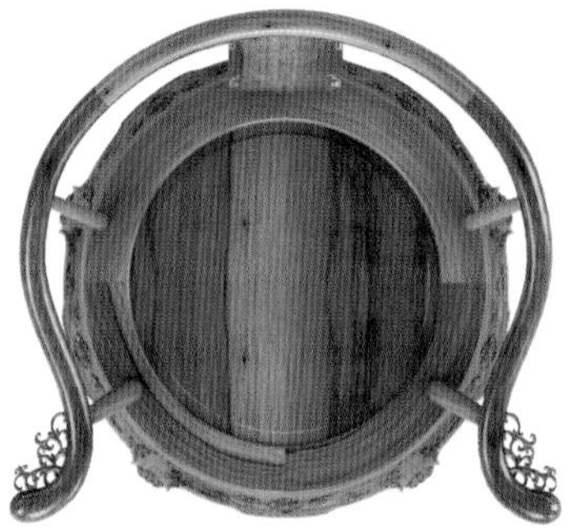
俯视图

透视图

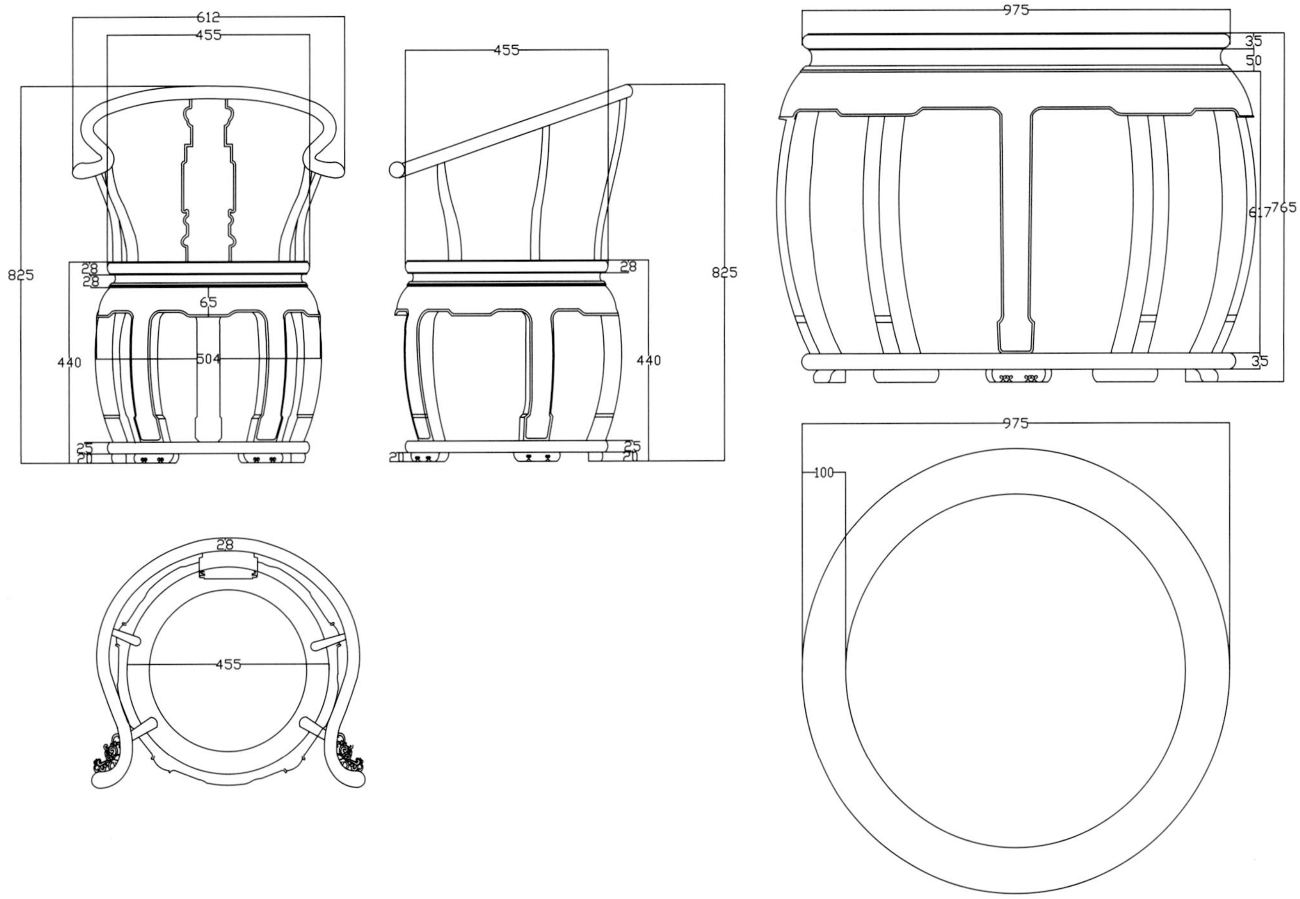
612
455
825
28
28
65
440
504
25
20
455
825
28
440
25
20
28
455
975
35
50
617
765
35
975
100

CAD 结构图

福
福

精雕图

栅栏式休闲桌

透视图

款式点评：

此款休闲椅套装以细圆木作为主要装饰，方桌简单朴实，配套座椅椅背扶手均以细圆木做栅栏式造型，上搭配双环点缀，椅面下以罗锅枨和矮老做支撑，下有步步登高枨，预示着积极进取，步步登高。

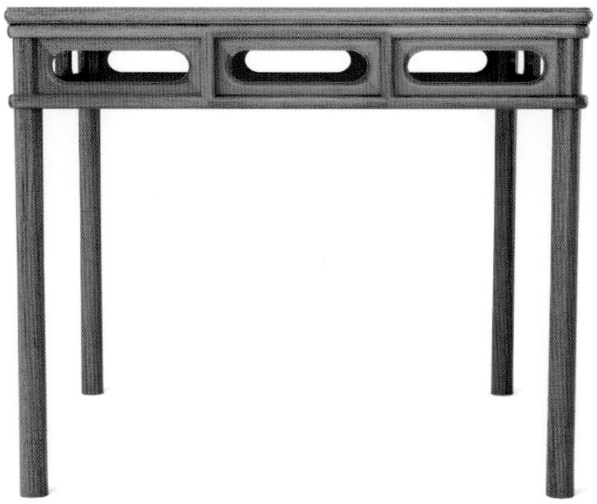

主视图

俯视图

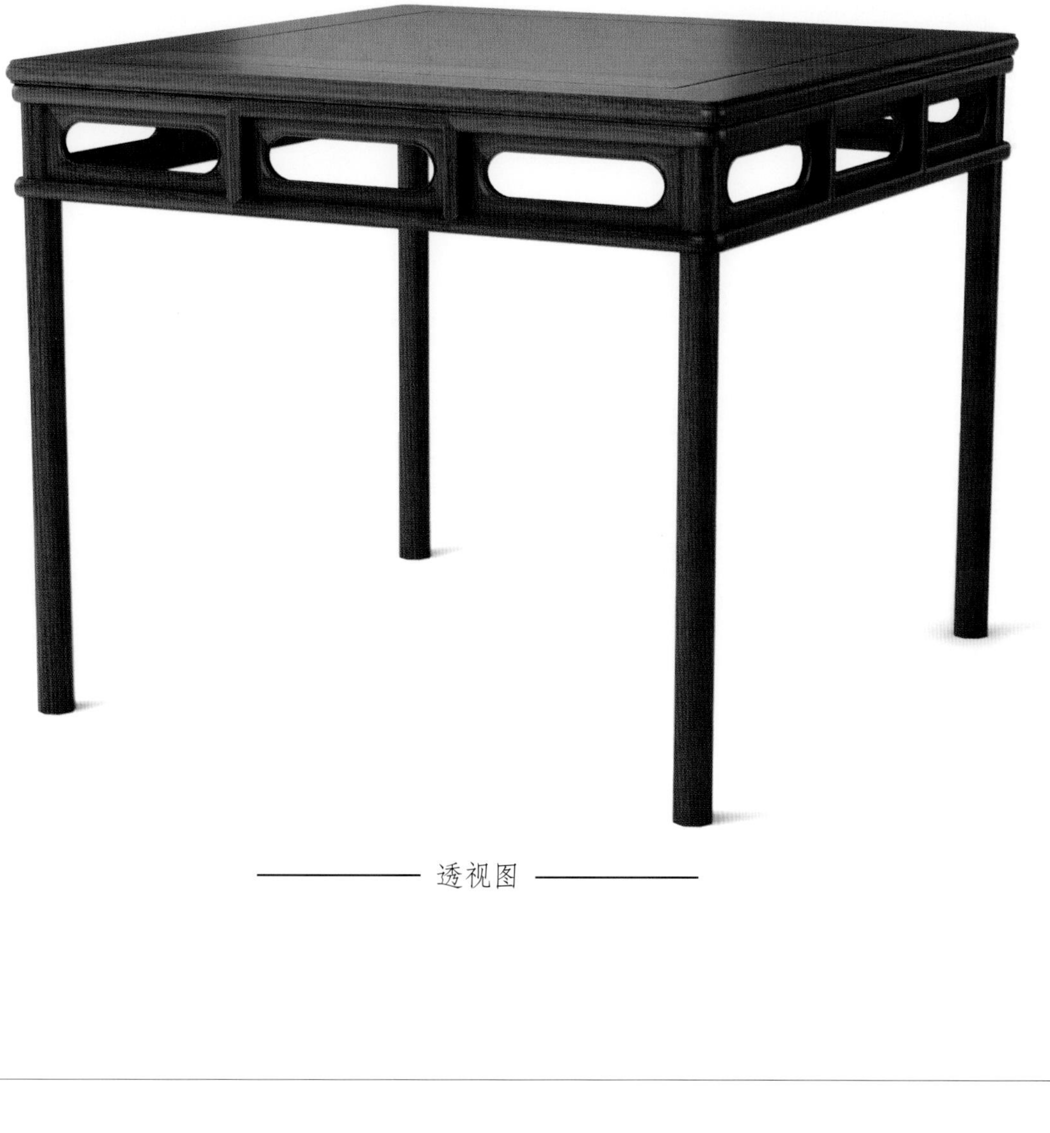

透视图

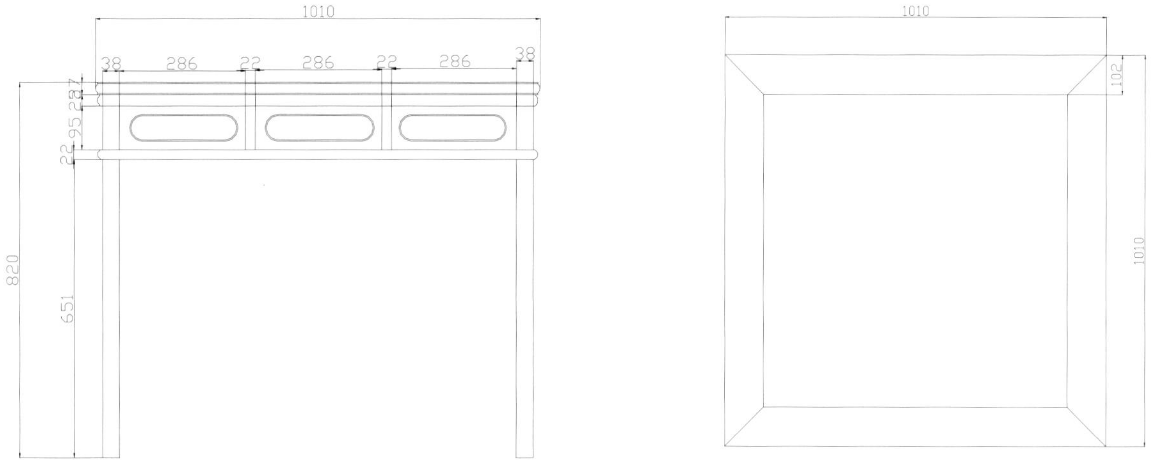

CAD 结构图

主视图

侧视图

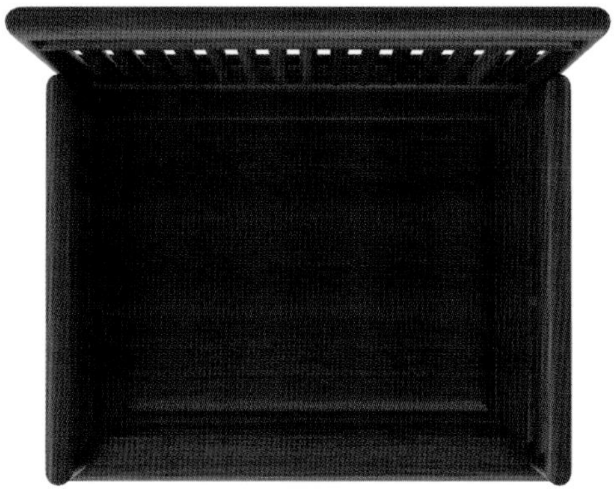

俯视图

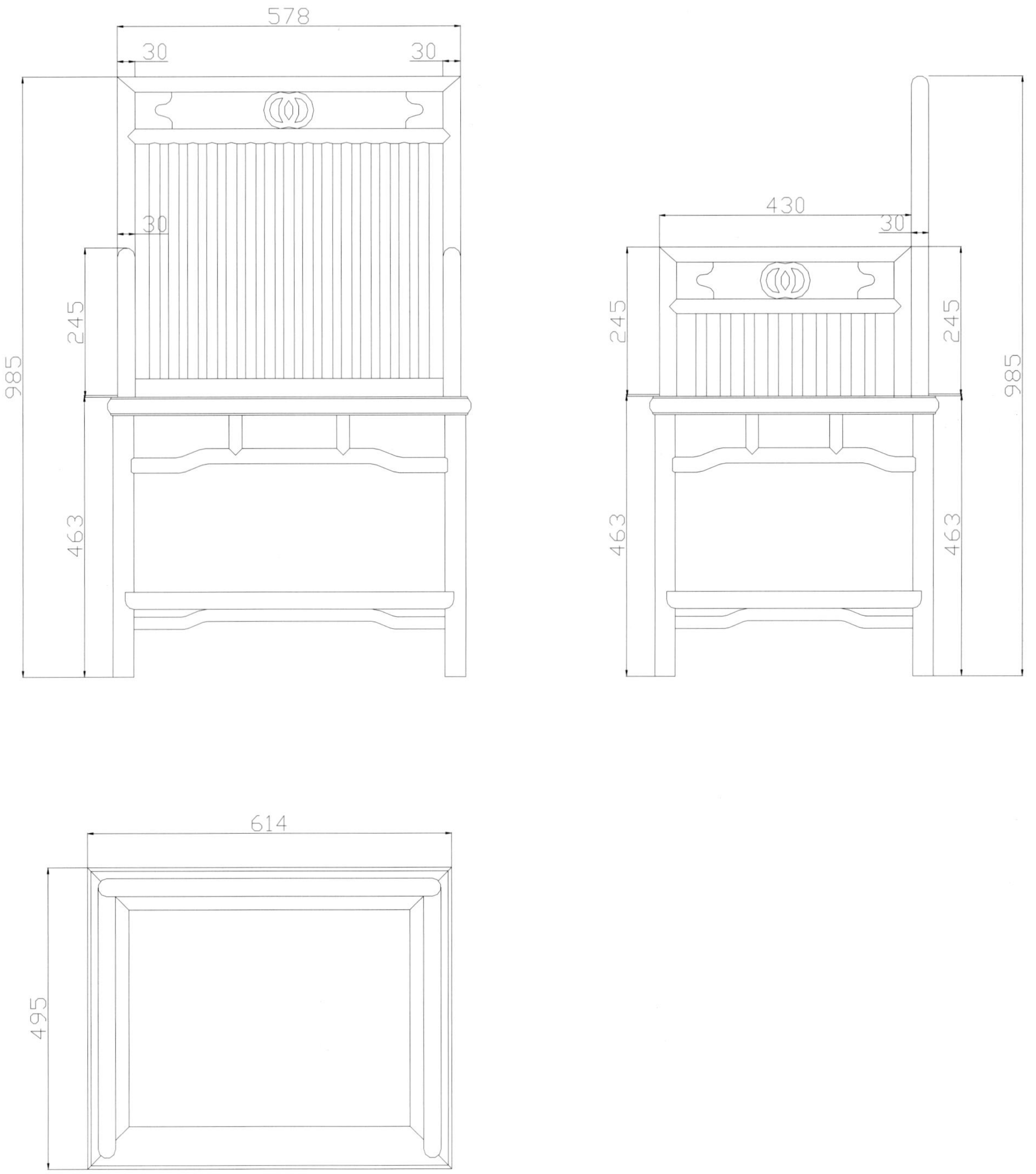

CAD 结构图

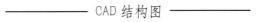

六 角 餐 台

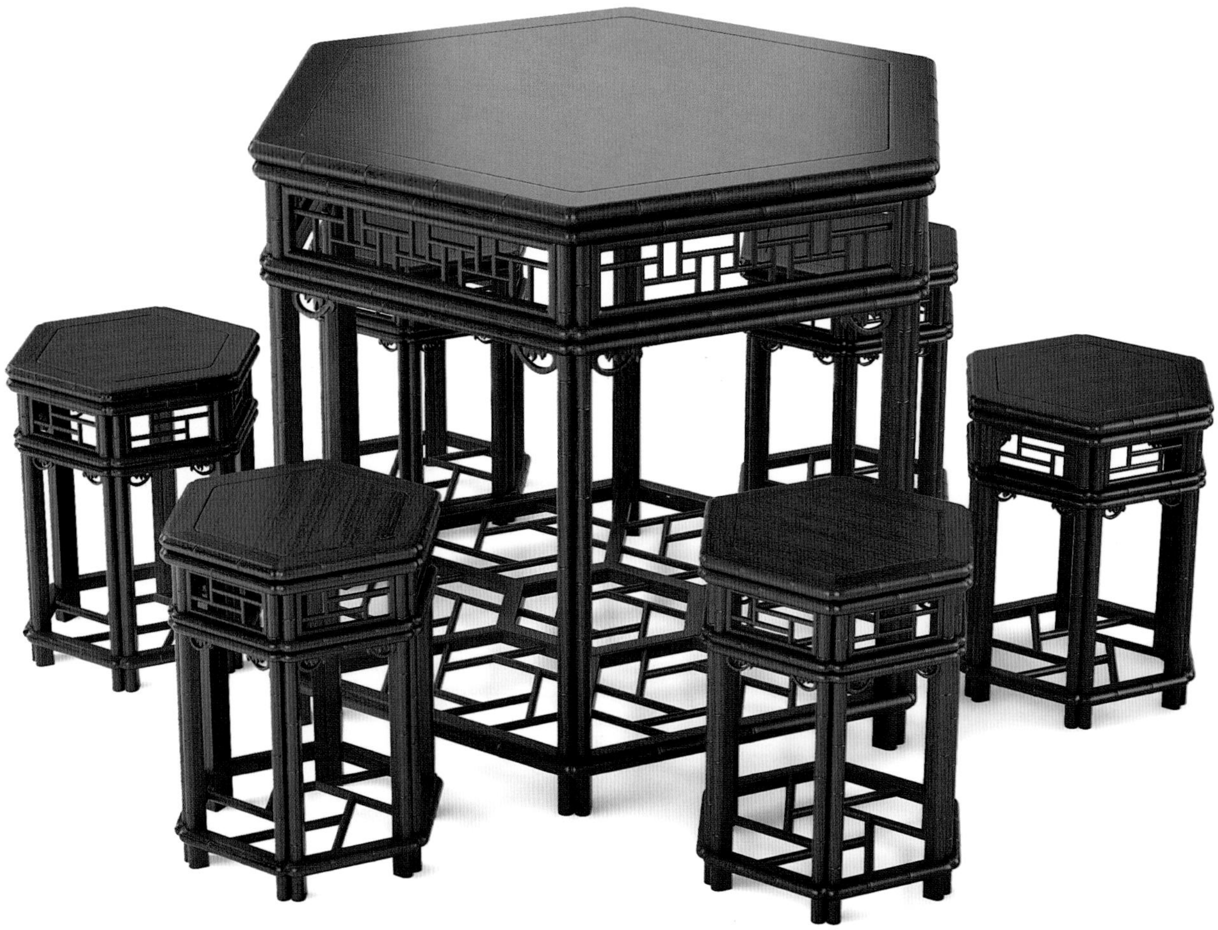

透视图

款式点评：

此款餐台呈六角形，桌面光素，牙板以回字纹做点缀，并装饰雕花牙头，腿间有托泥板，托泥板做冰裂式花纹。方腿直足，简洁美观。配套六角凳子造型与六角桌相同。

主视图

侧视图

透视图

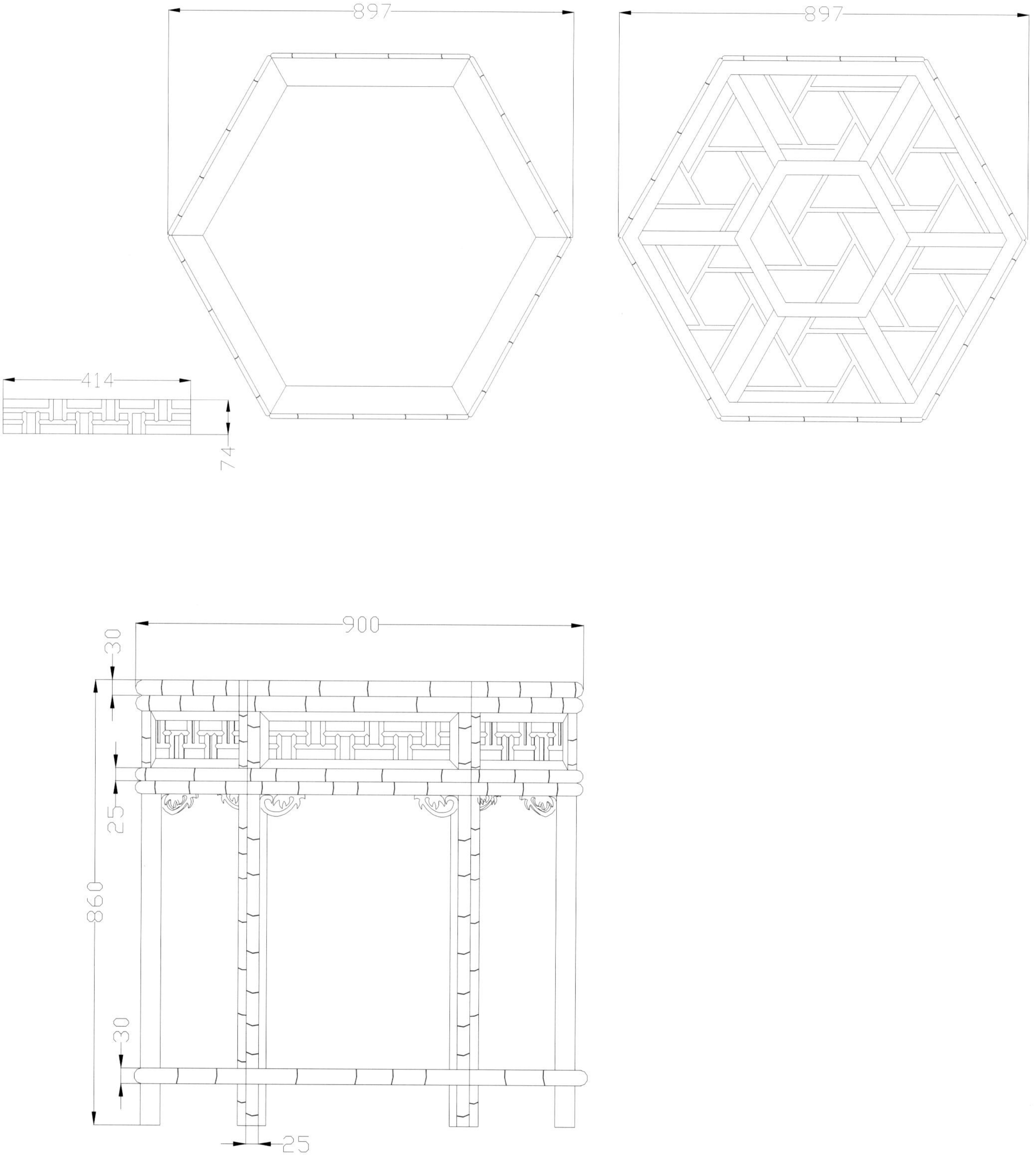

CAD 结构图

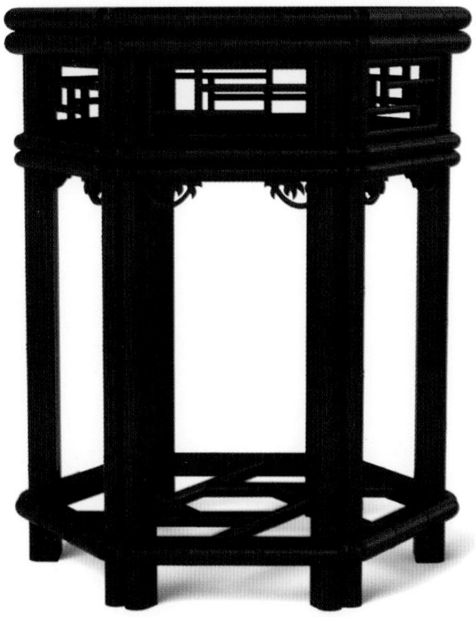

主视图

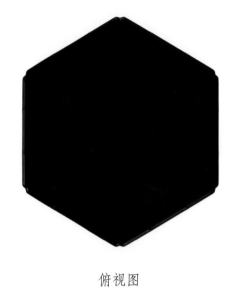

俯视图

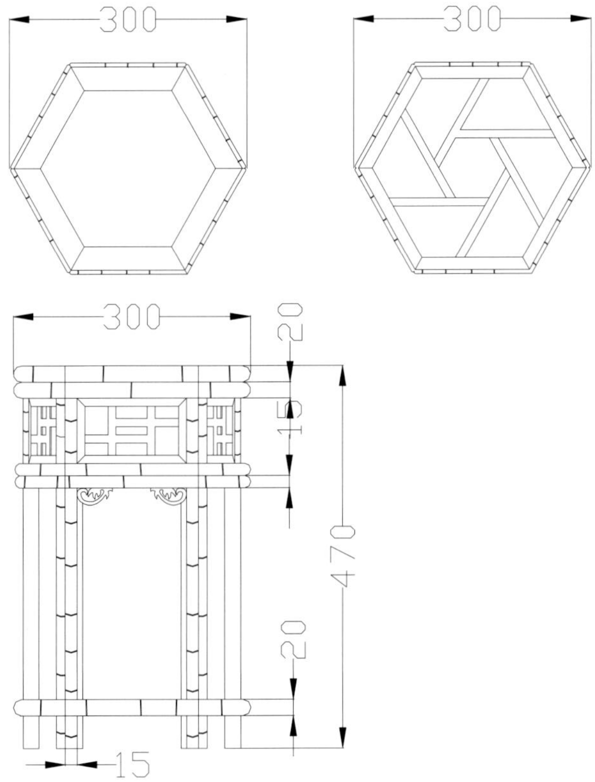

CAD 结构图

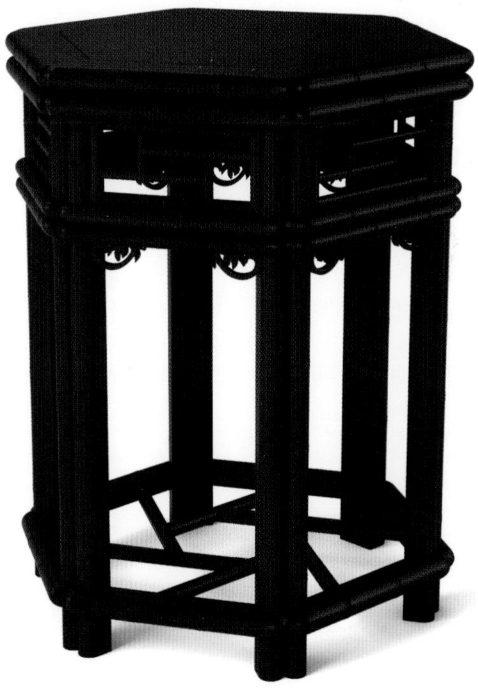

透视图

休　闲　茶　桌

透视图

款式点评：

此款家具为方桌搭配圈椅，方桌桌面平滑，牙板居中雕刻精美花样，下以罗锅枨做为支撑，圆腿直足，圈椅四腿外撇曲线柔美。

主视图

侧视图

俯视图

透视图

主视图

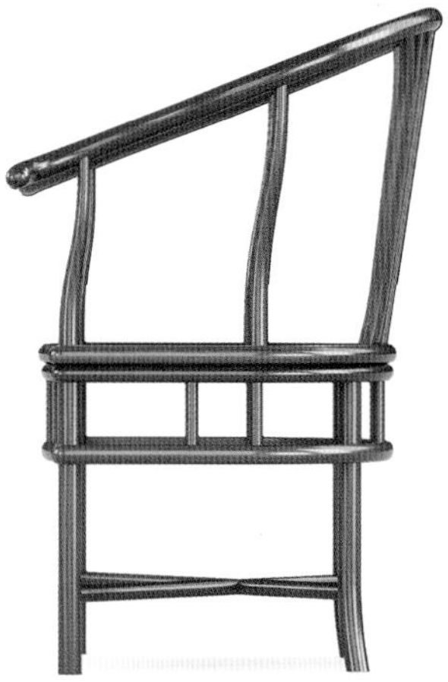

侧视图

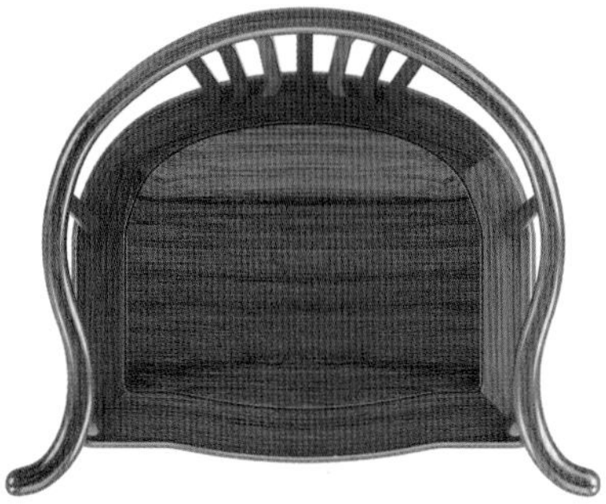

俯视图

透视图

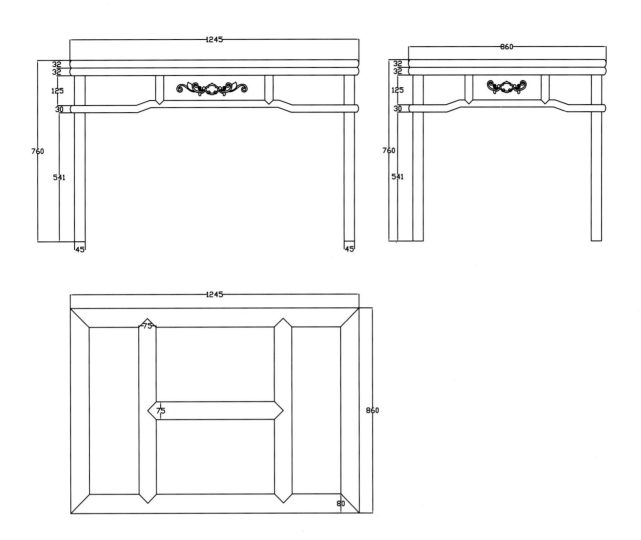

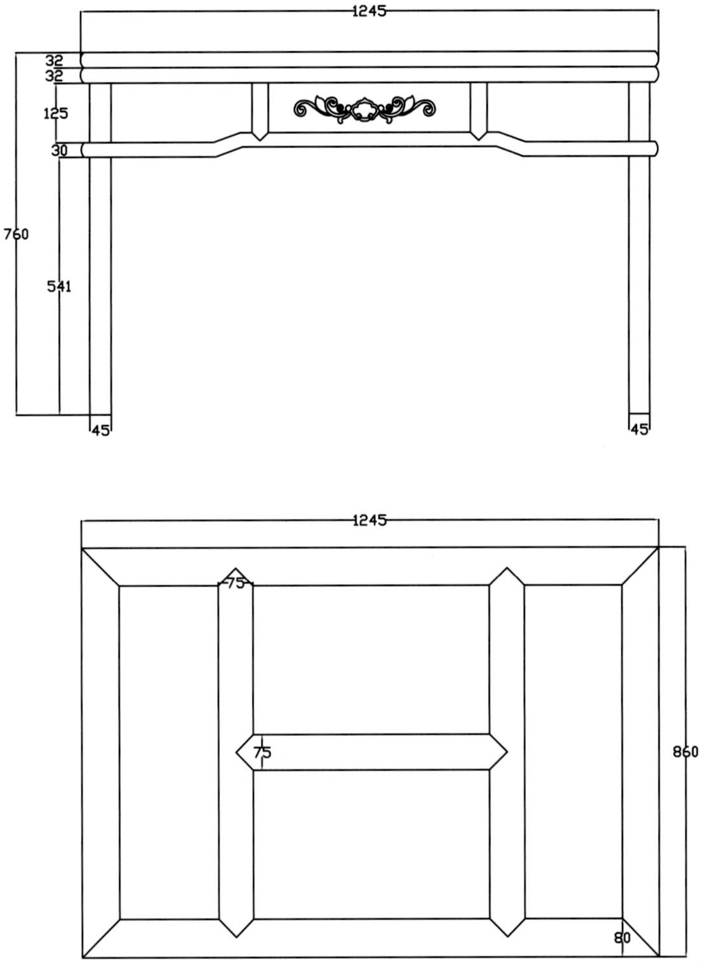
1245
32
32
125
30
760
541
45
45
860
32
32
125
30
760
541
1245
75
75
860
80

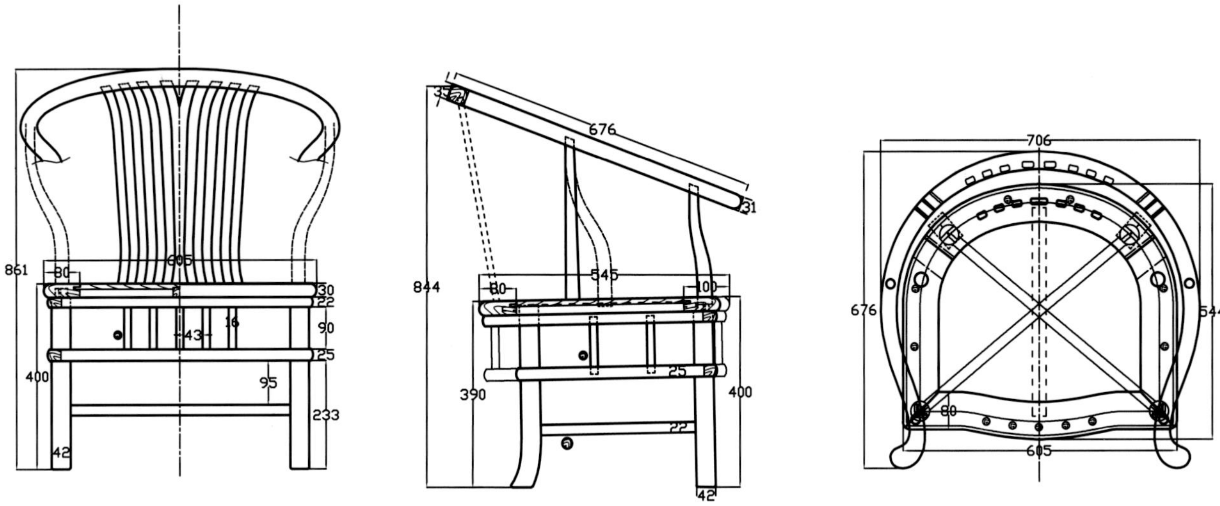
861
605
30
30
22
90
16
43
125
400
95
233
42
33
676
31
844
545
30
100
390
25
400
22
42
706
676
544
80
605

CAD 结构图

卷书茶台

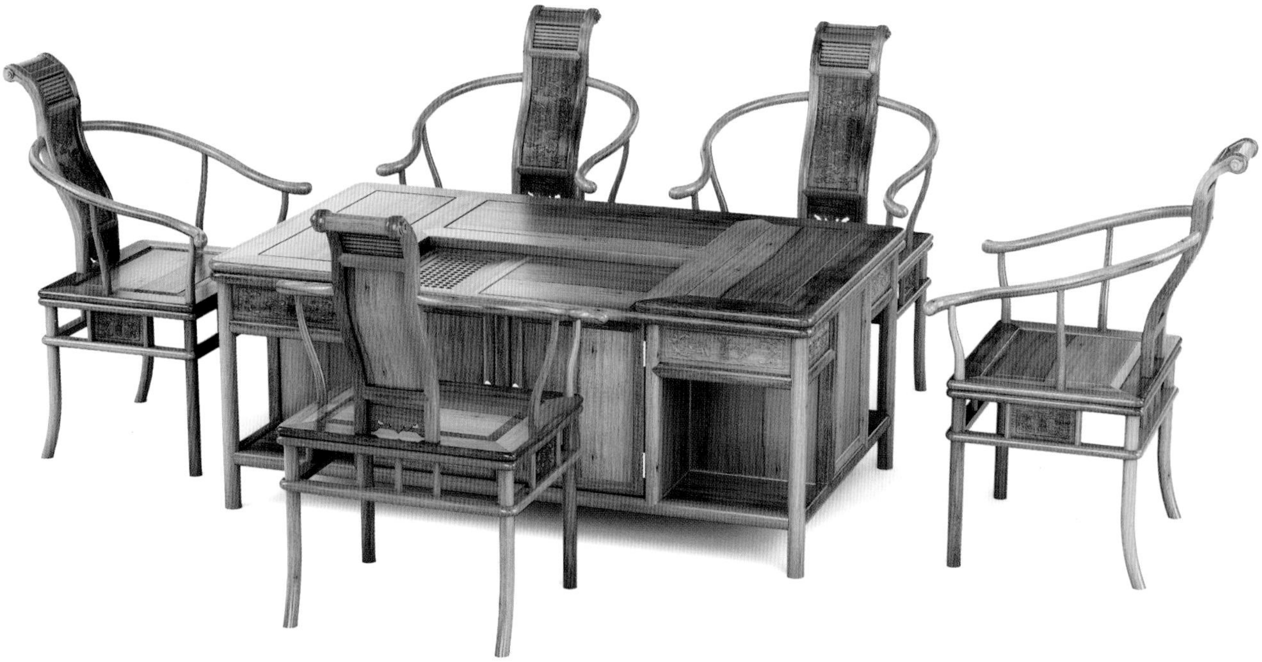

透视图

款式点评：

此茶台外形简朴，工艺复杂，平整桌面开设茶槽，桌面下设门，以铜件装饰，圆腿直足简洁美观。配套座椅搭脑为卷书式，背靠板弯曲自然和谐，八字外撇腿间以罗锅枨矮老做支撑连接。

主视图

侧视图

俯视图

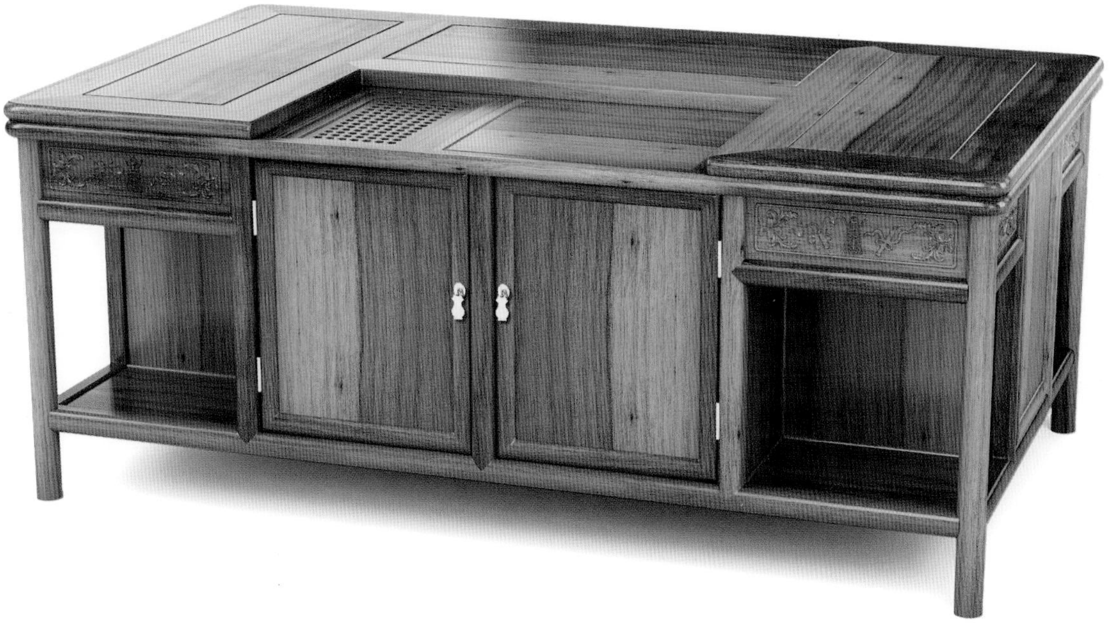
透视图

主视图

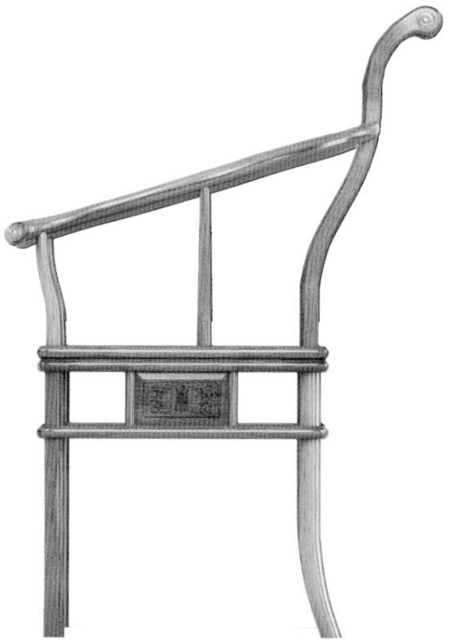

侧视图

俯视图

透视图

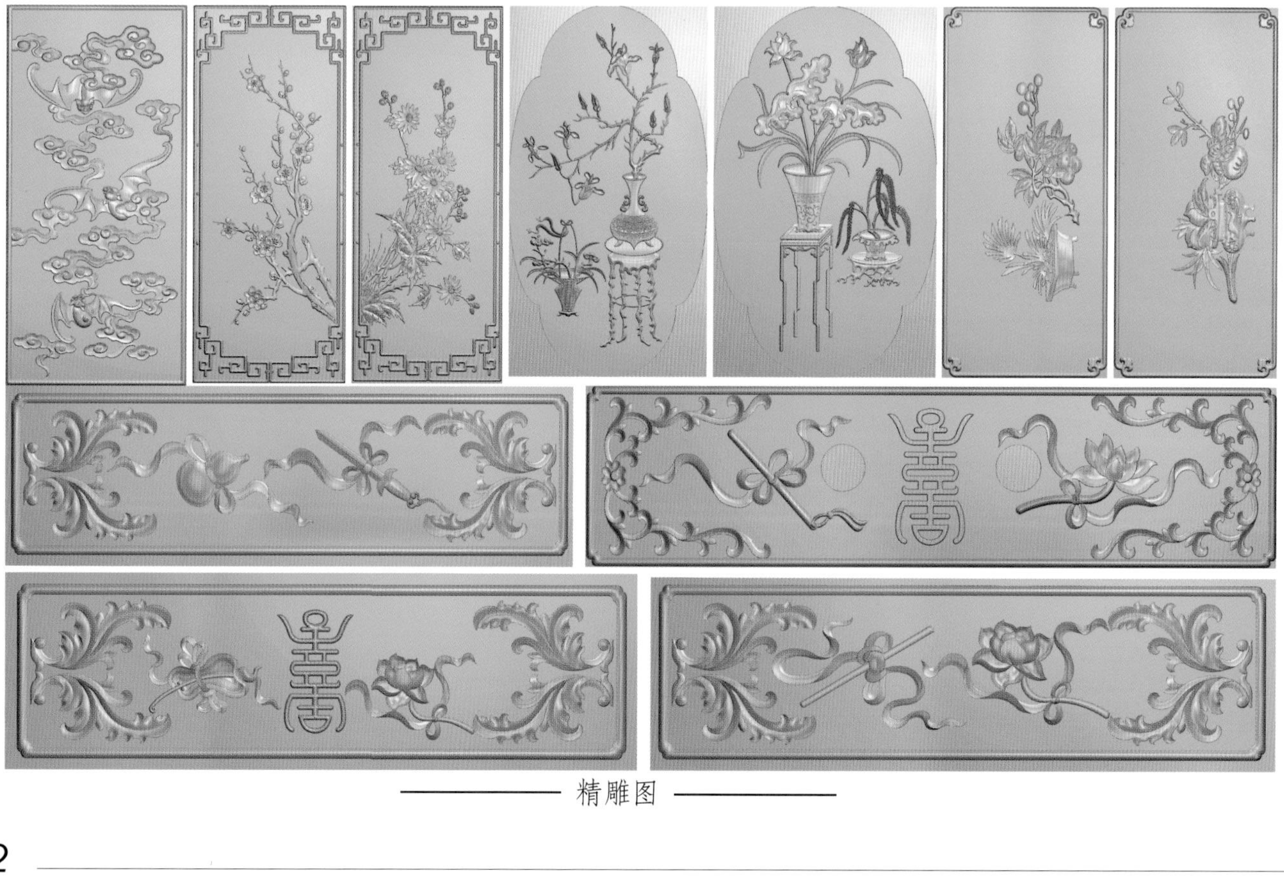

精雕图

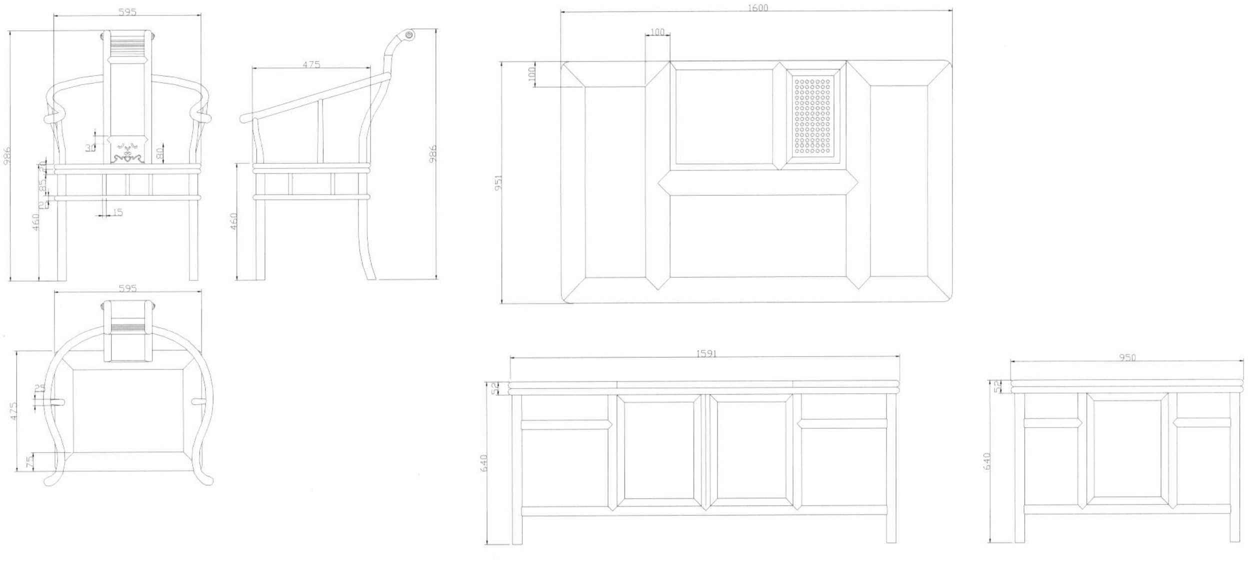

CAD 结构图

精雕图

素面茶台组合

透视图

款式点评：

此款茶台简单大方，桌面平整光素，开设茶槽，桌面下设抽屉，搭配铜环。腿间以罗锅枨作为支撑连接，圆腿直足。

主视图

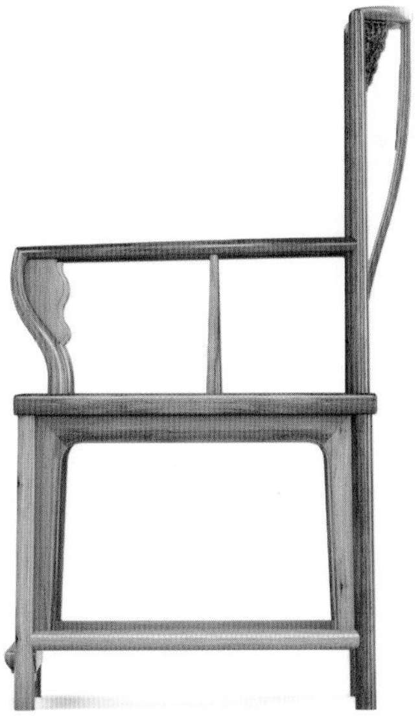

侧视图

俯视图

精雕图

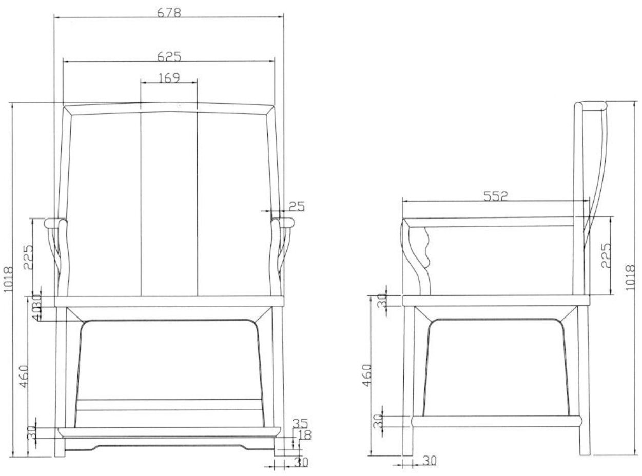

CAD 结构图

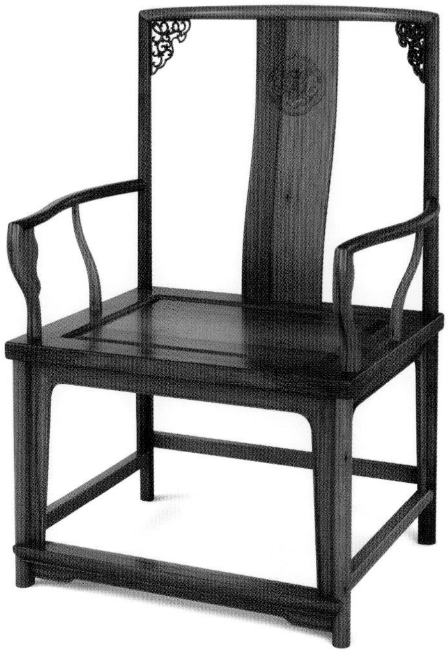

透视图

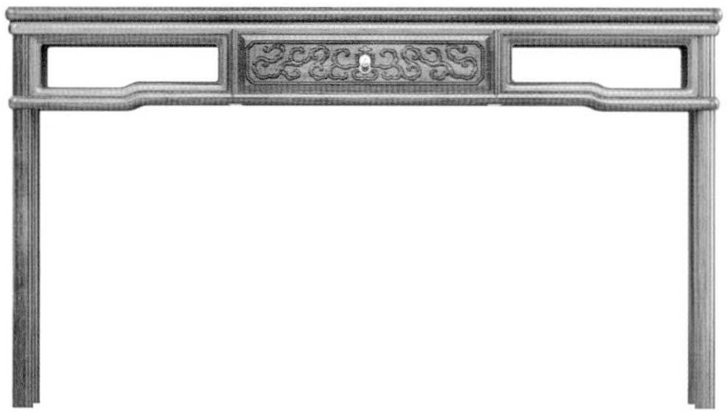

主视图

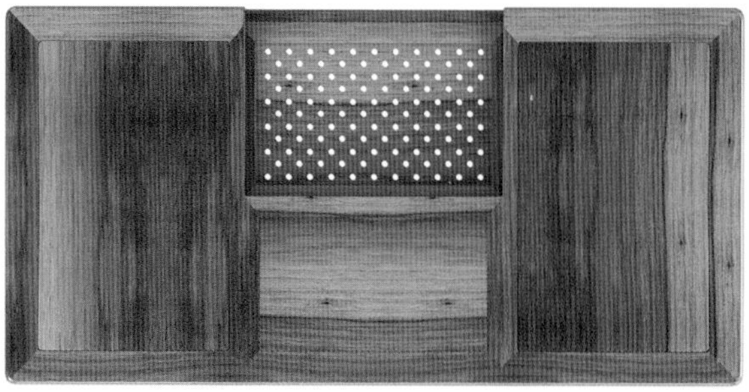

俯视图

侧视图

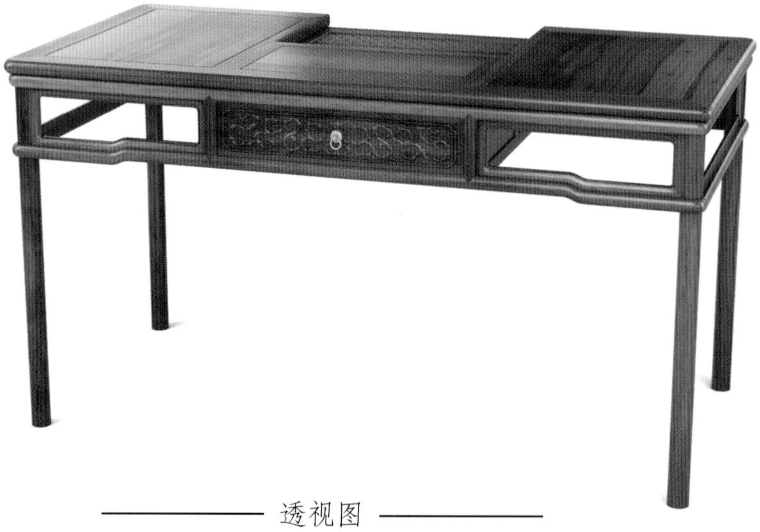

透视图

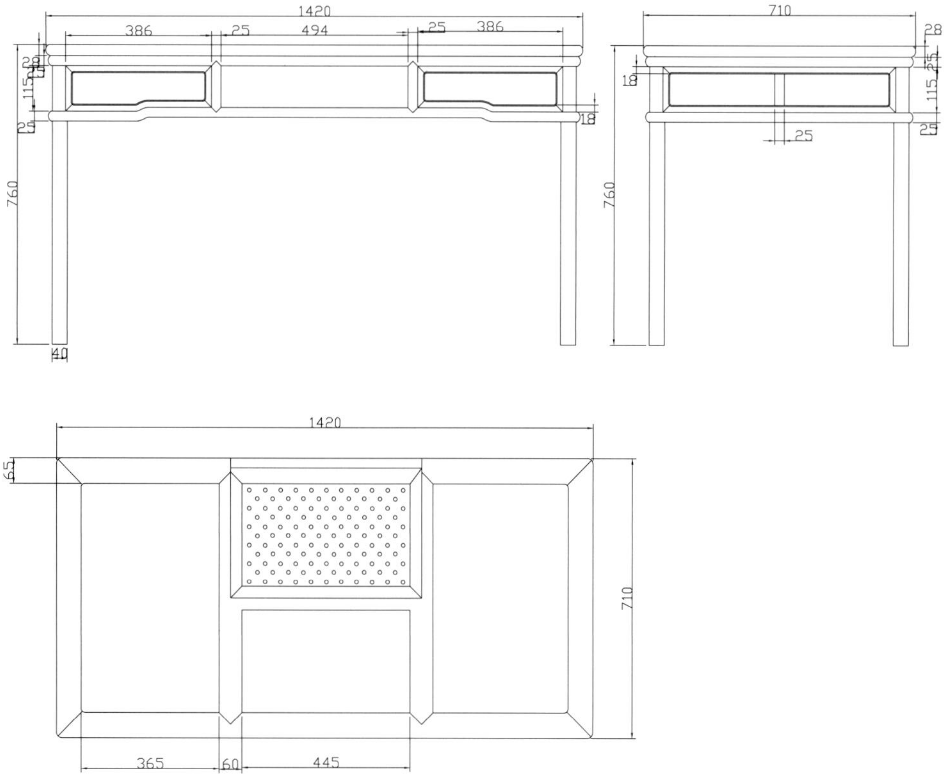

CAD 结构图

精雕图

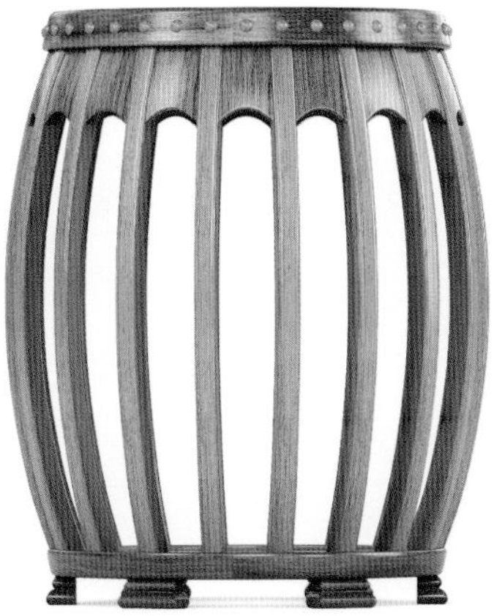

主视图

俯视图

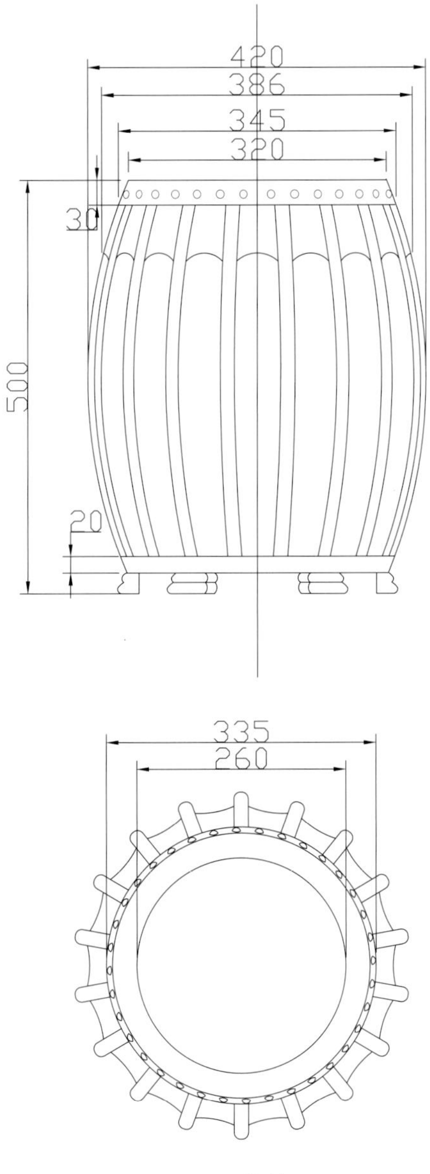

CAD 结构图

透视图

圆　　茶　　台

透视图

款式点评：

此款茶台大气美观，台面呈圆形，中间开设茶槽，牙板以矮老做支撑，中间支柱为四方形，挡板间浮雕“茶”字，生动形象，下有拖泥，拖泥承拖泥脚，配套同款圈椅，整套家具赋有茶韵。

主视图

透视图

主视图

侧视图

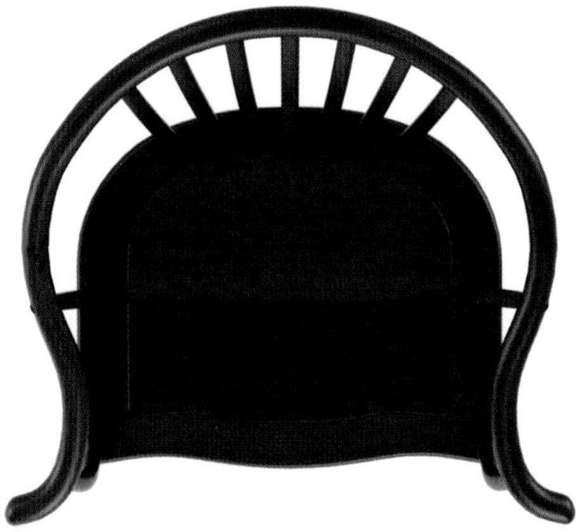

俯视图

透视图

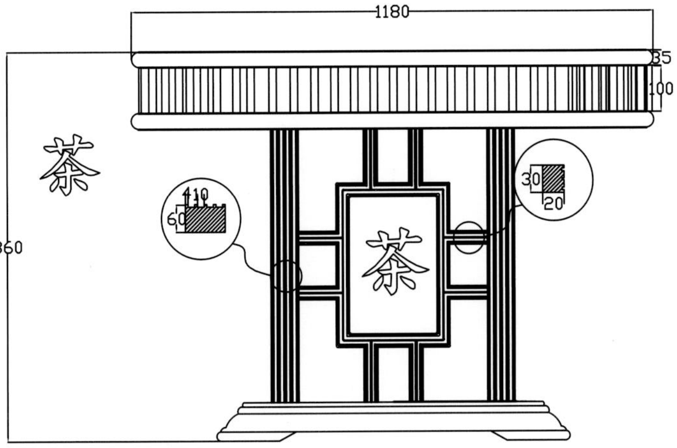
1180
35
100
860
茶
茶
410
60
30
20

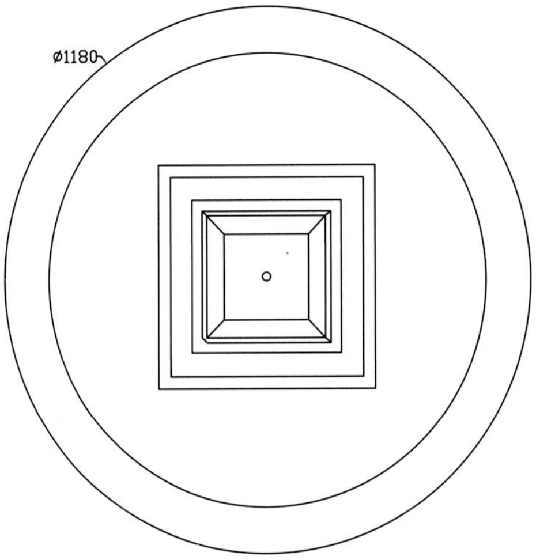
ø1180

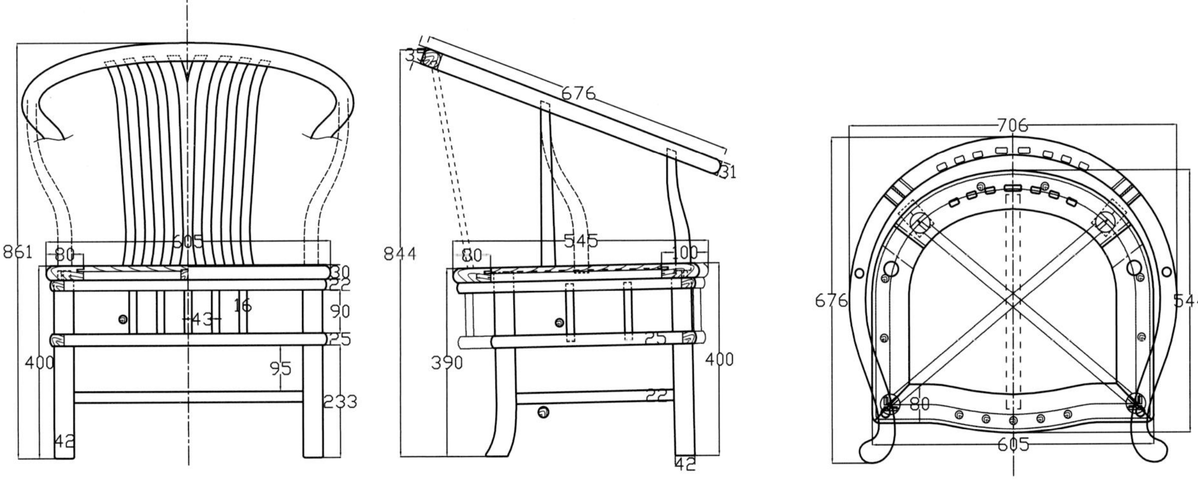
861
80
605
30
22
43
16
90
25
400
95
233
42
37
676
31
844
80
545
100
390
25
400
22
42
706
676
544
80
605

CAD 结构图

六　　角　　台

透视图

款式点评：

此款六角台台面光素，牙板雕刻精美图样，罗锅枨做牙头起支撑作用，两圆柱并为一腿，五腿间有冰裂花样托泥板，可置放物品。

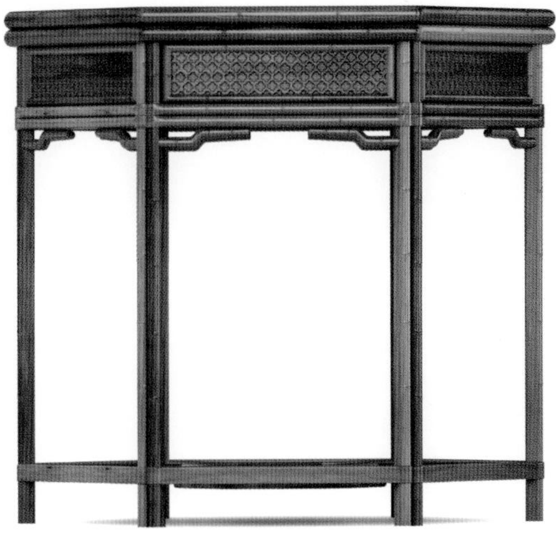

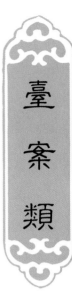

主视图

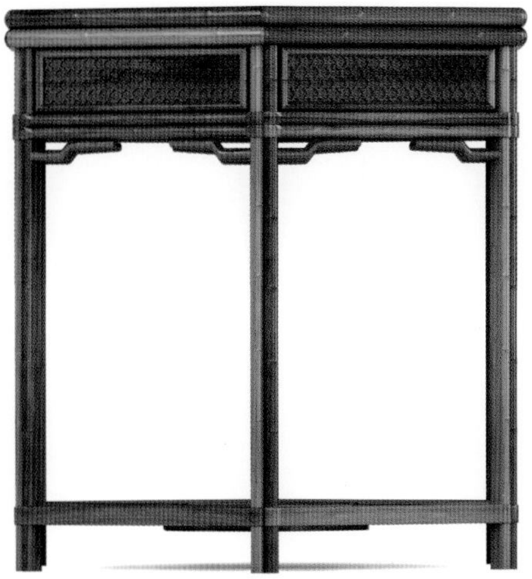

侧视图

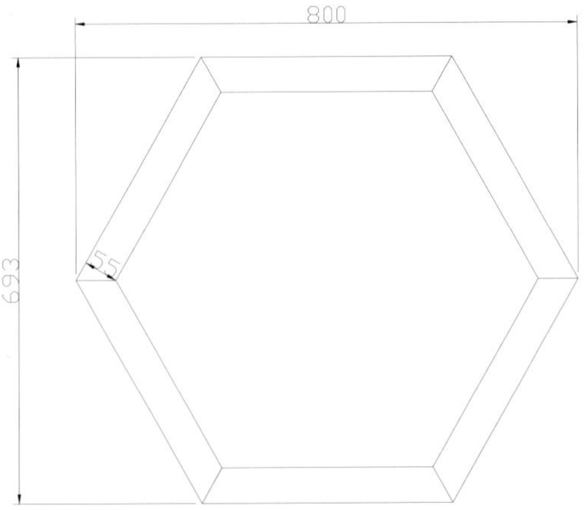

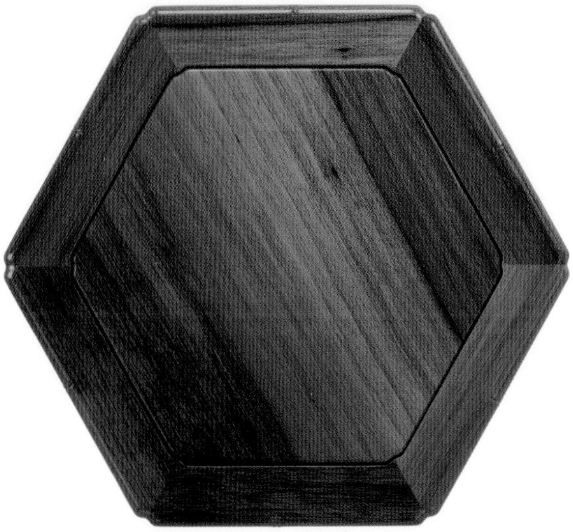

俯视图

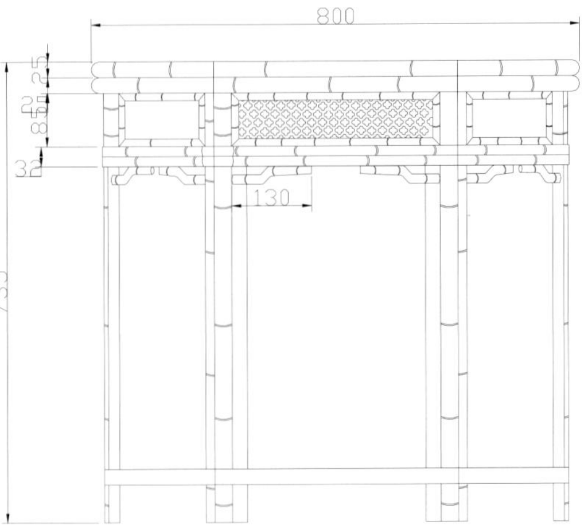

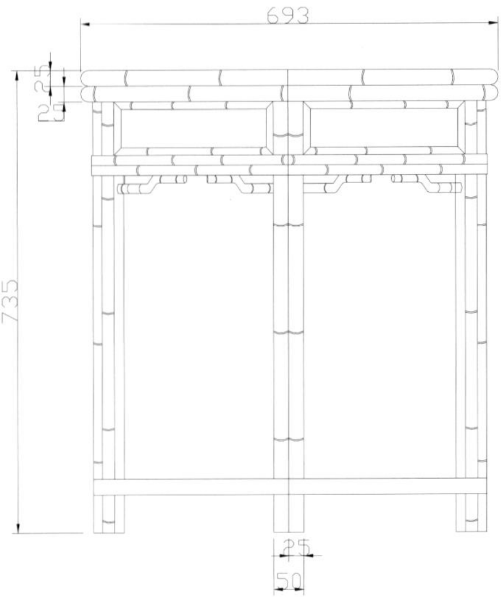

CAD 结构图

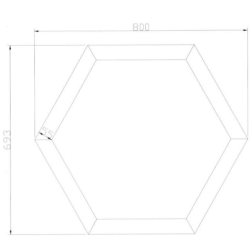

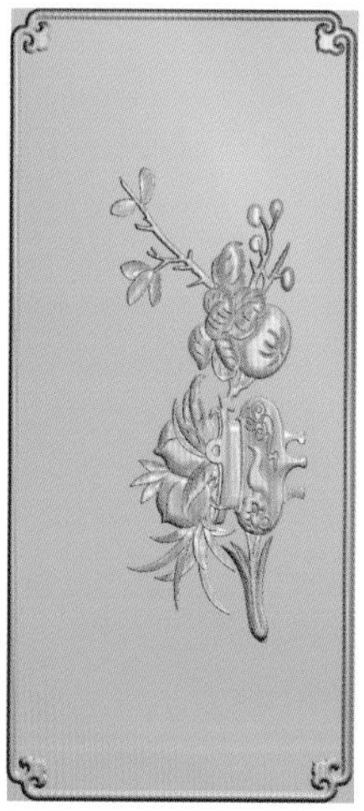

精雕图

主视图

俯视图

透视图

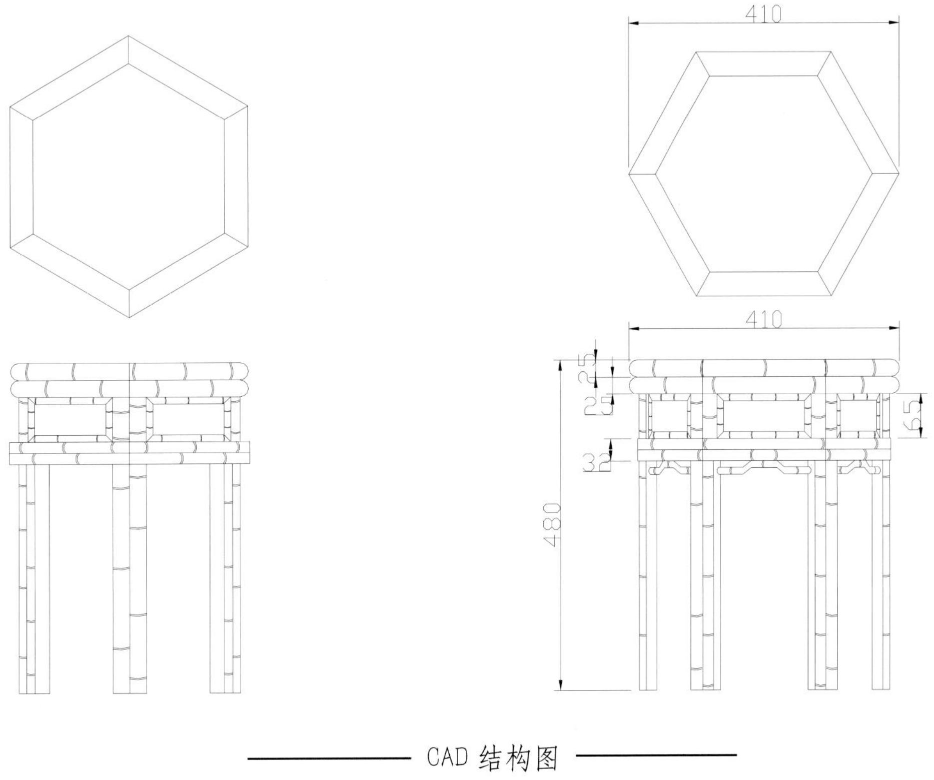

CAD 结构图

竹节画案

透视图

款式点评：

此款画案充满古韵，长方形的画案平整光素，牙头做竹子型使画案充满灵性，腿侧以竖条均匀排列作为挡板，配套凳子造型与画案相同。

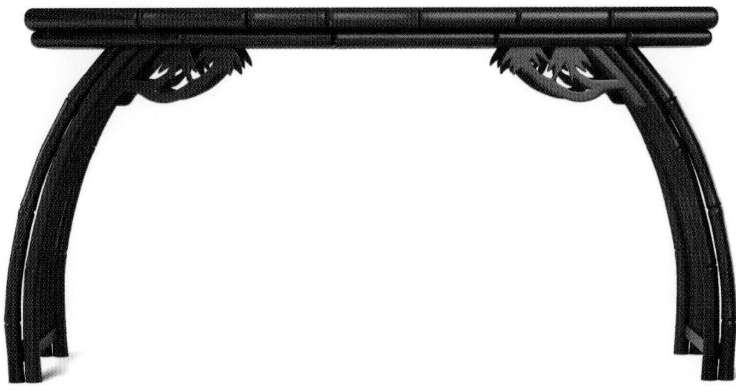

主视图

侧视图

俯视图

透视图

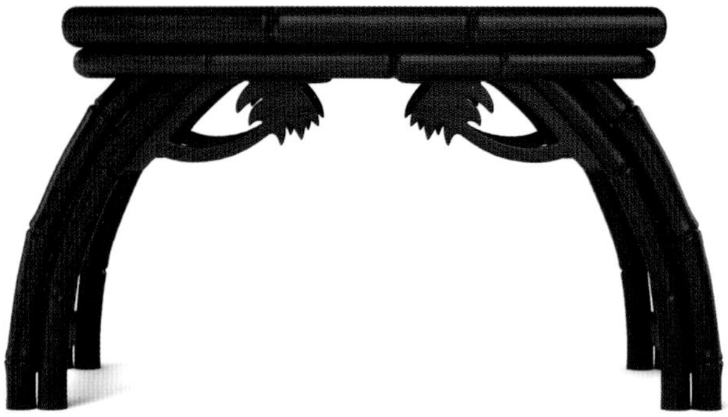
主视图

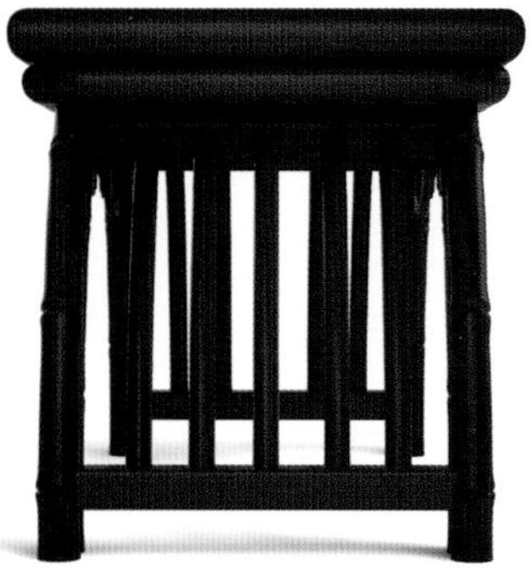
侧视图

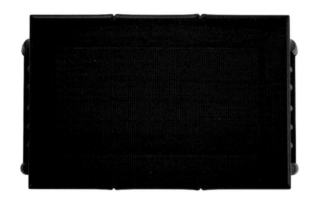

俯视图

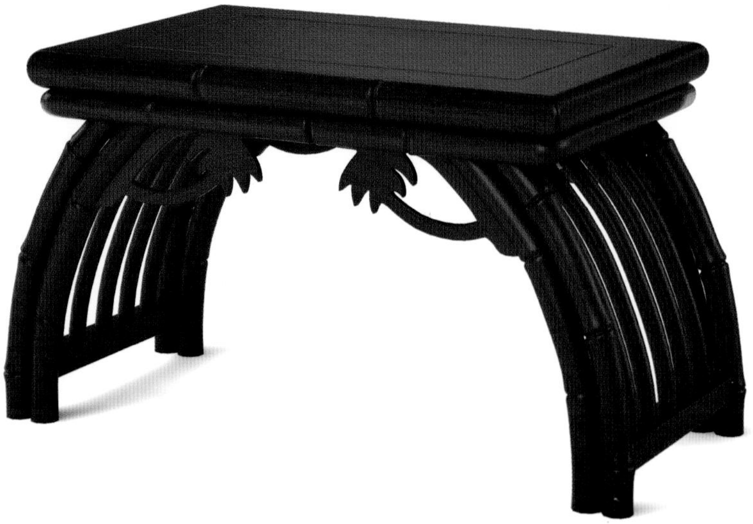
透视图

CAD 结构图

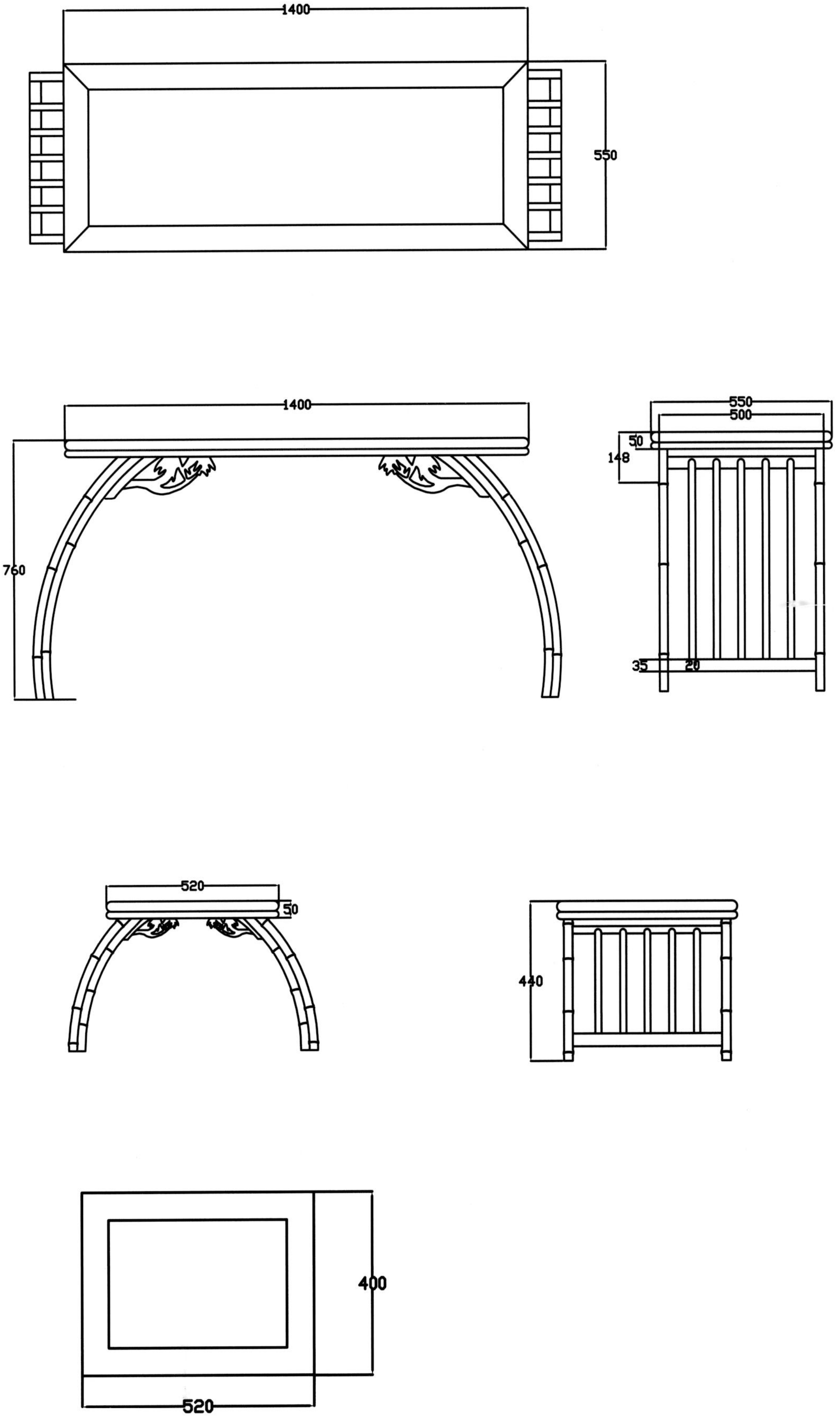

CAD 结构图

素雅休闲桌

透视图

款式点评：

此款休闲桌复古造型，朴素美观，平整桌面下牙条牙板简洁，下有罗锅枨支撑连接，腿有三线香，直足。配套长条板凳凳面光束，牙条牙头自然美观，四腿侧面有横枨。

主视图

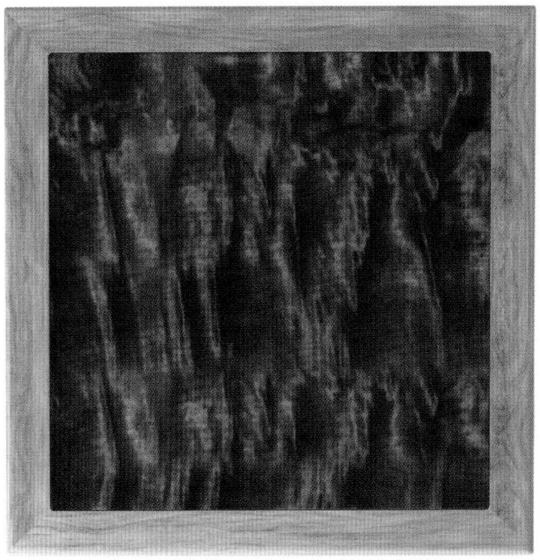

俯视图

透视图

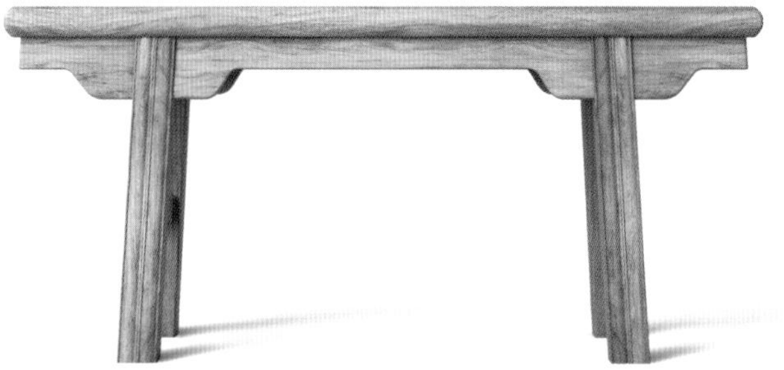

主视图

侧视图

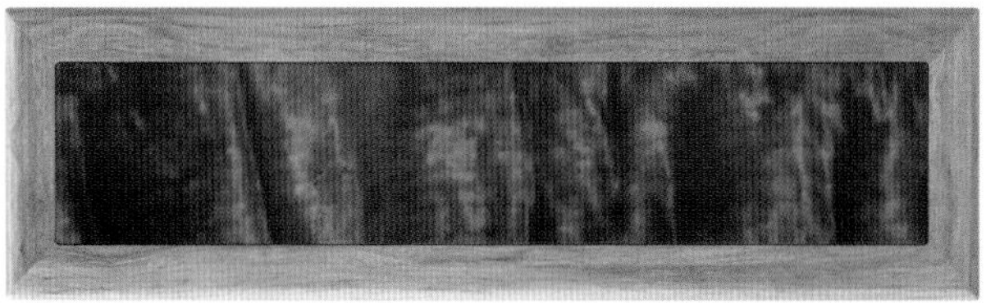

俯视图

透视图

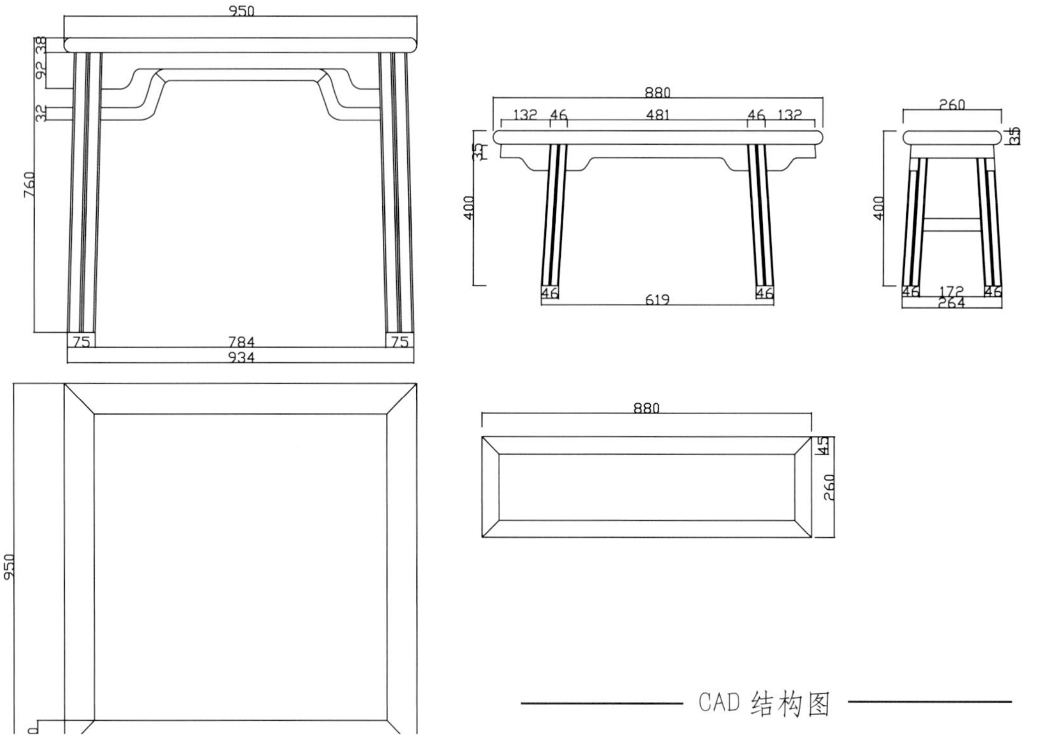

CAD 结构图

紫檀画案

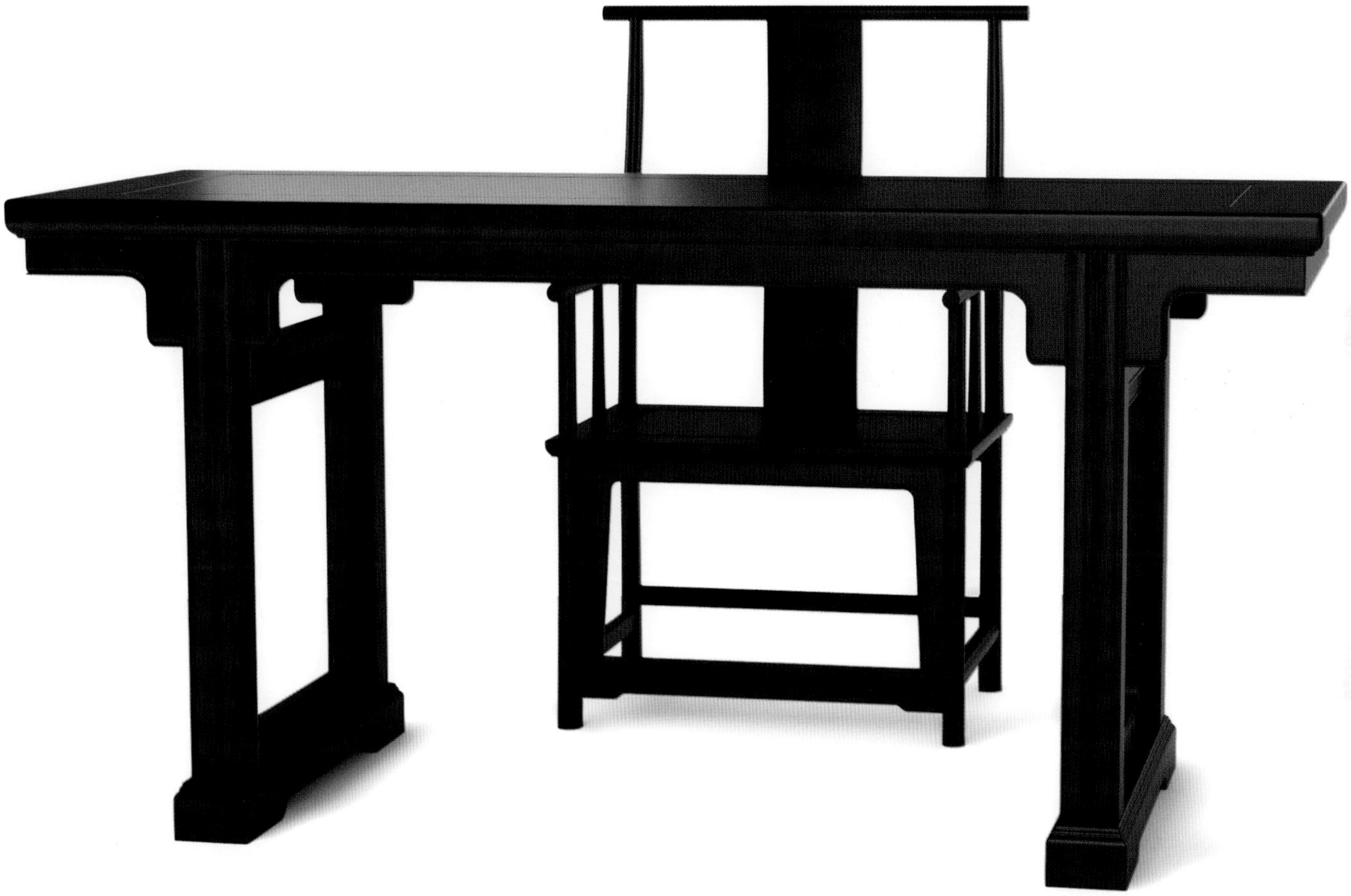

透视图

款式点评：

此款画案由紫檀制作，造型简单时尚，彰显出大气之势。案面平直，面下冰盘沿，牙板、牙头光素无雕饰。腿与牙板桌面以插肩榫相连。侧腿间有枨，方腿直足。

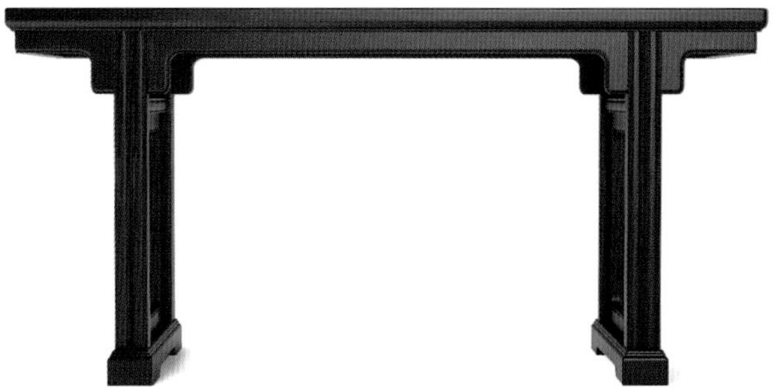

主视图

侧视图

俯视图

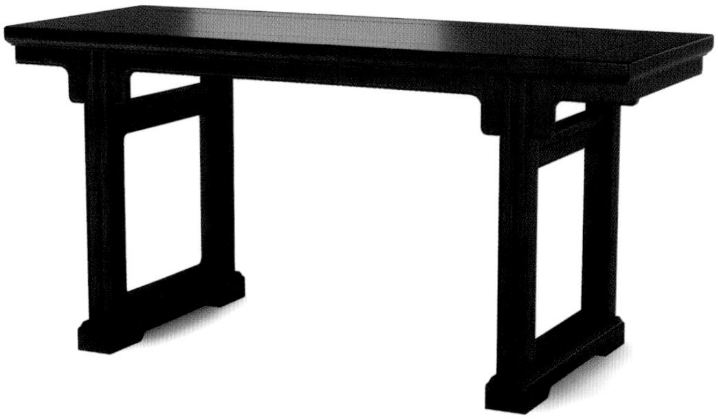

透视图

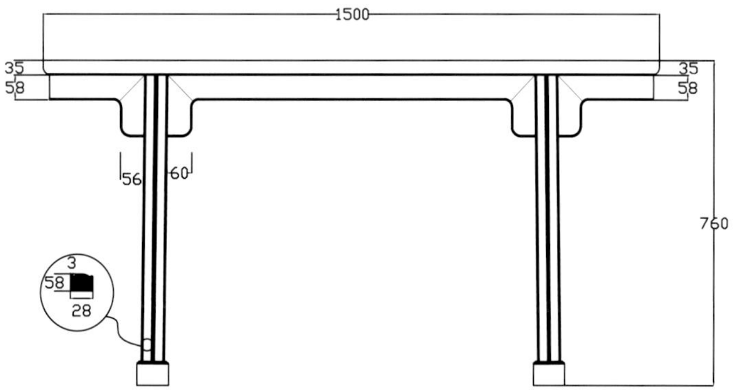

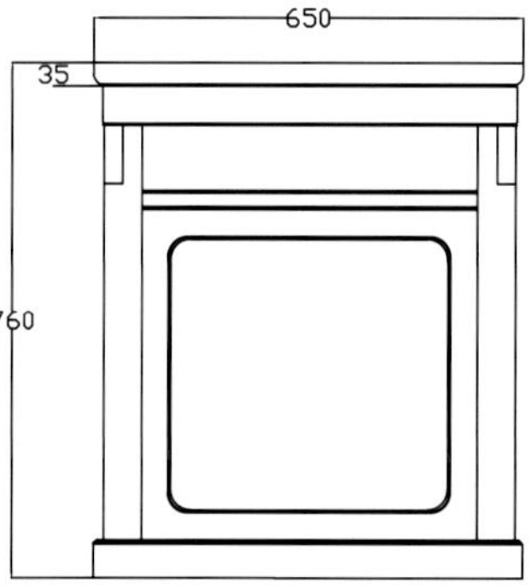

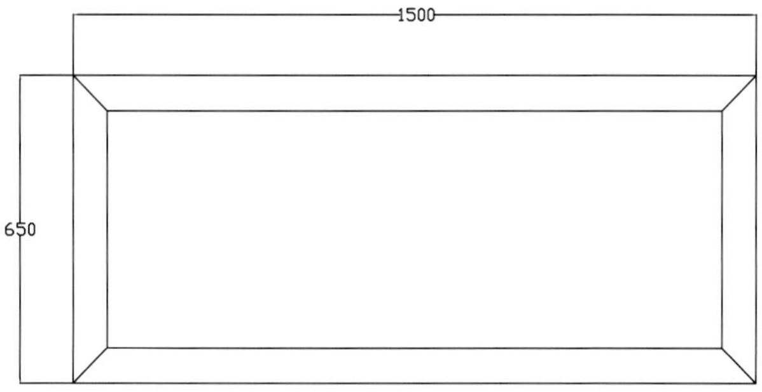

CAD 结构图

主视图

侧视图

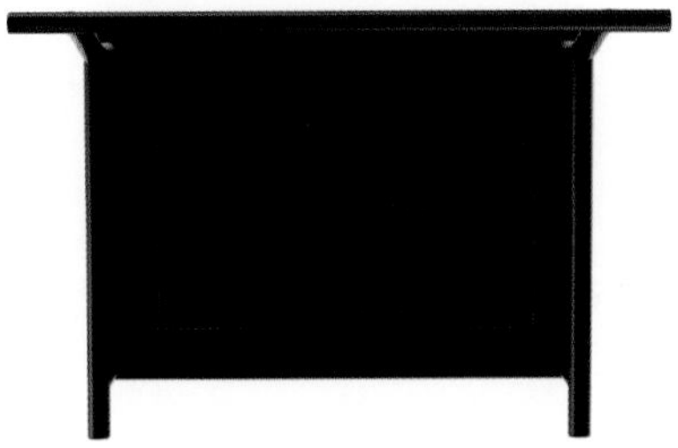

俯视图

透视图

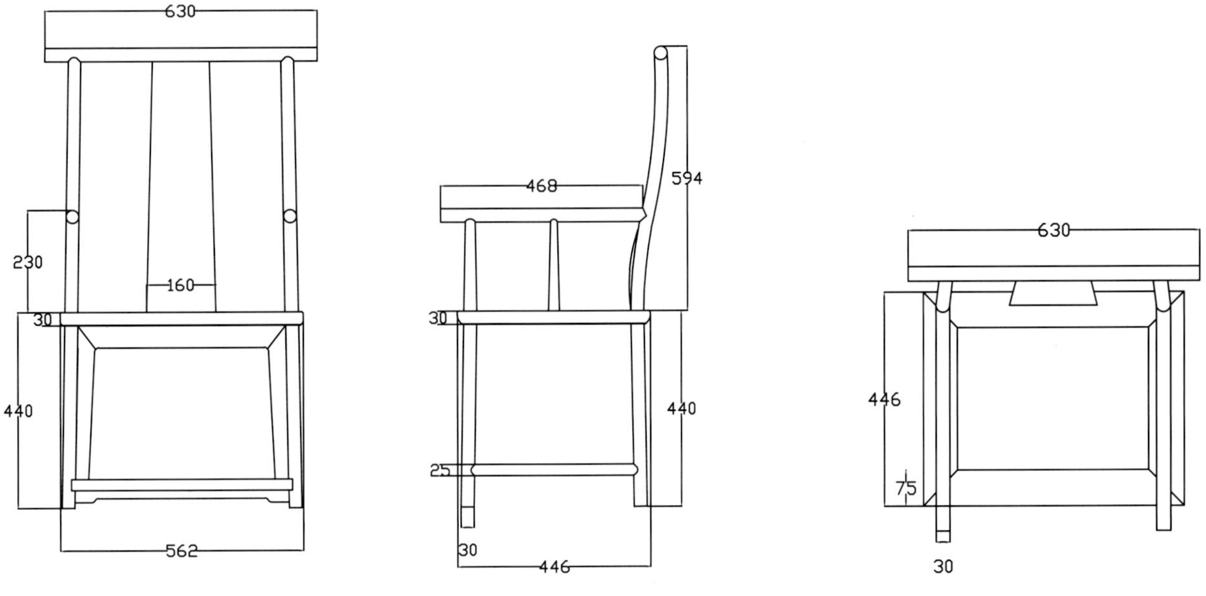

CAD 结构图

供　　桌

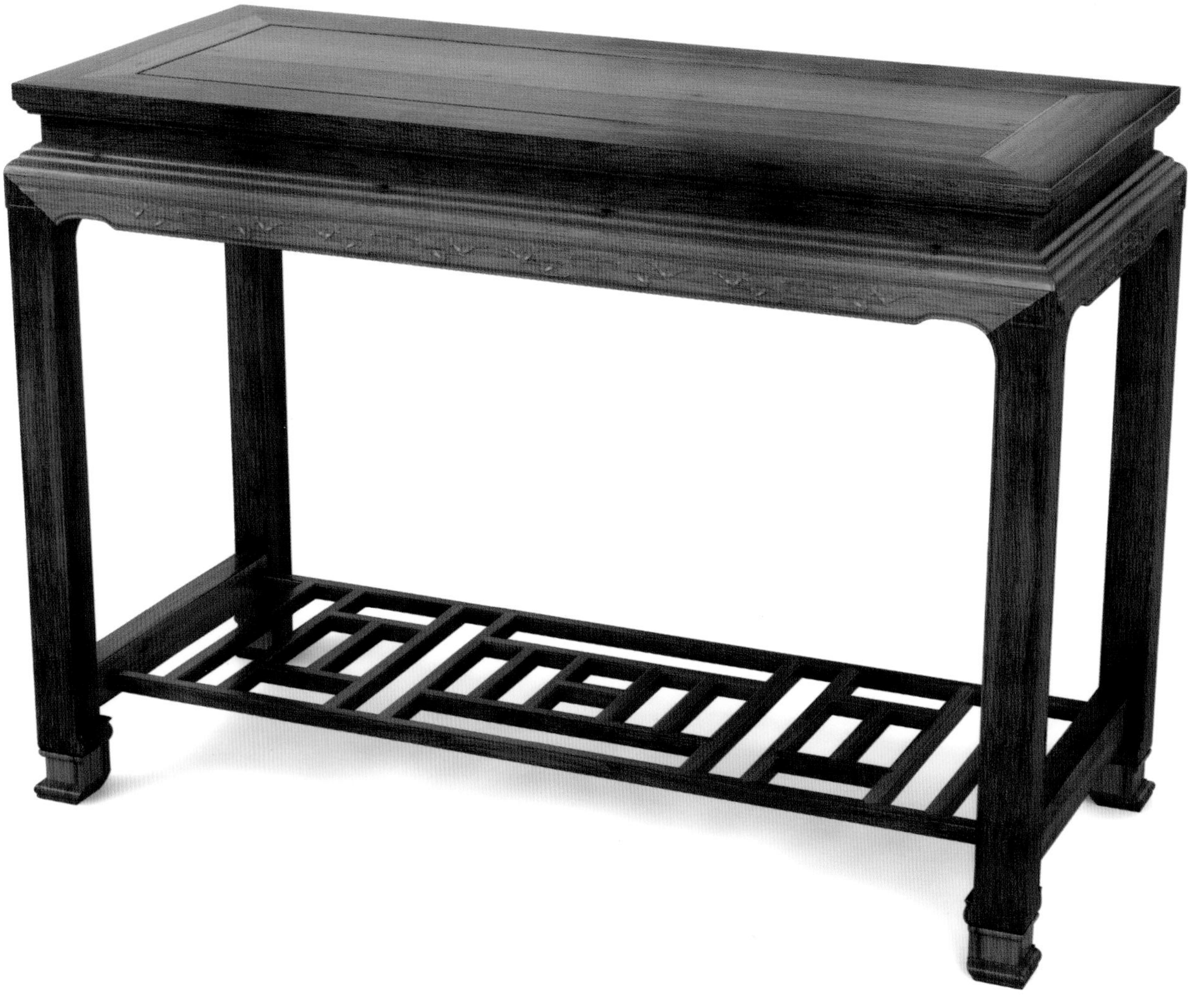

透视图

款式点评：

此款供桌造型简单时尚，桌面平整光素，高束腰，线条柔美，牙板牙头无雕花装饰，方腿直足下有回字纹拖泥板，四足外翻马蹄形。

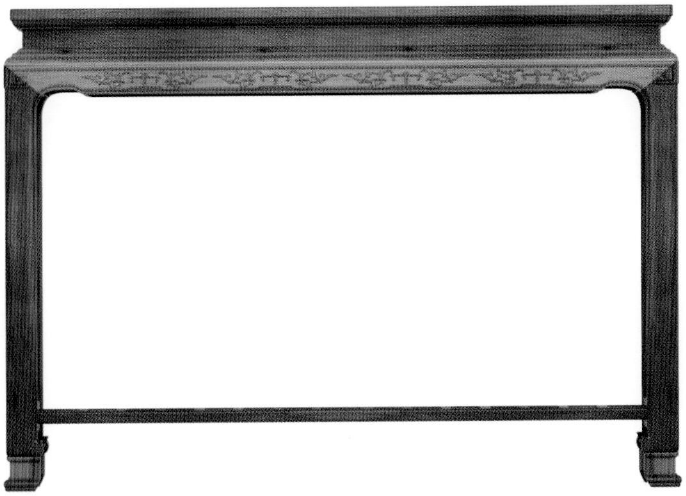

主视图

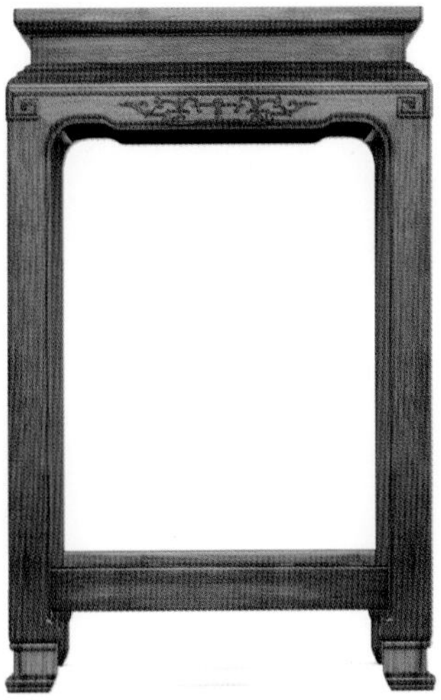

侧视图

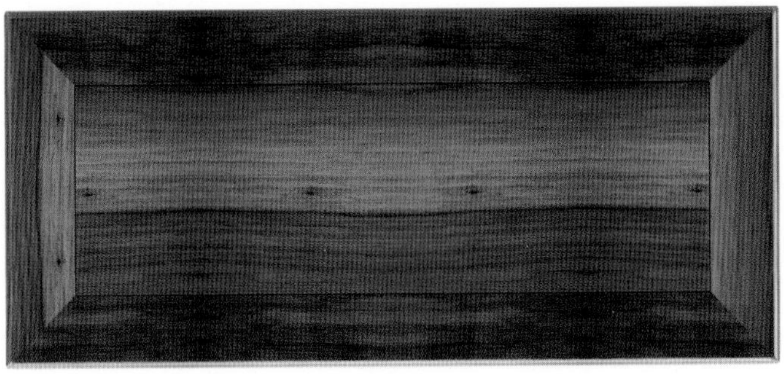

俯视图

CAD 结构图

透雕卷叶草供桌

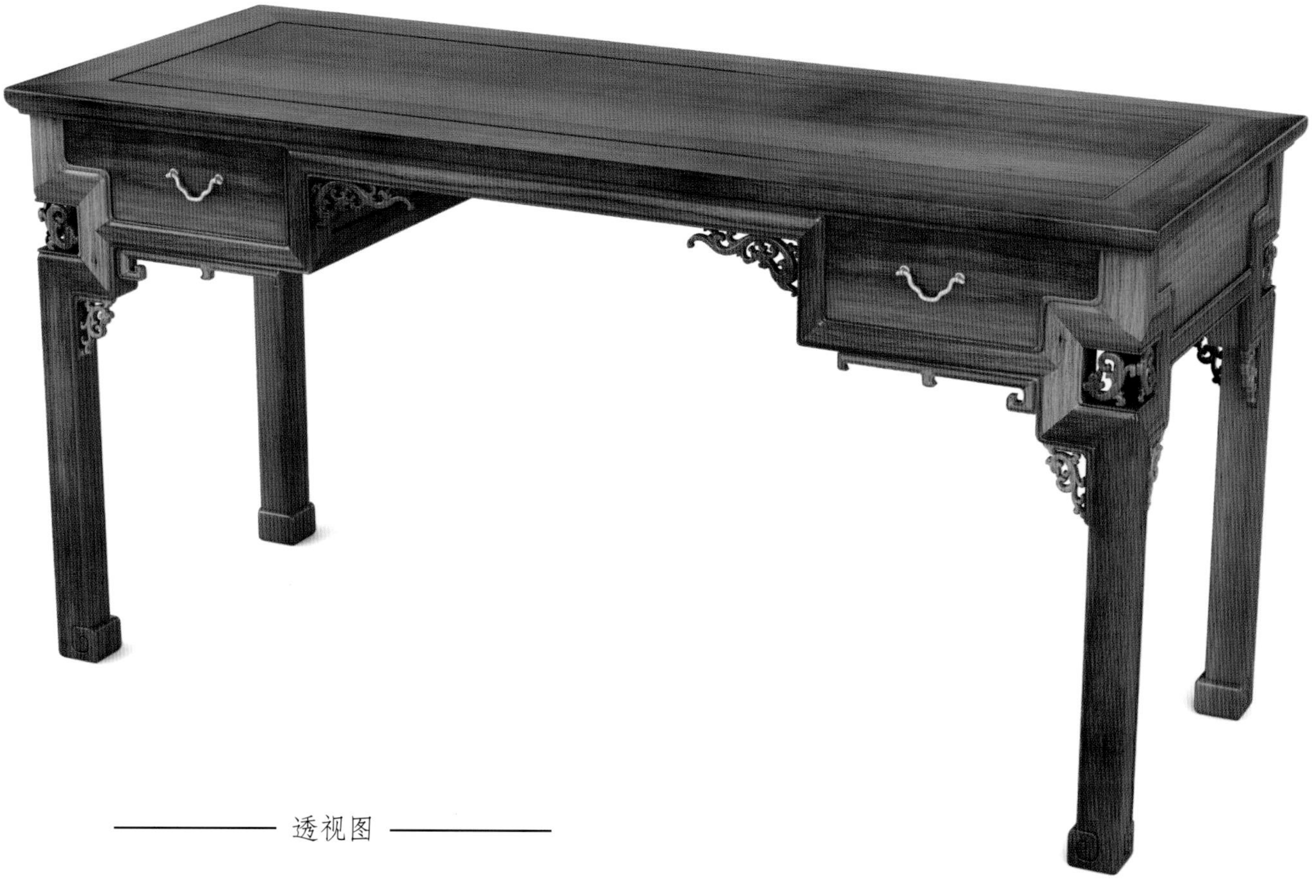

透视图

款式点评：

此款供桌大气美观，雕工精湛，桌面光素，下设双抽屉，抽屉以铜环做装饰。牙头采用透雕卷叶草（螭龙）造型作为装点，方腿直足，四足为内翻式。

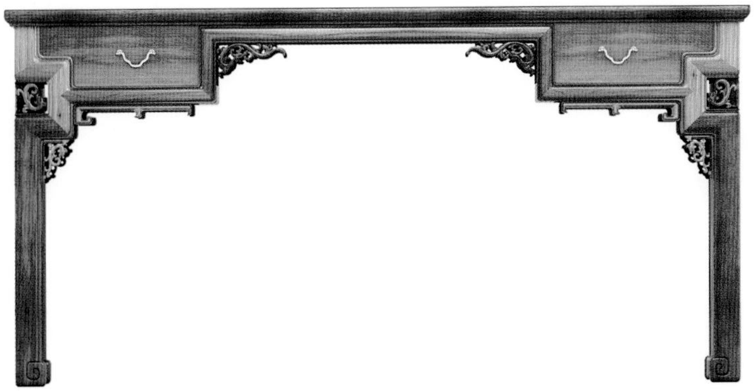

主视图

侧视图

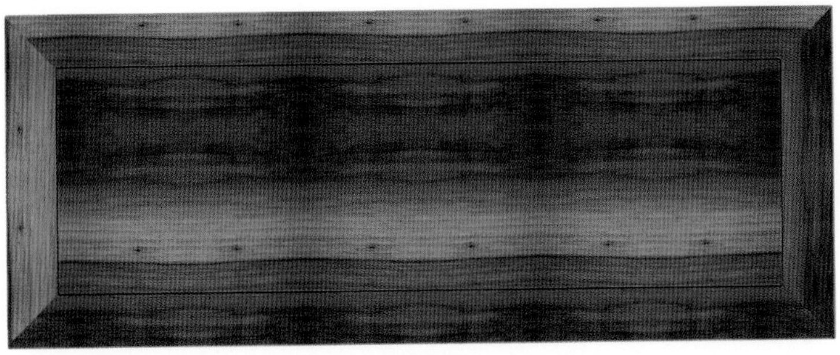

俯视图

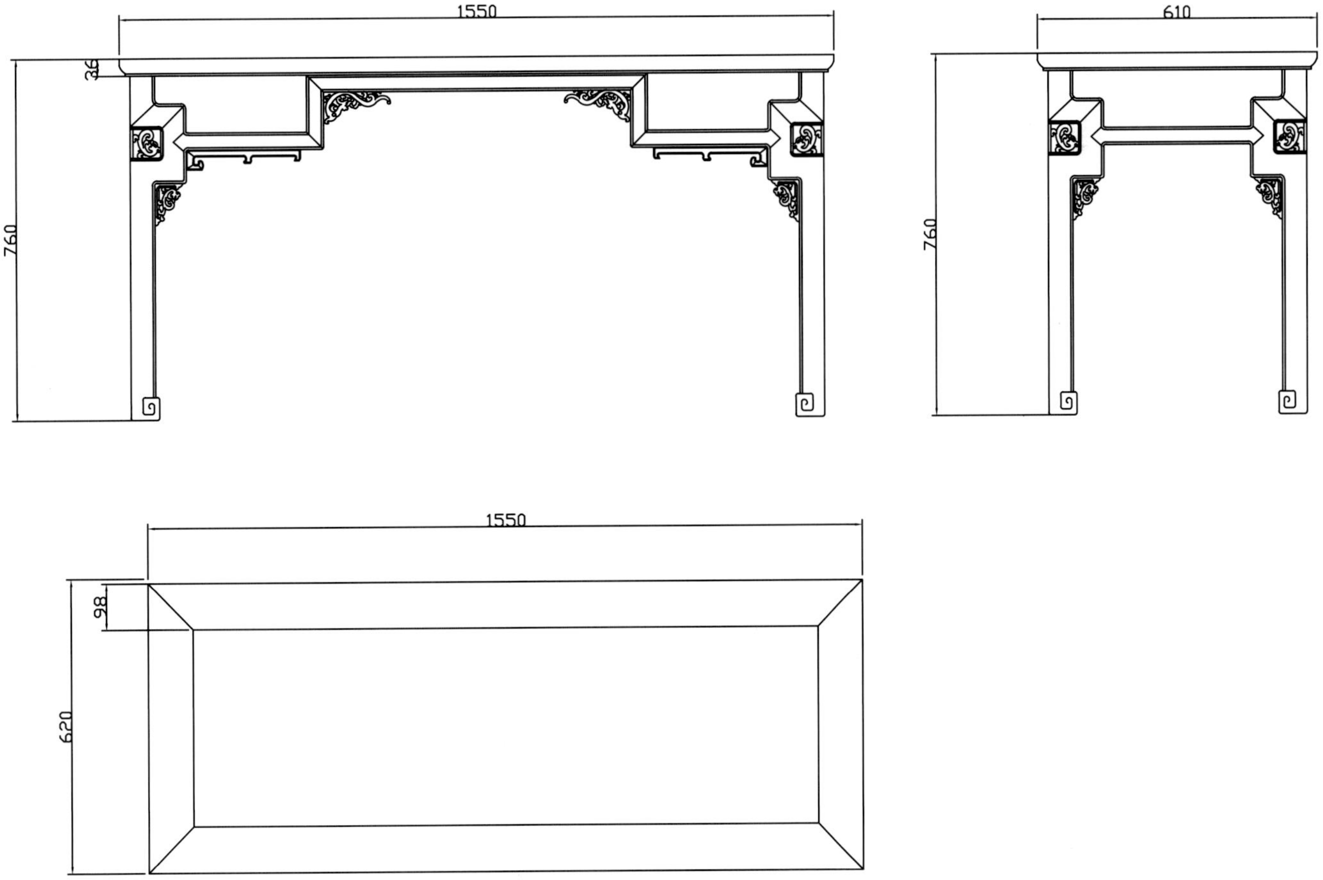

CAD 结构图

紫檀条案

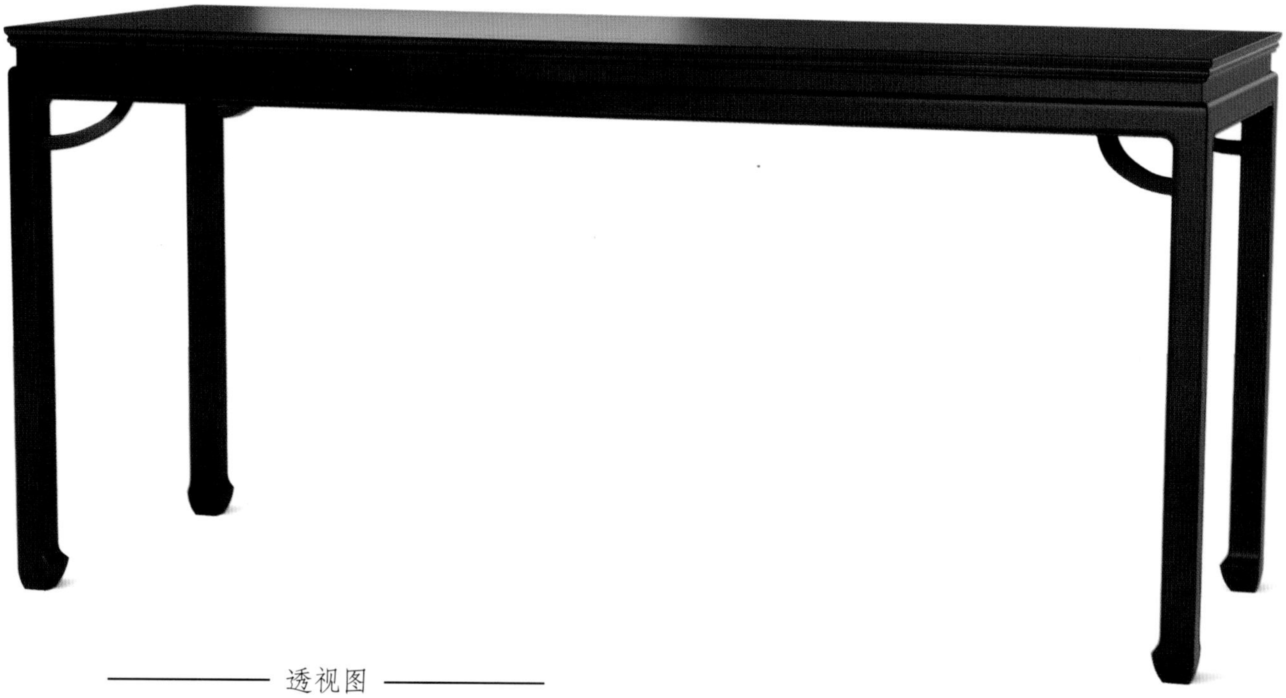

透视图

款式点评：

此条案由紫檀木制作，简单大气。桌面平直光素，束腰简单美观，腿间以罗锅枨做牙头支撑，方腿直足，四脚内翻呈马蹄形。

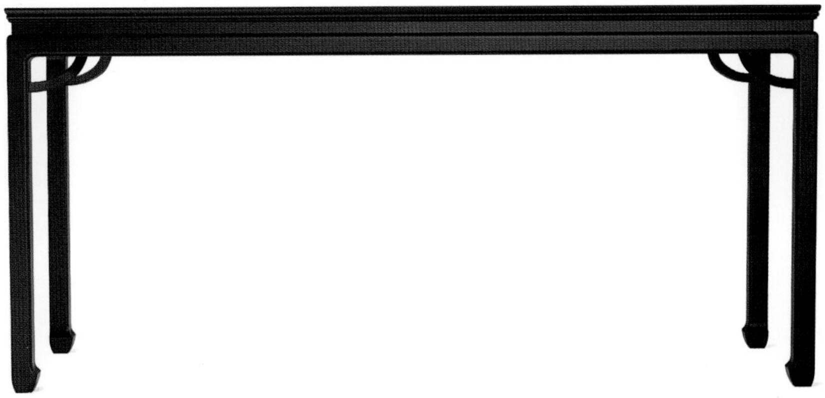

主视图

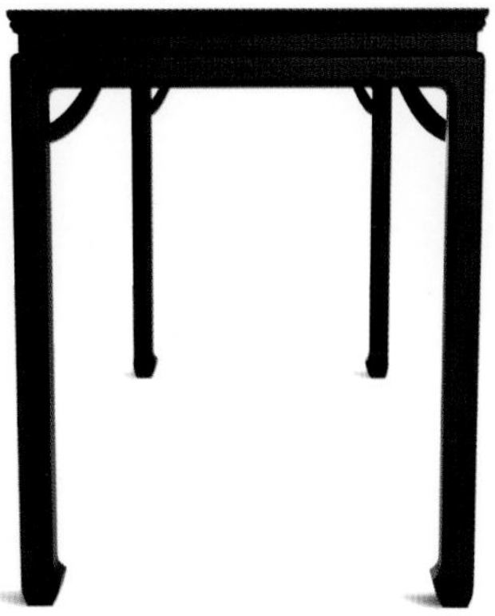

侧视图

俯视图

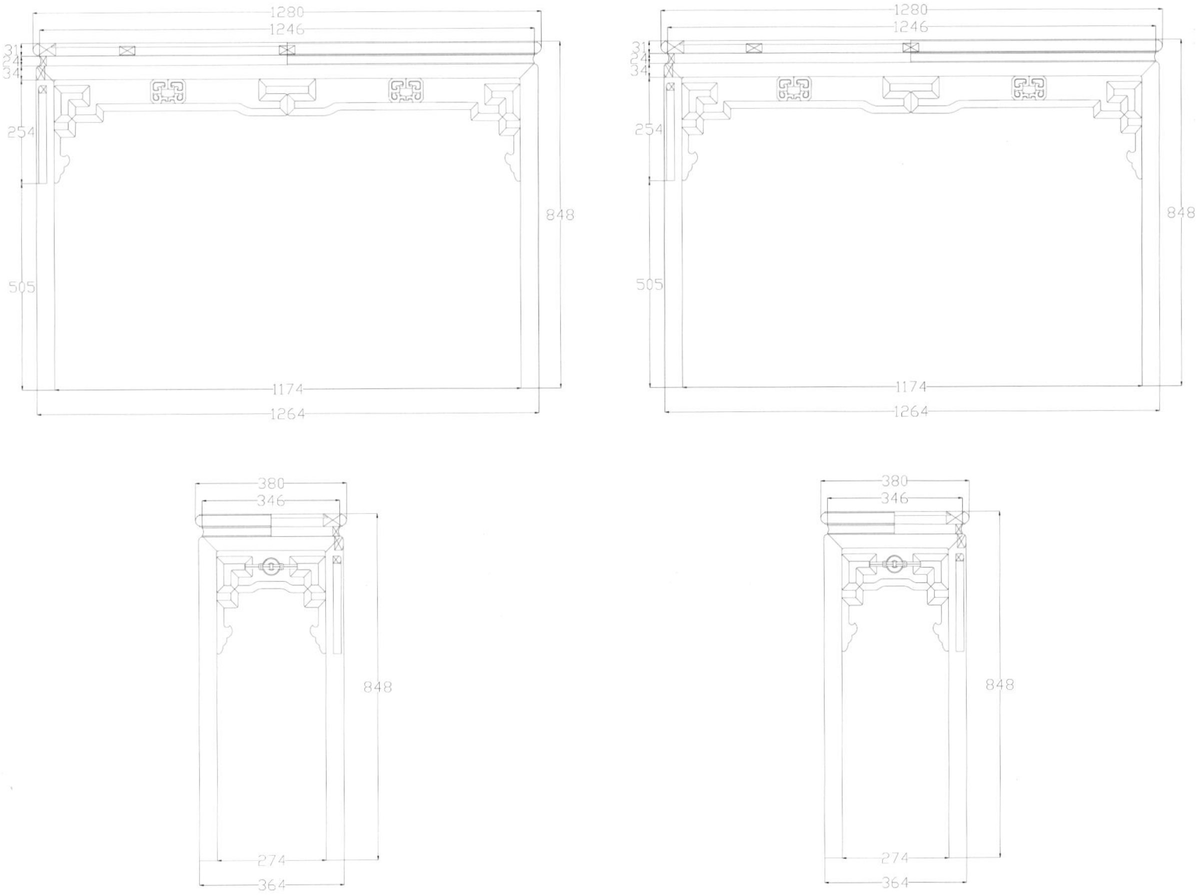

CAD 结构图

紫檀小条案

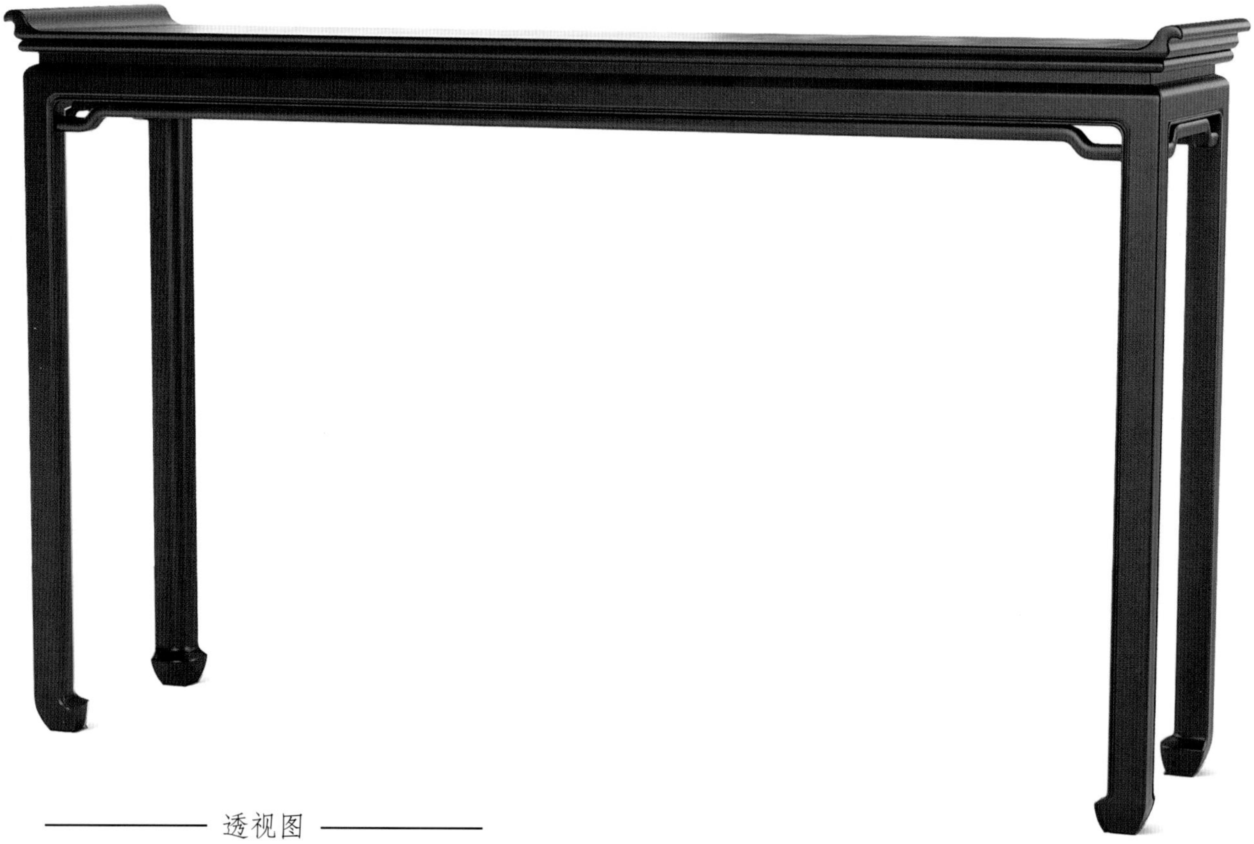

透视图

款式点评：

此案面两端有翘头，束腰简洁优美，腿间霸王枨相托，方腿直足内翻马蹄足。整体简洁明快，端庄秀丽。

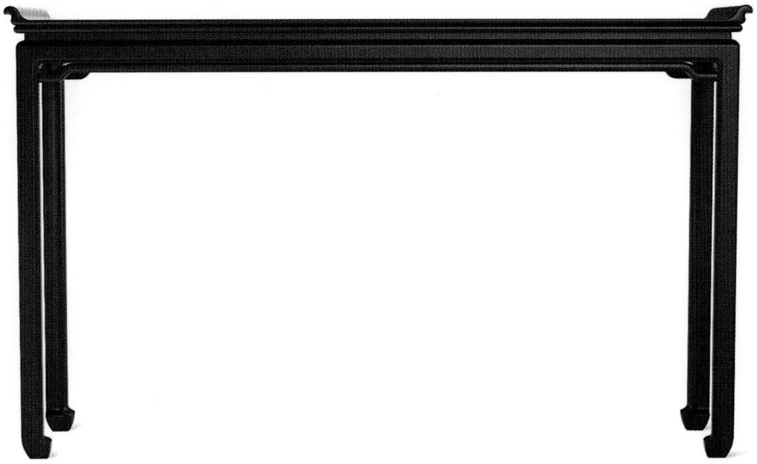

主视图

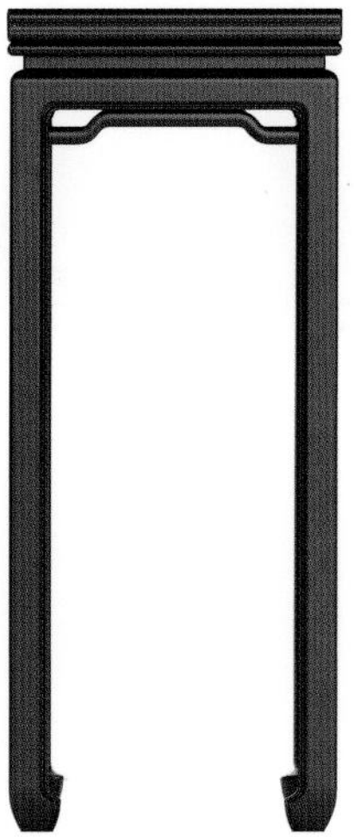

侧视图

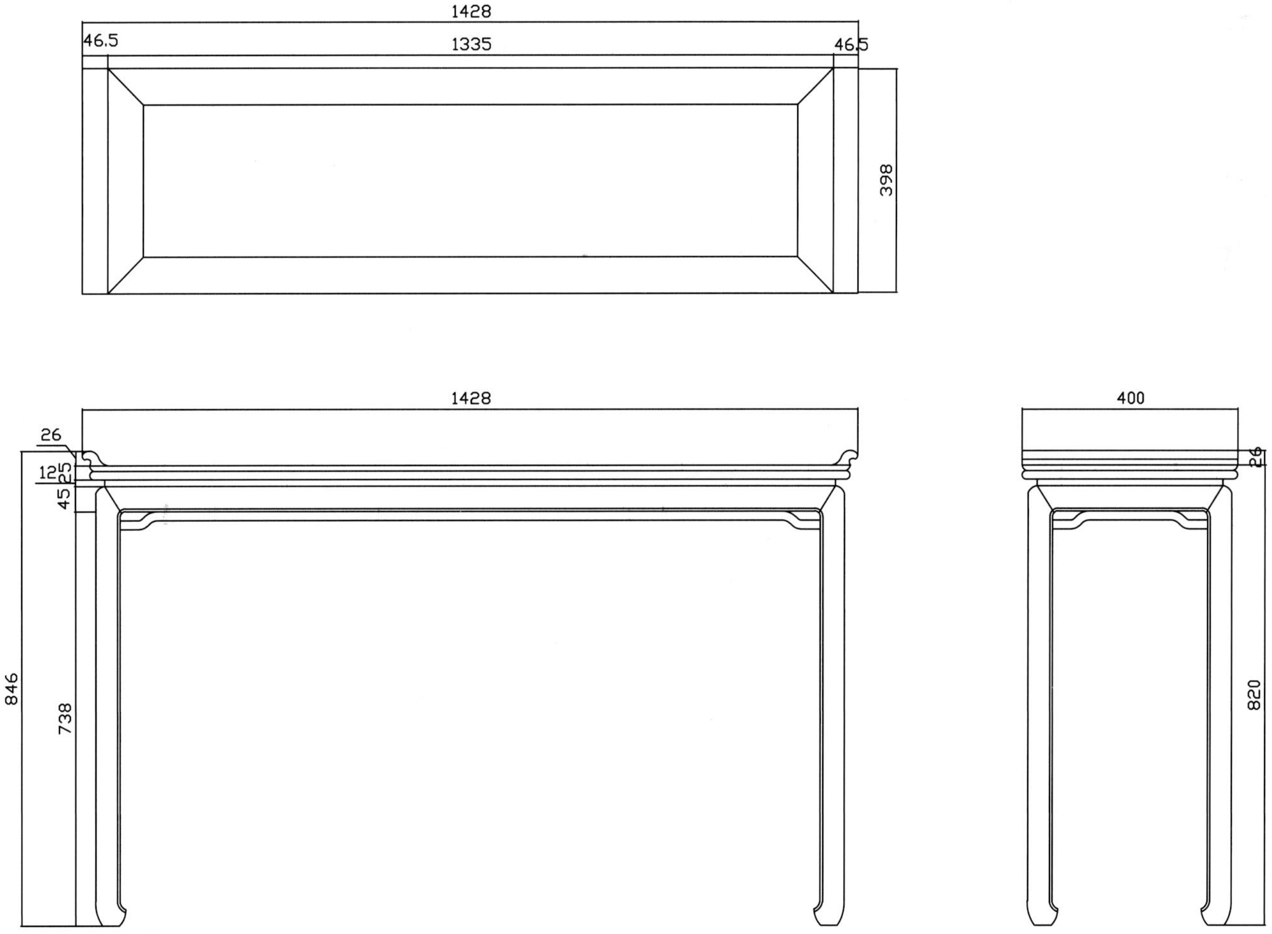

CAD 结构图

如意条案

透视图

款式点评：

此条案古朴美观，案面平直，束腰线条优雅，牙板雕花精美，牙头做如意造型，方腿直足，四脚为内翻马蹄形。

主视图

侧视图

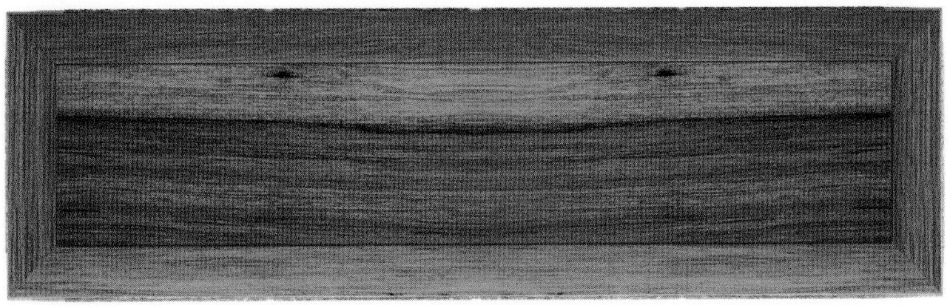

俯视图

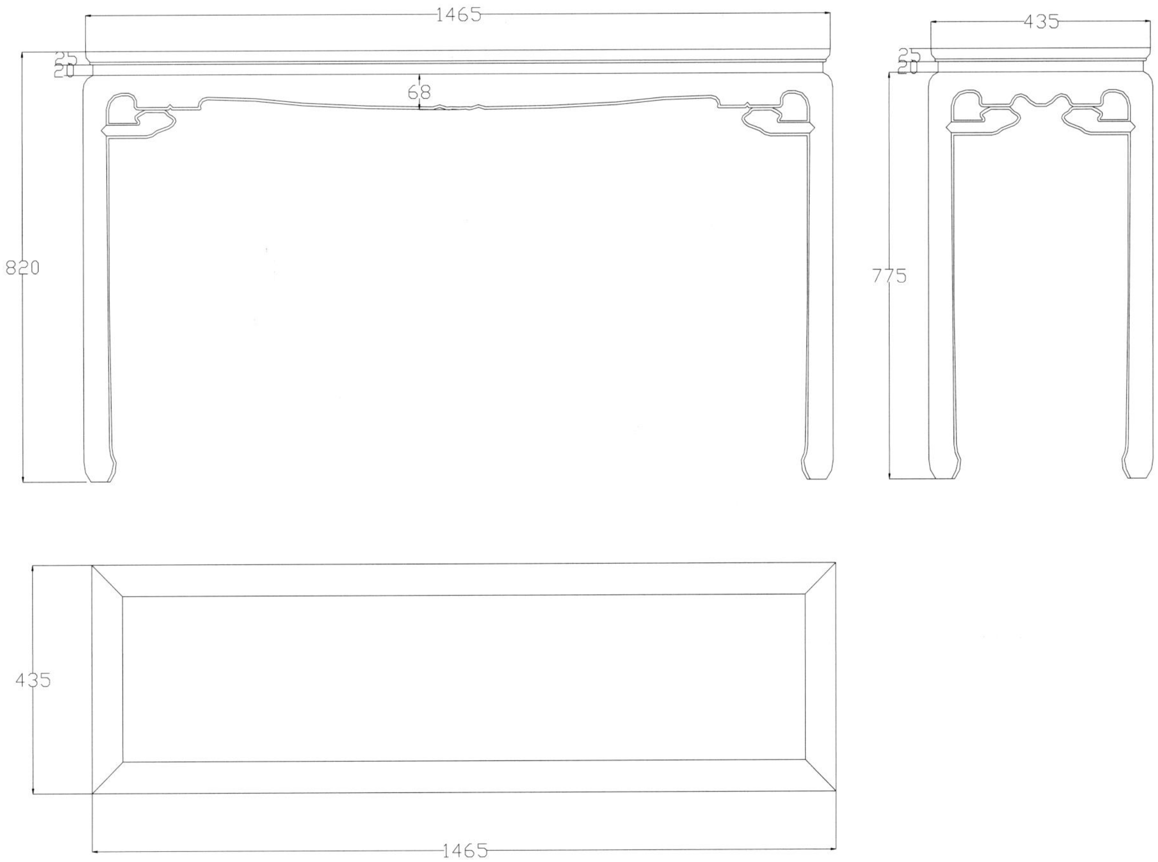

CAD 结构图

卷 轴 条 案

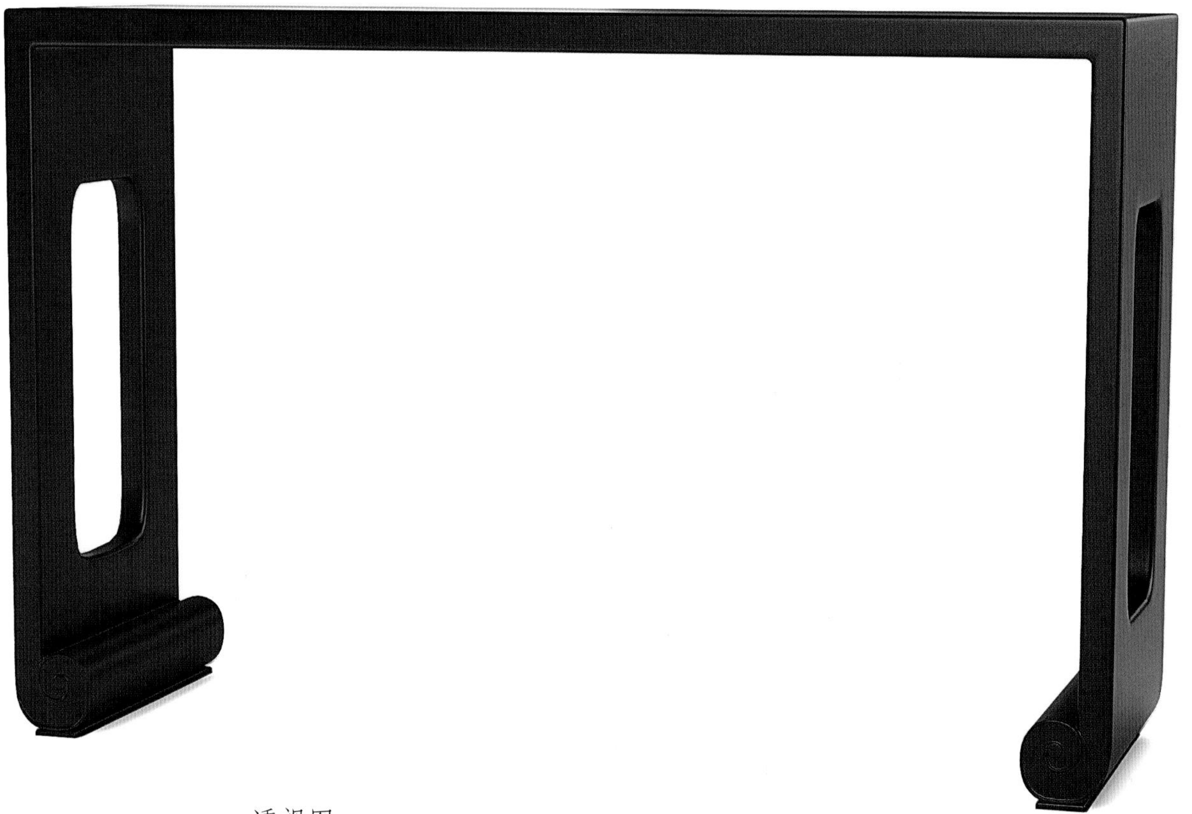

透视图

款式点评：

此条案造型简单，案面光素两腿与案面相连，向翻卷处做卷轴状，中间镂空，样式古朴美观，蕴含古典韵味。

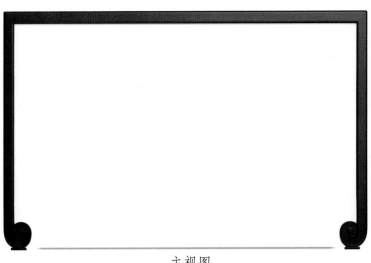

主视图

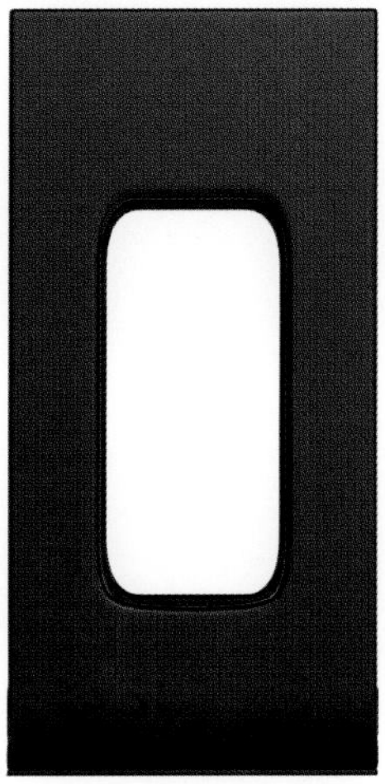

侧视图

俯视图

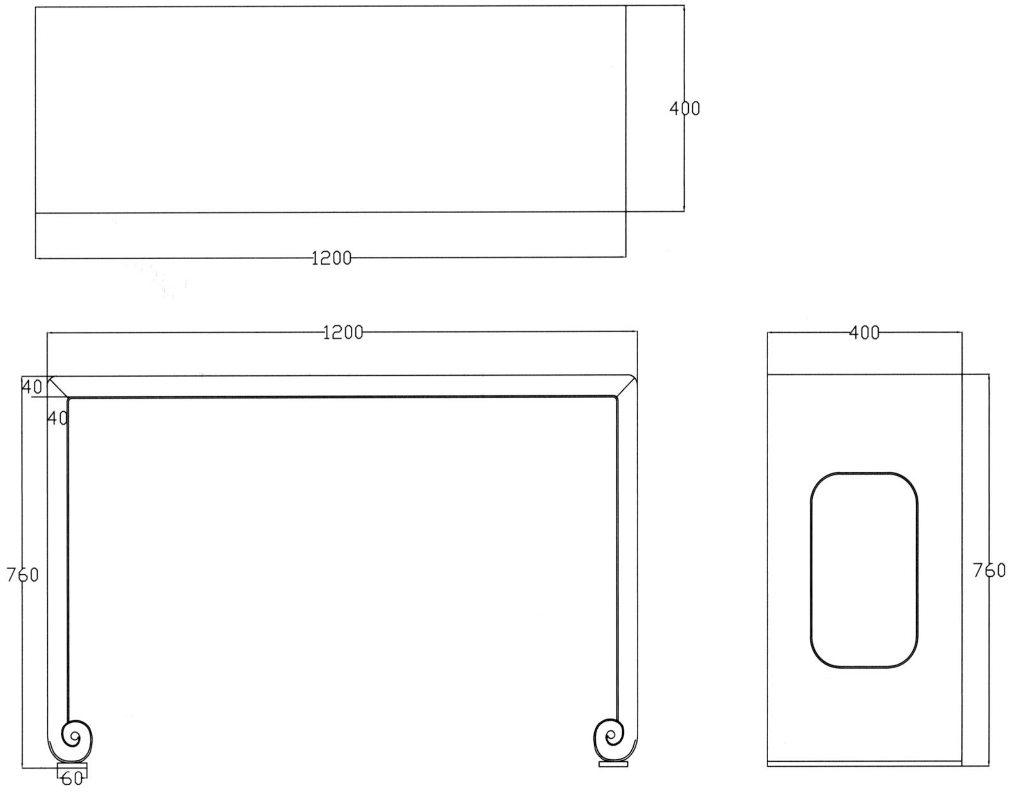

CAD 结构图

草龙小条案

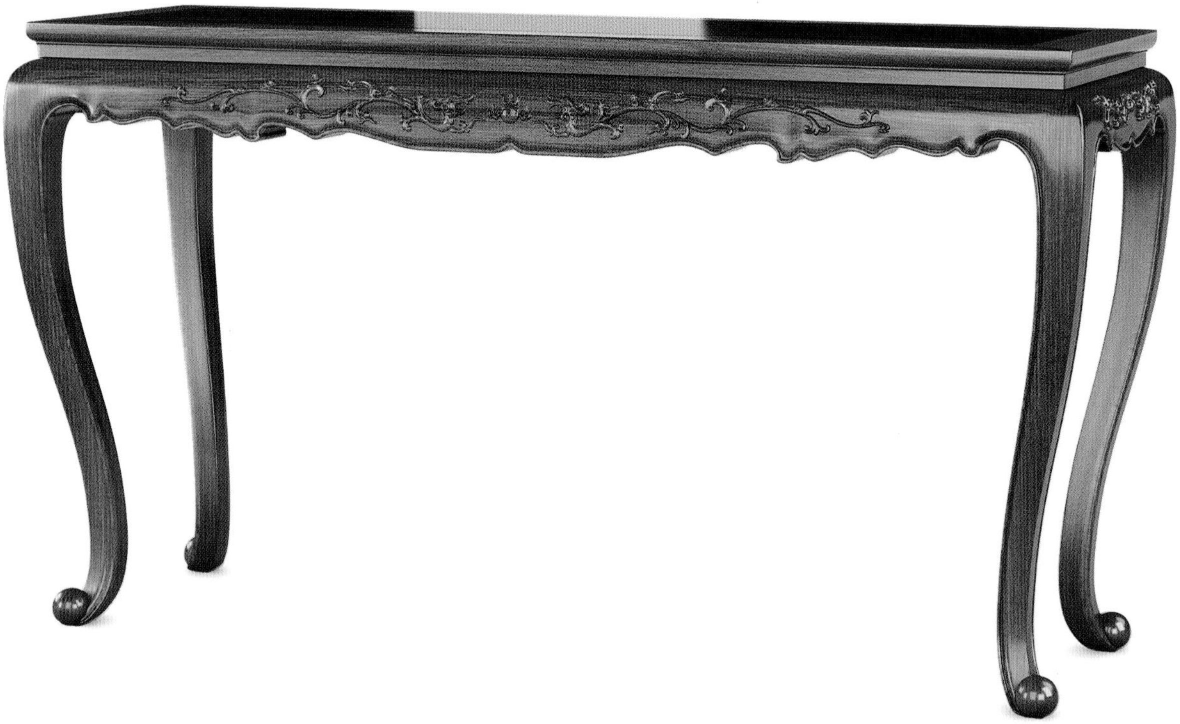

透视图

款式点评：

此款条案精美轻巧，案面平滑束腰简洁，彭牙雕刻蟠龙雕纹，三弯腿，四脚圆润外翻呈马蹄式。

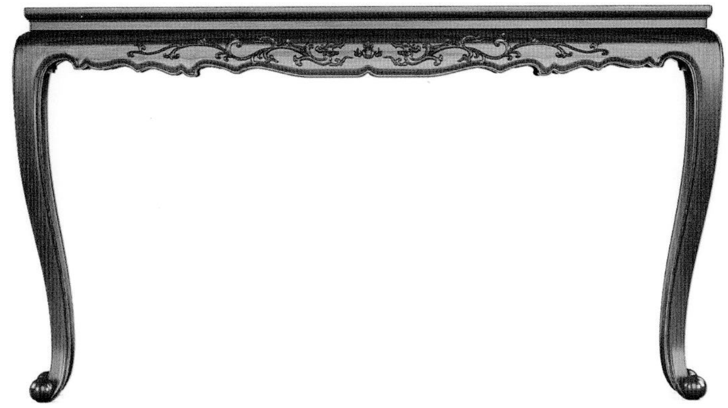

主视图

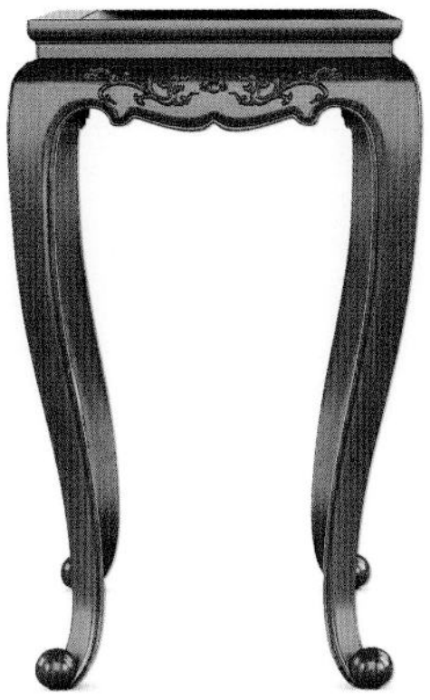

侧视图

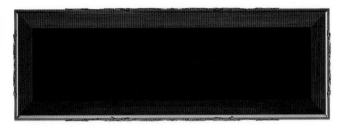

俯视图

精雕图

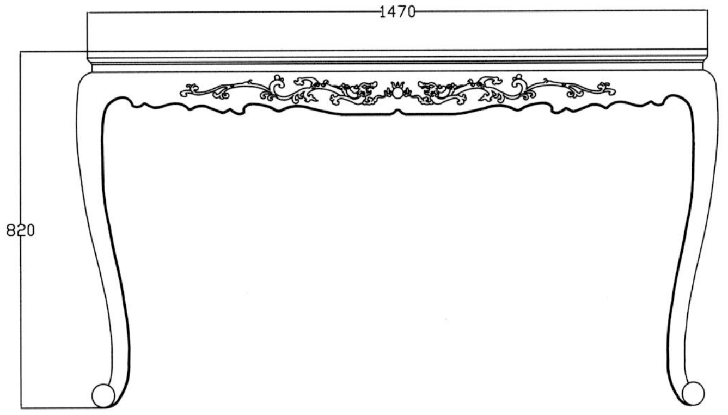

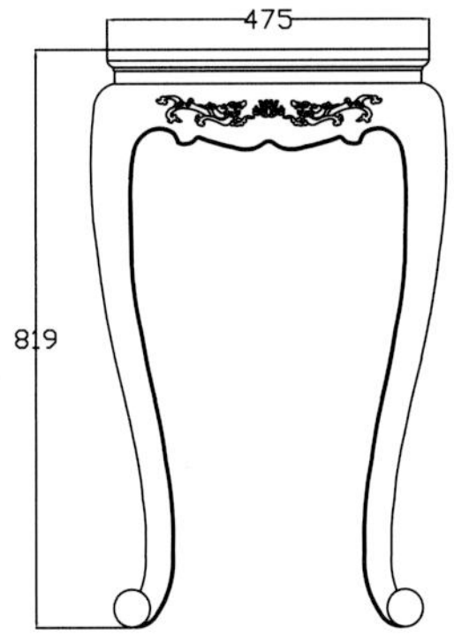

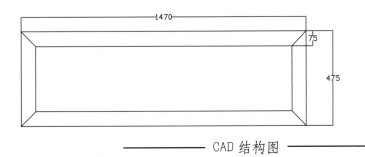

CAD 结构图

金丝楠条案

透视图

款式点评：

此款条案案面镶嵌金丝楠水波纹板，束腰呈流线型，罗锅枨作为连接，内设霸王枨支撑，圆腿直足，造型简洁大气。

主视图

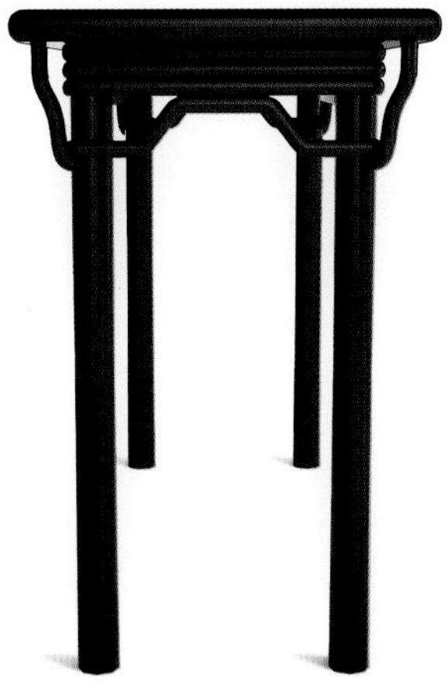

侧视图

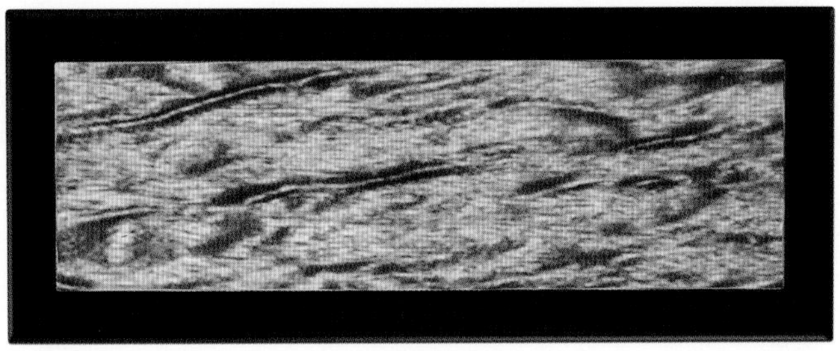

俯视图

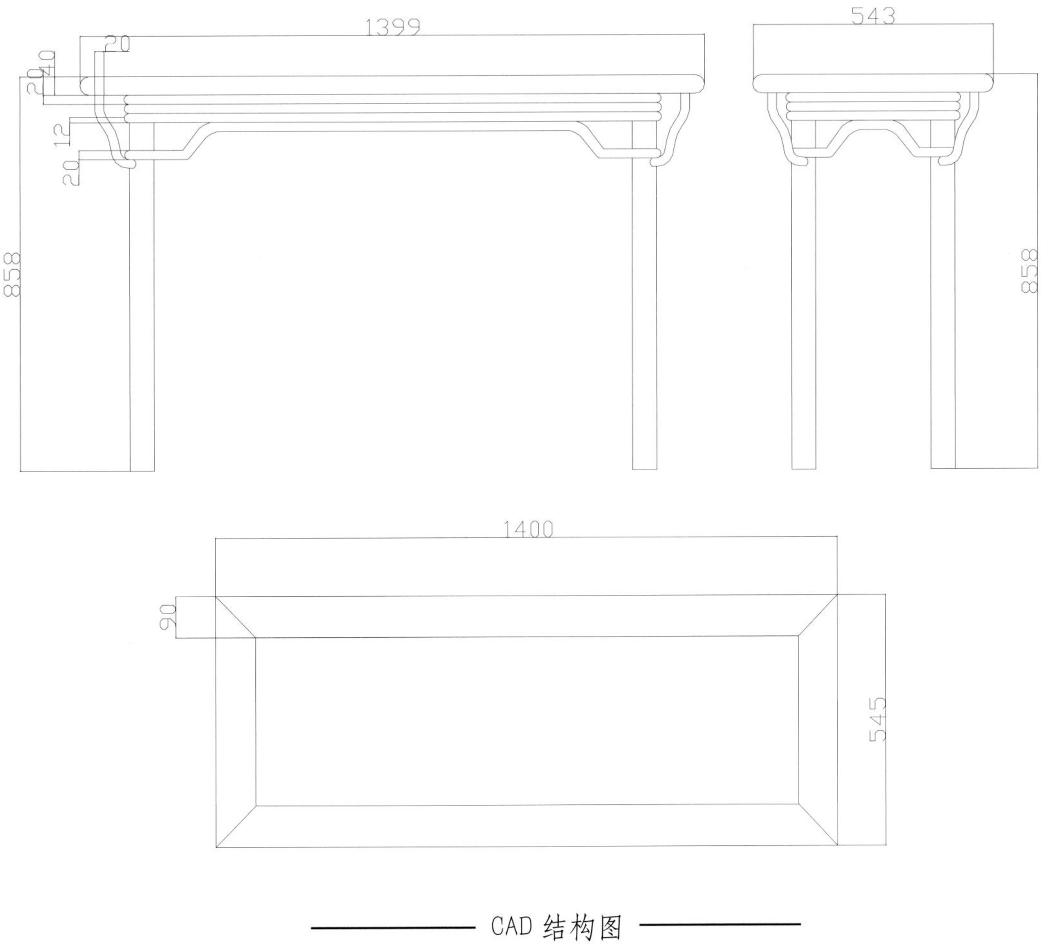

CAD 结构图

透雕回字纹条案

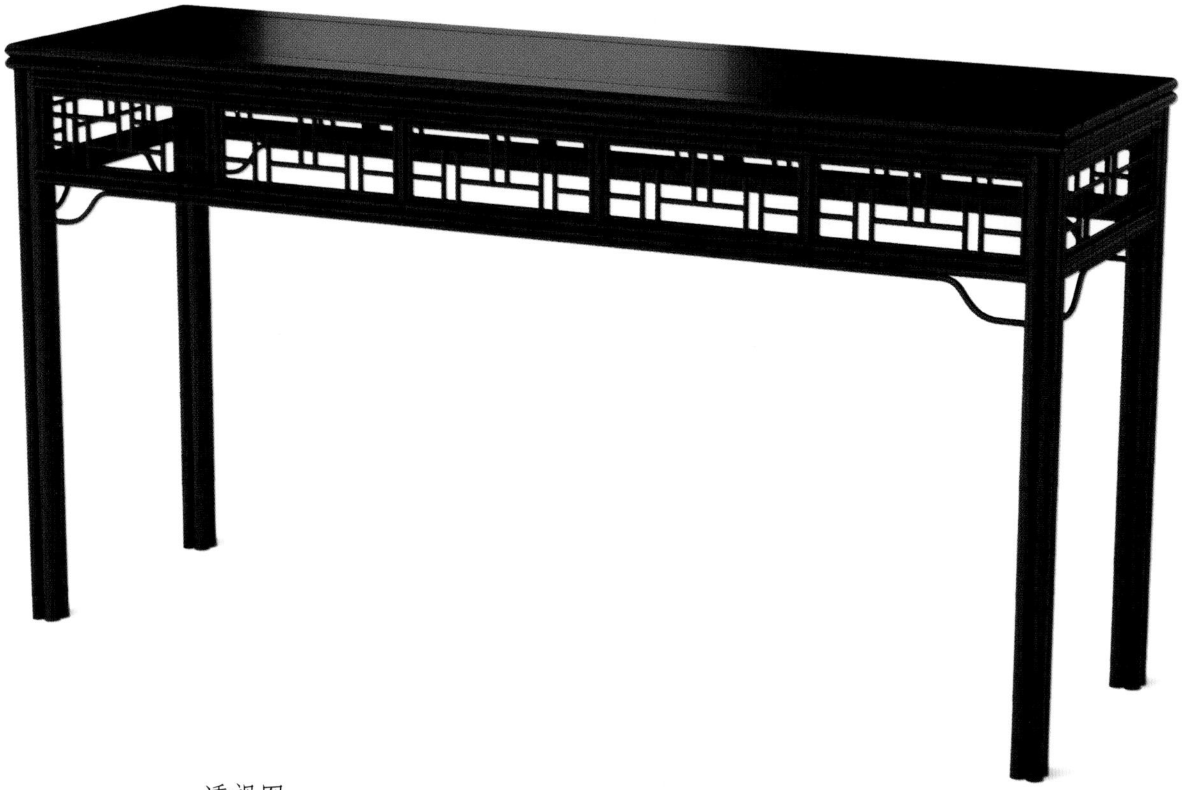

透视图

款式点评：

此款条案优雅大气，案面平直光素，牙条做透雕回字纹，下有罗锅枨作为支撑连接，方腿直足，简单大气，优雅美观。

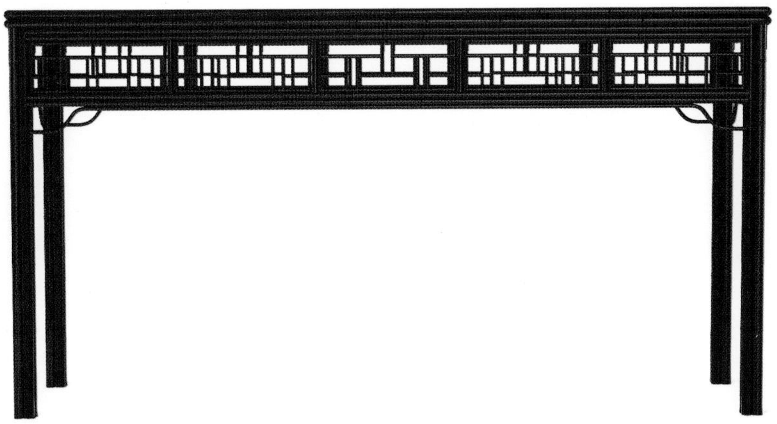

主视图

侧视图

俯视图

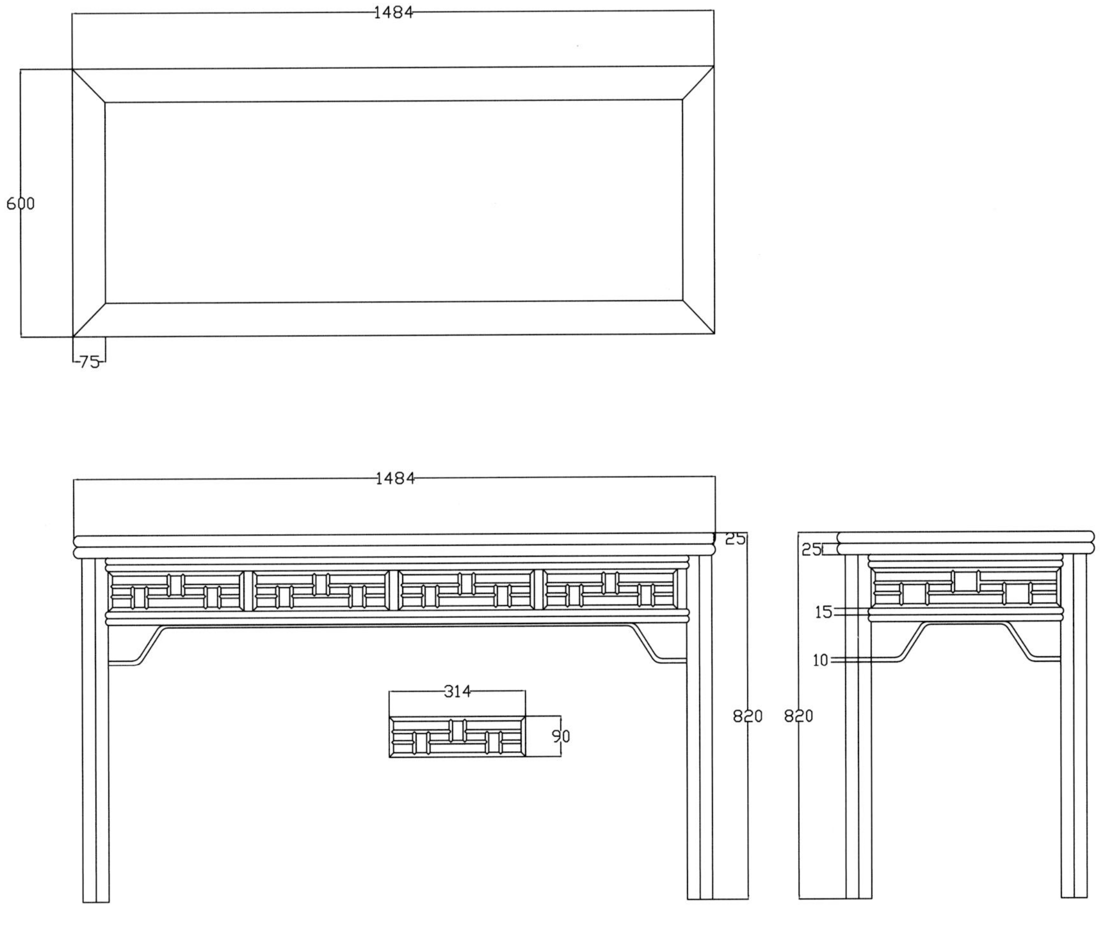

CAD 结构图

镂雕灵芝纹条案

透视图

款式点评：

此条案桌面平直光滑，面下束腰，牙板镂祥云灵芝纹样，与回纹相结合。腿上方下圆，脚处内翻卷草纹构件。

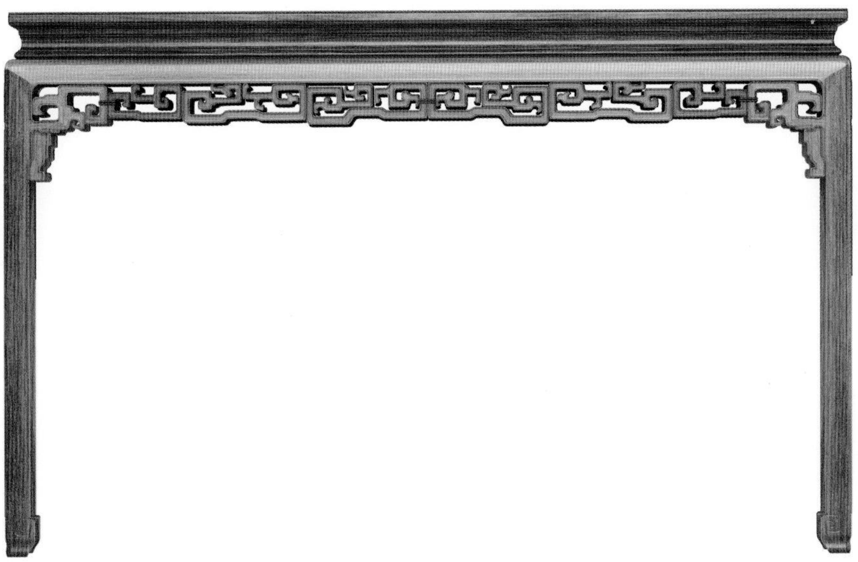

主视图

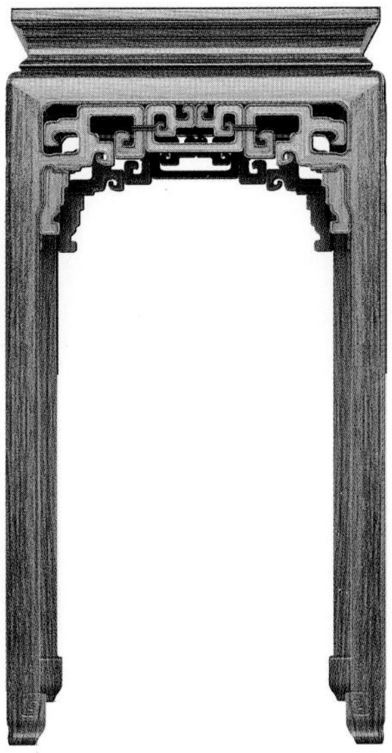

侧视图

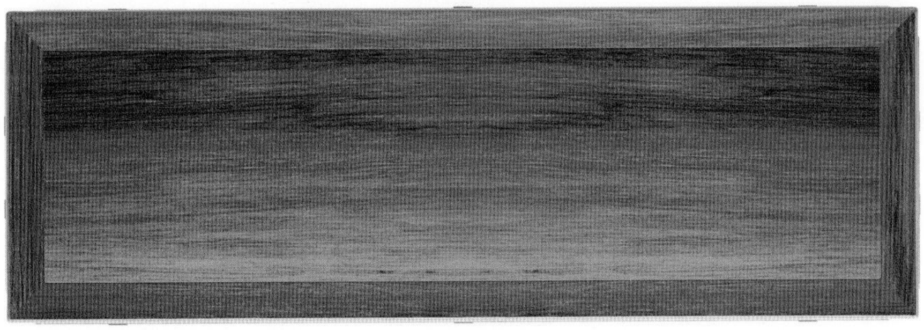

俯视图

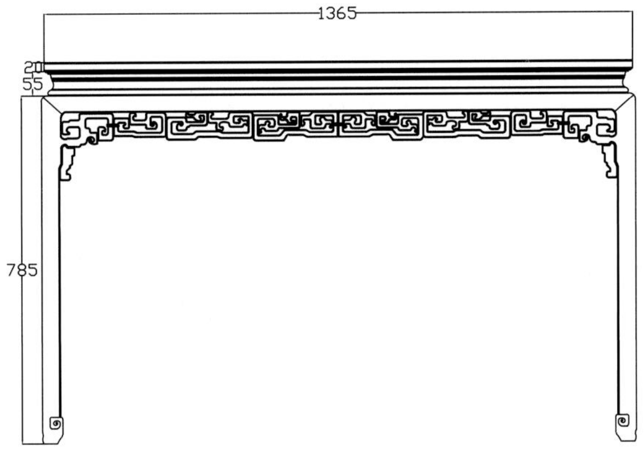

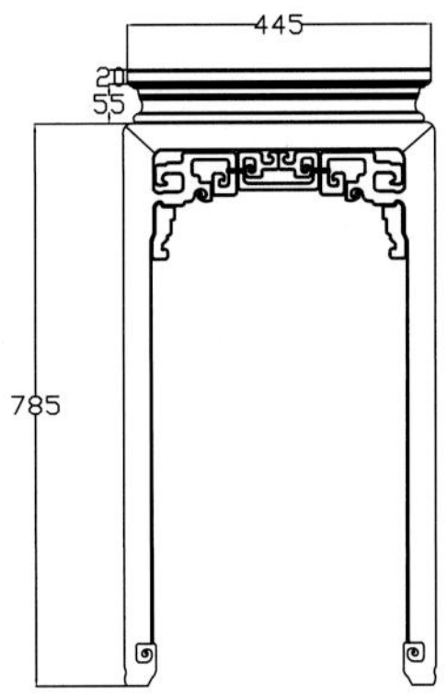

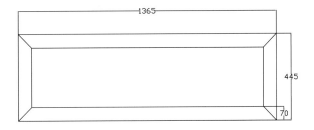

CAD 结构图

回 纹 供 桌

透视图

款式点评：

此供桌做工精巧美观，雕工精湛，平整光滑的案面下设高束腰，束腰采用回纹透雕，下有雕花牙条，以罗锅枨做支撑，四腿连接拖泥，拖泥下承龟足。

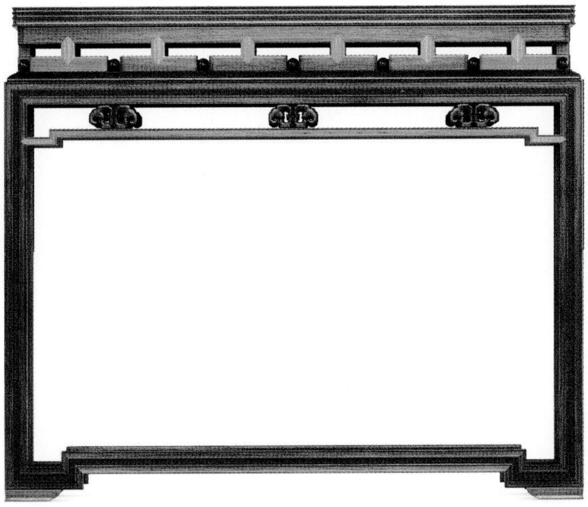

主视图

侧视图

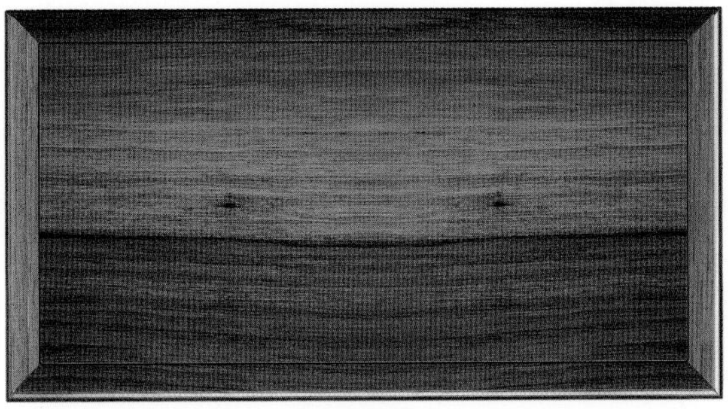

俯视图

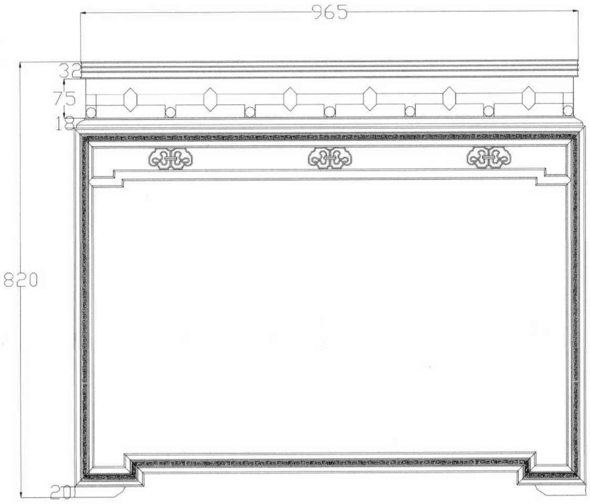

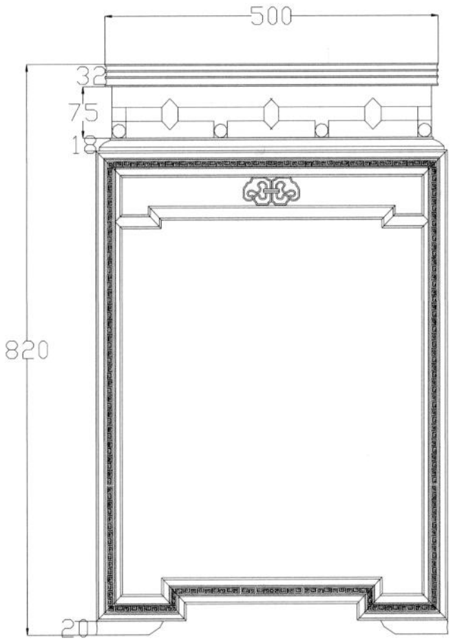

CAD 结构图

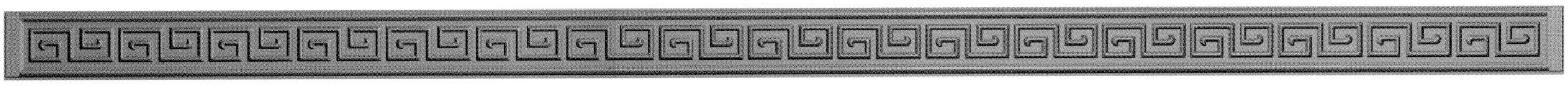

精雕图

八仙写字台

透视图

款式点评：

此款写字台最特别之处便是周身大面积的浮雕花纹，配以透雕卷叶草作为装点，在展现八仙风貌，整体写字台恢弘大气又清风脱俗。

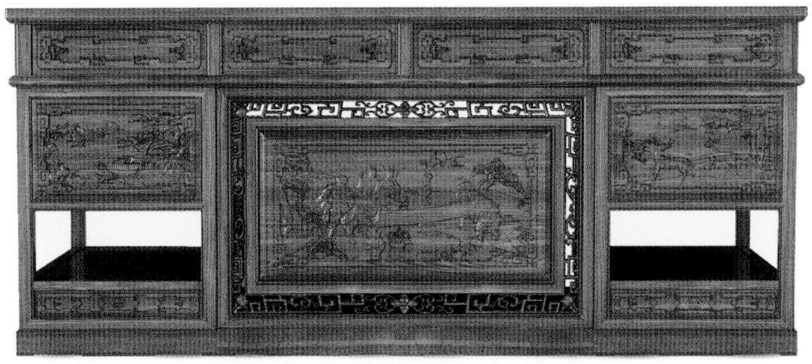
主视图

侧视图

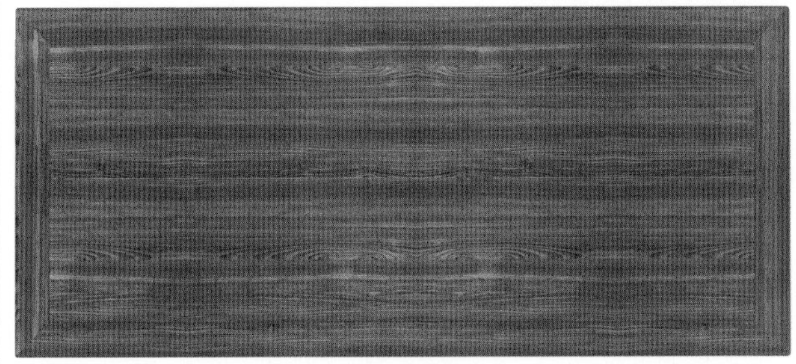
俯视图

精雕图

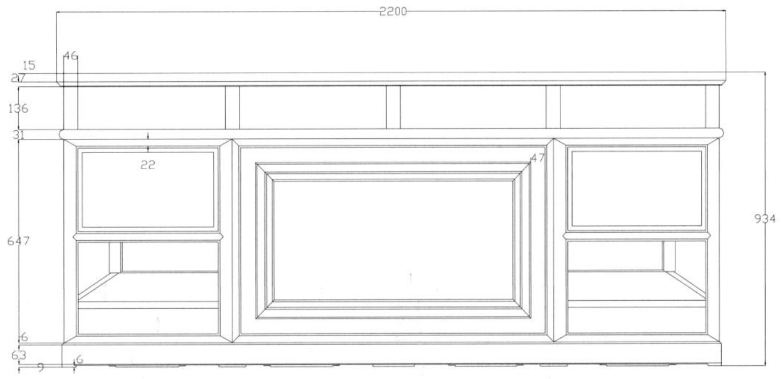

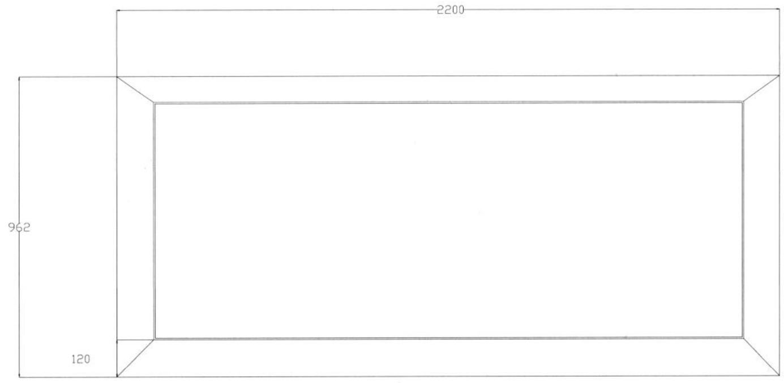

CAD 结构图

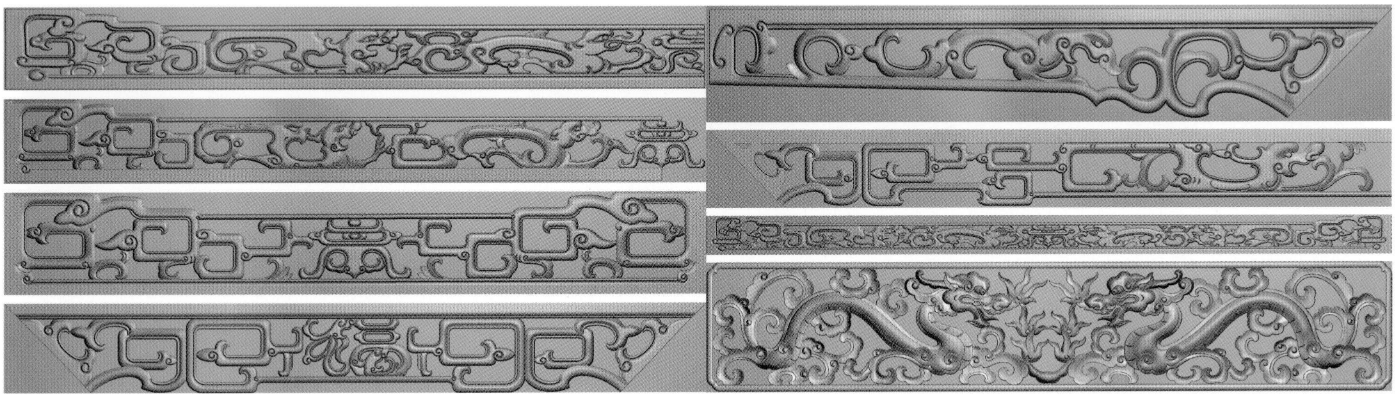
精雕图

花鸟写字台

透视图

款式点评：

此款写字台的最大特色及三面浮雕的花鸟风景图。写字台整体成长方体，厚重典雅，台面平直光素，雕工精美，寓意吉祥，观者宛如置身花林鸟语之间，颇有身临其境之感。

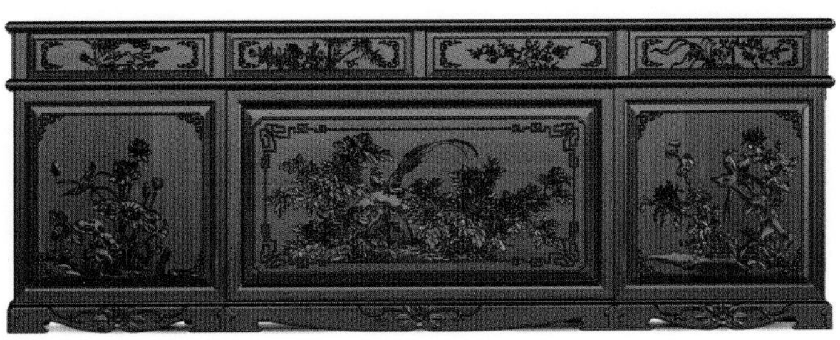

主视图

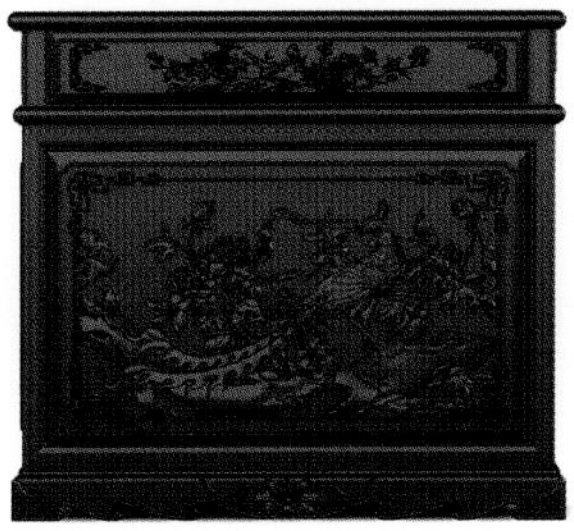

侧视图

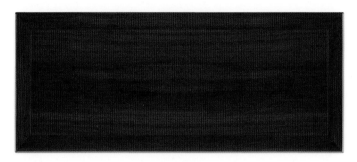

俯视图

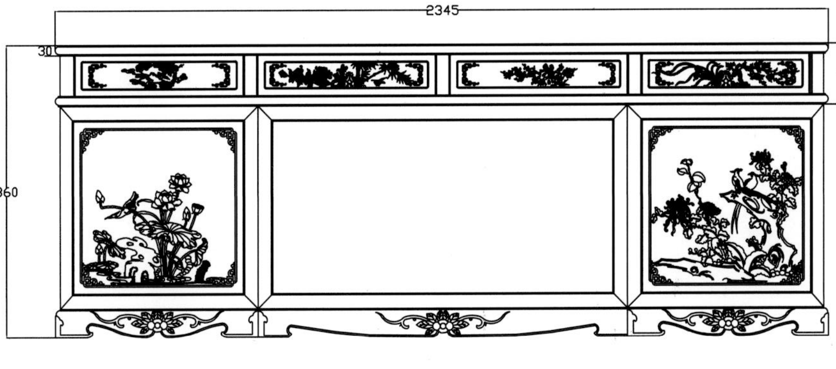

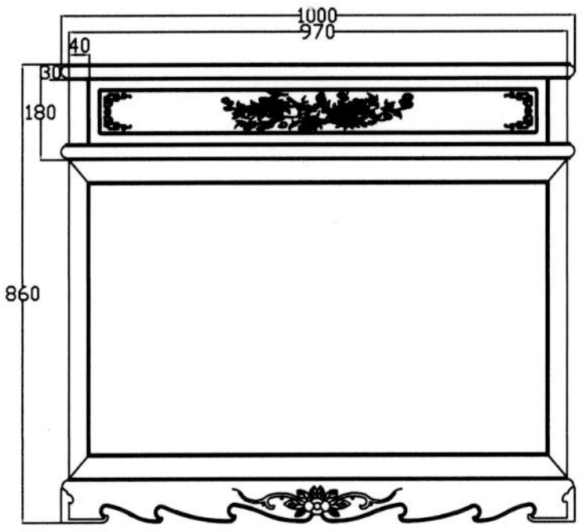

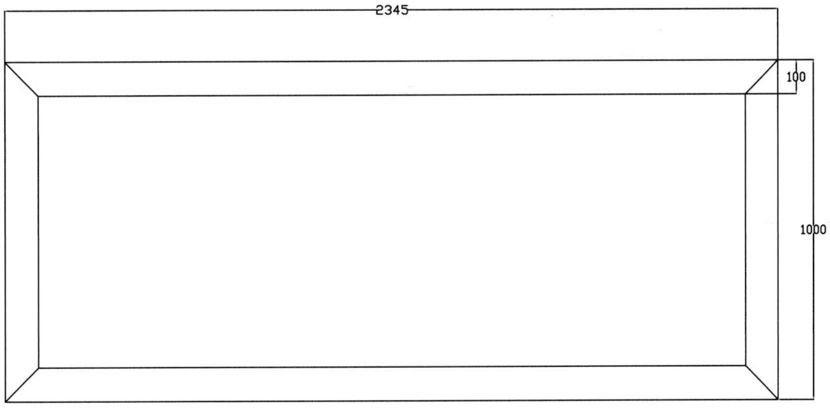

CAD 结构图

雕龙写字台

透视图

款式点评：

此款写字台雕工精致华美，线条舒展细腻，整体气势非凡。台面平整光素，面下设屉，腿间有柜，底部设有踏板。

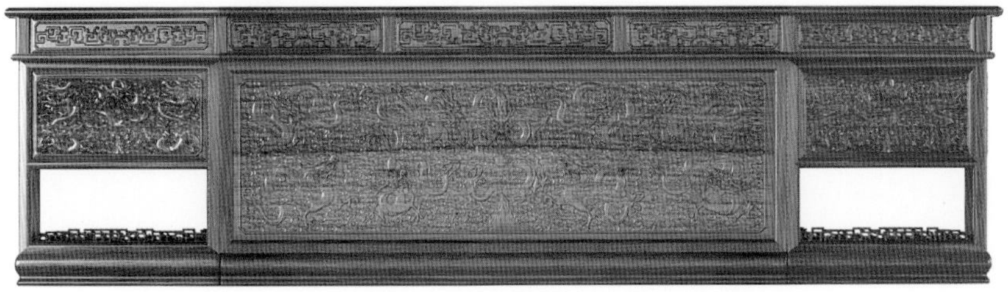

主视图

侧视图

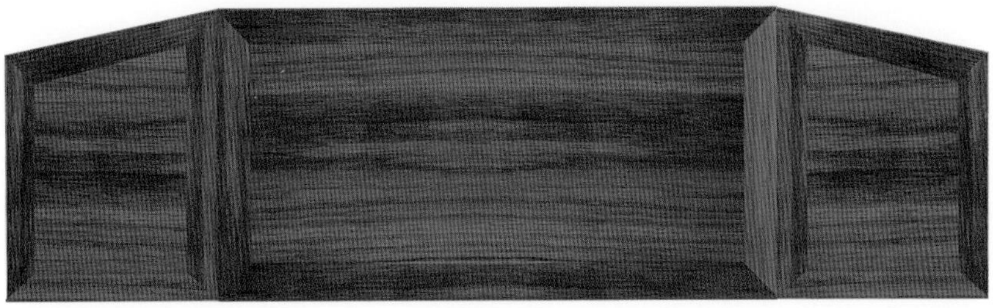

俯视图

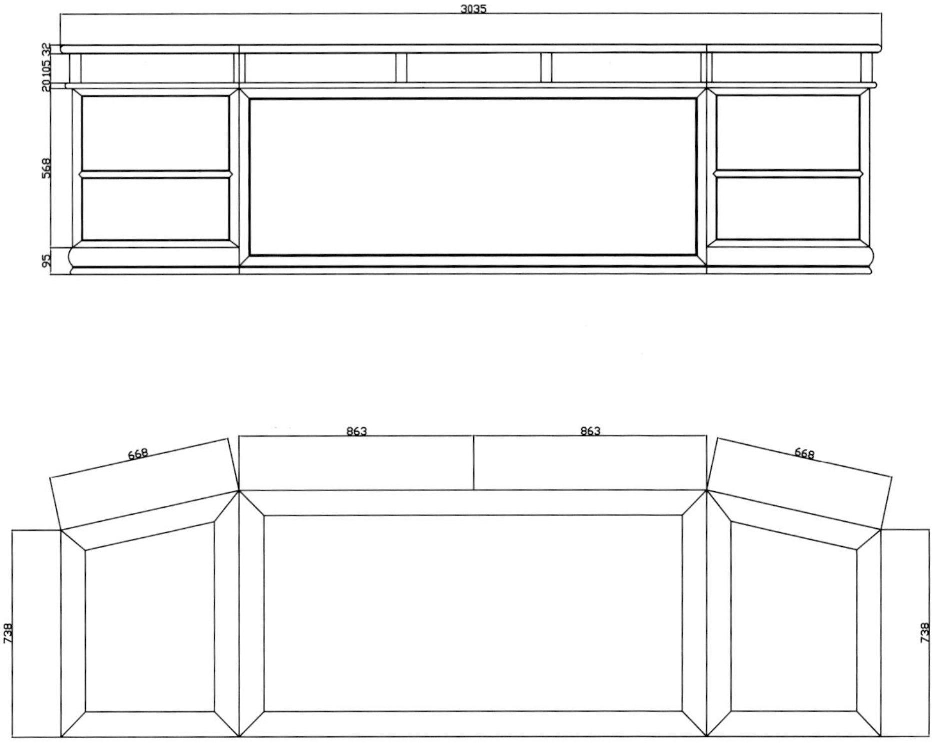

CAD 结构图

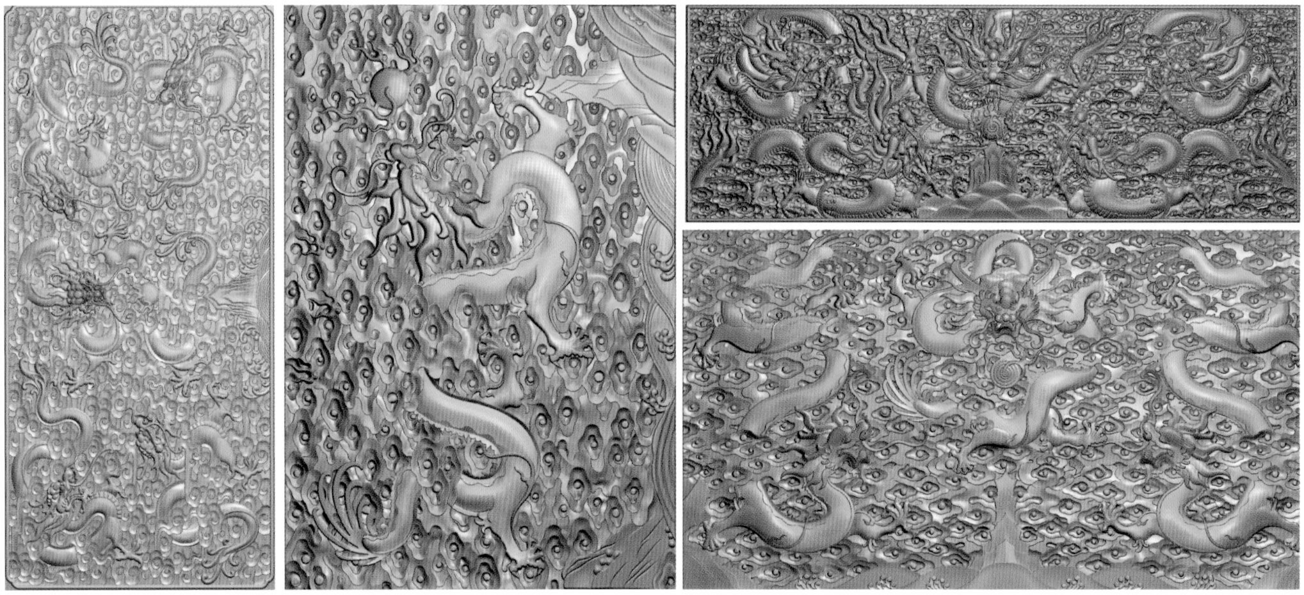

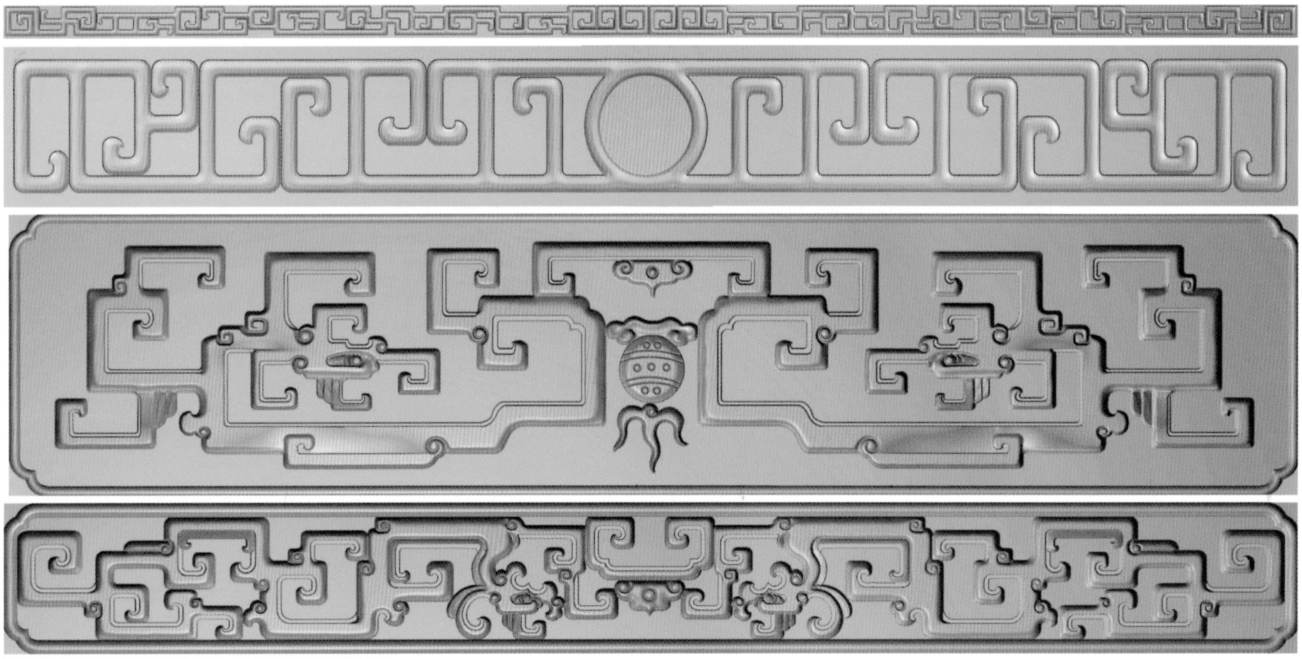

精雕图

镂空雕圆餐台

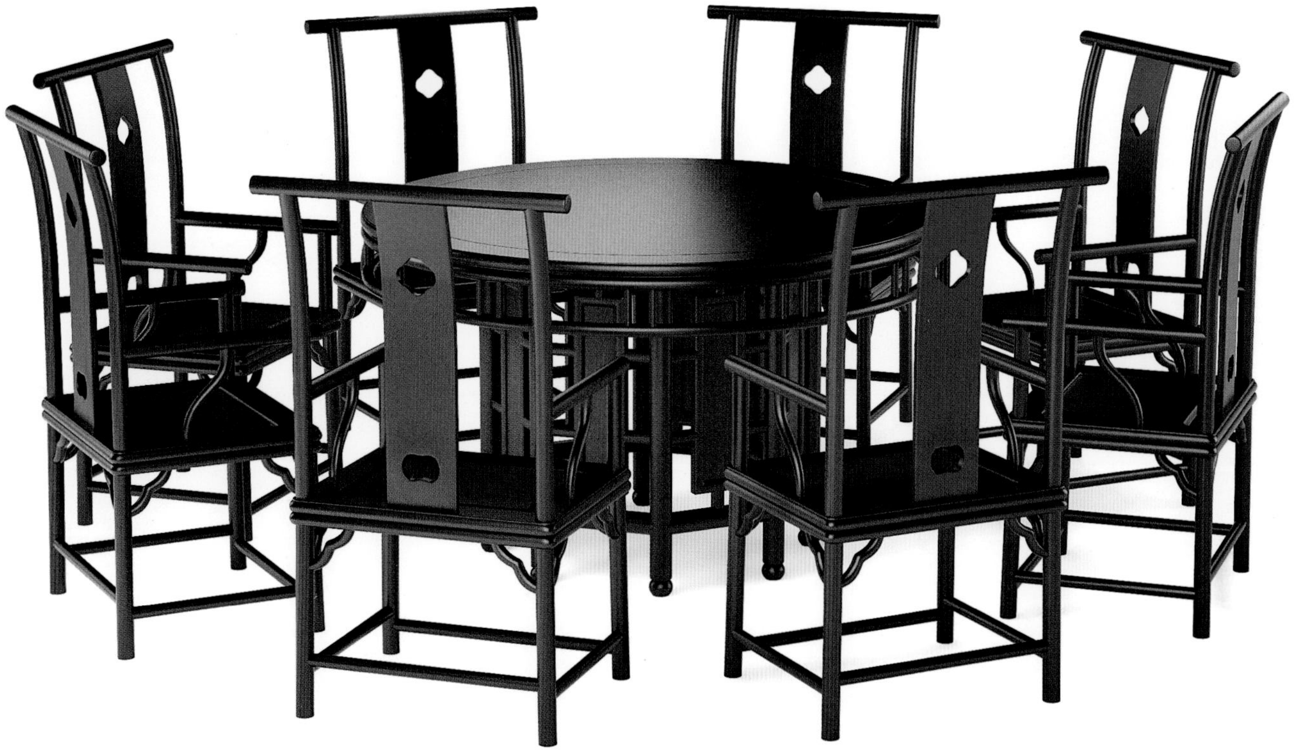

透视图

款式点评：

此款座椅圆润周正，自然而朴实，桌面平整，圆腿直足，腿间以罗锅枨和矮老相连做支撑，椅子为官帽椅，靠背板有镂空花纹做为装饰。

透视图

主视图

俯视图

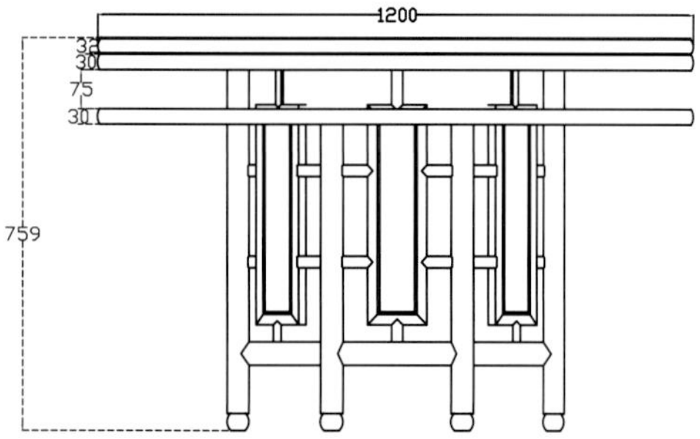

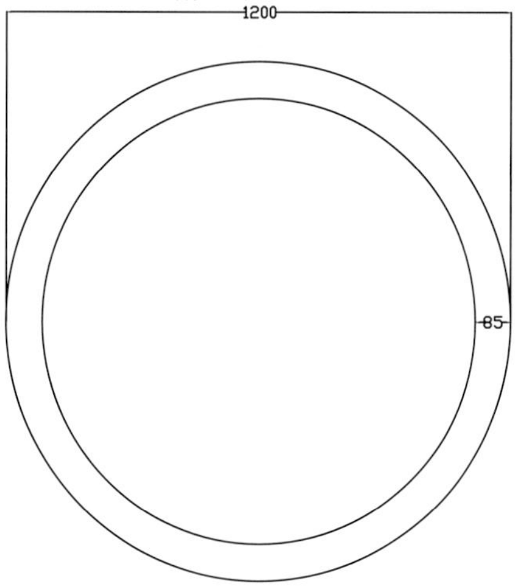

CAD 结构图

主视图

侧视图

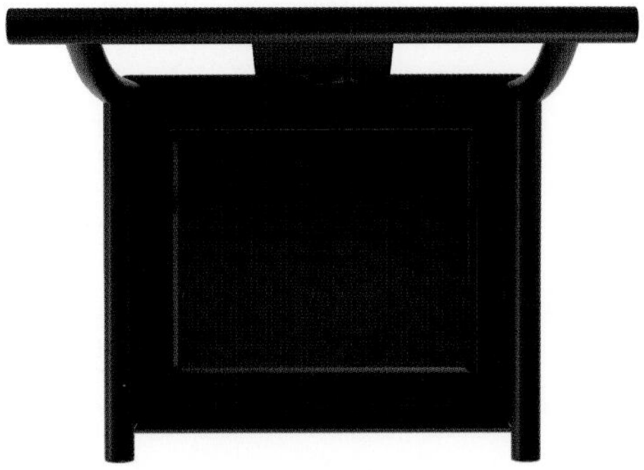

俯视图

透视图

素面写字台

透视图

款式点评：

此办公桌案面平直，整体边角处为圆形，整体感觉饱满圆润，面下有三屉，腿间各有一屉下有镂空脚踏。

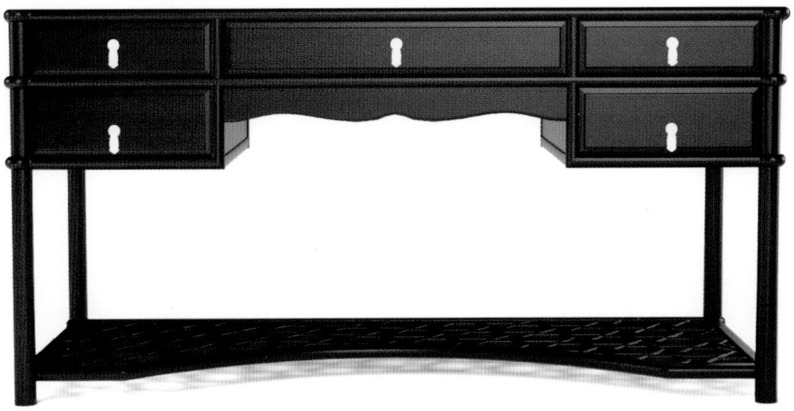

主视图

侧视图

俯视图

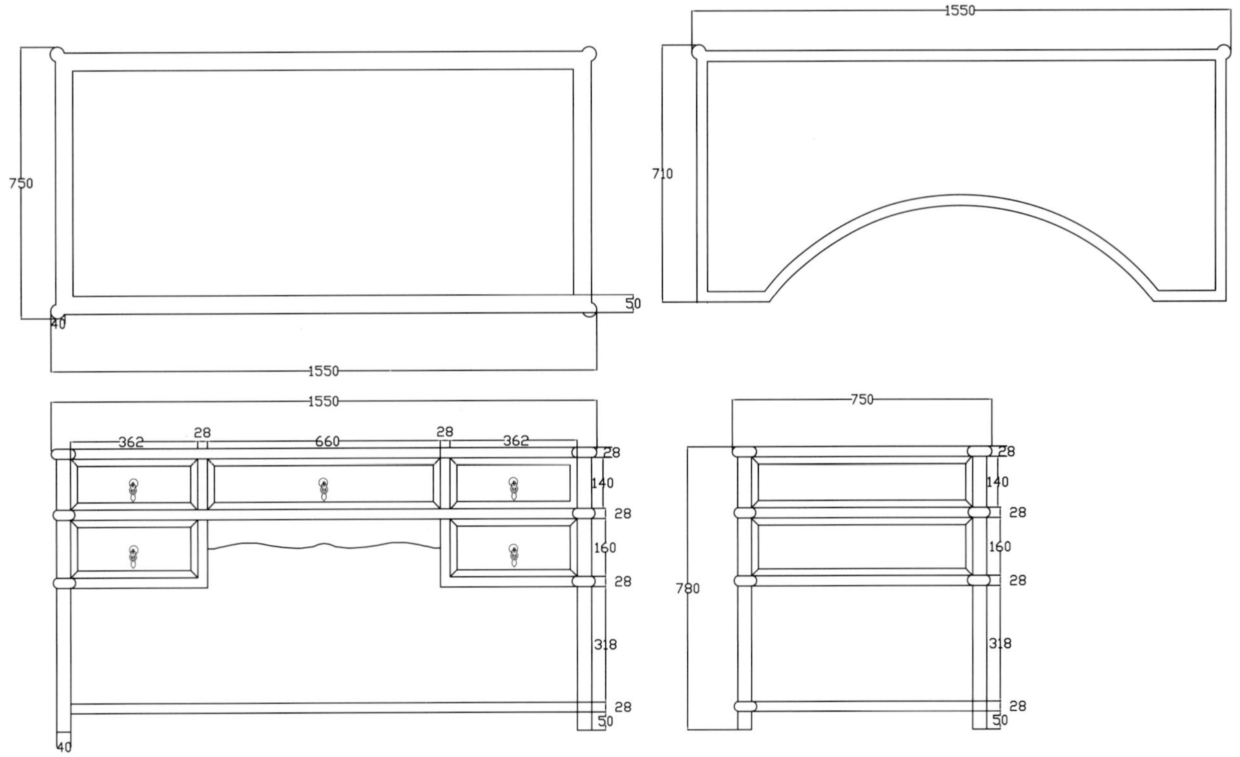

CAD 结构图

条　　案

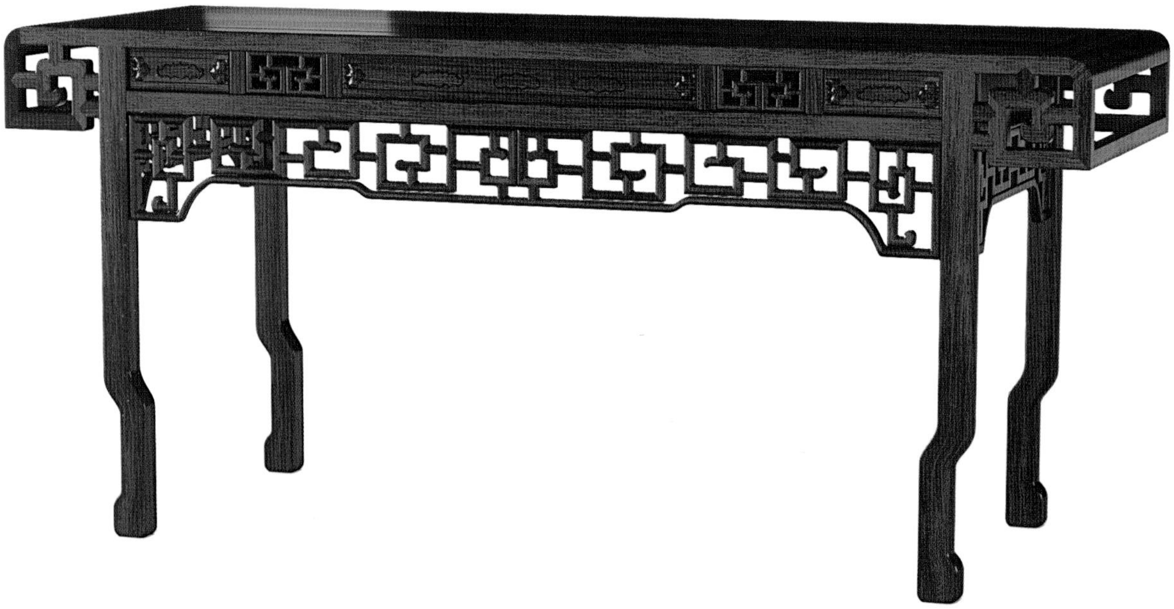

透视图

款式点评：

此条案整体空灵俊秀，案面光素，牙头、牙条以攒接的方木条做装饰，腿方直，下部向内收，四足向外突出。

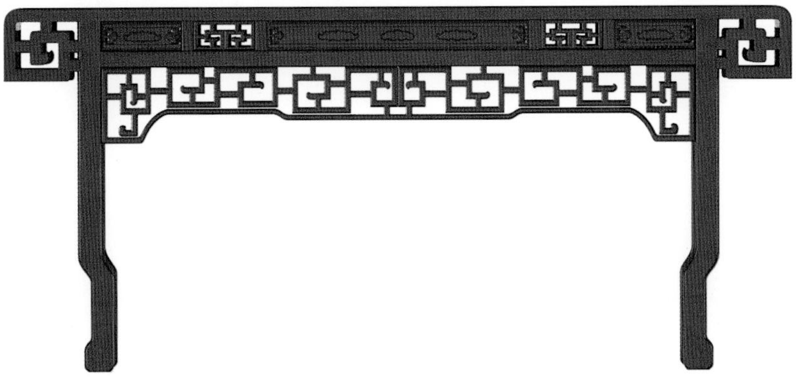

主视图

侧视图

俯视图

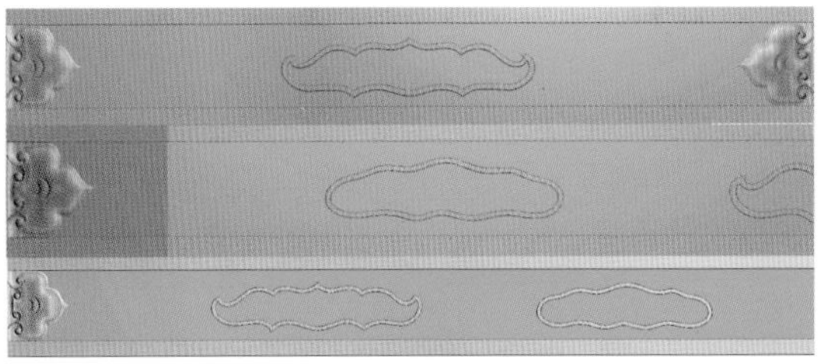

精雕图

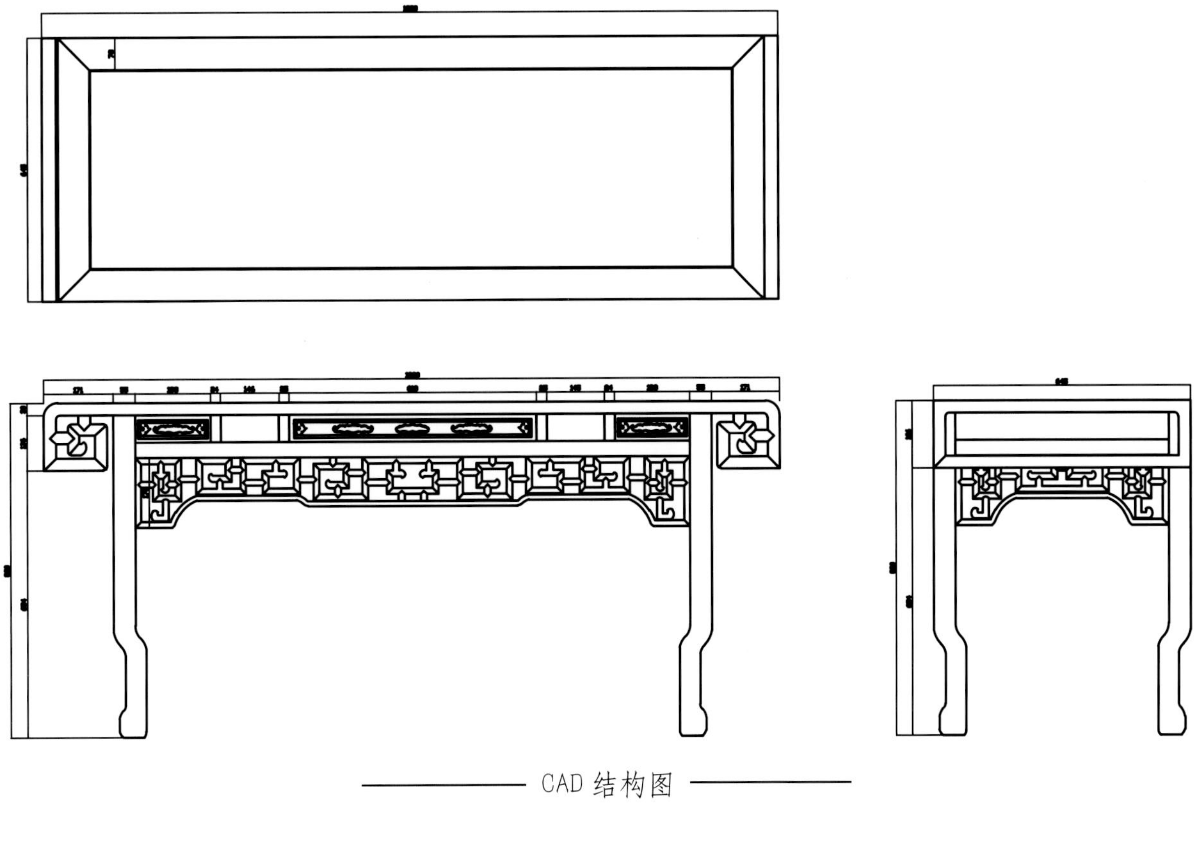

CAD 结构图

透视图

俯视图

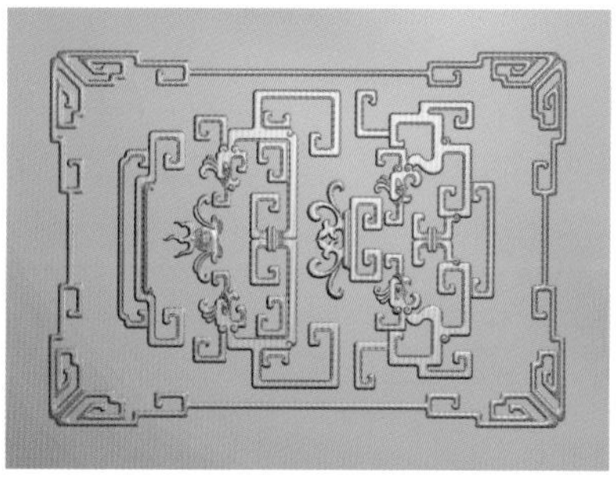

精雕图

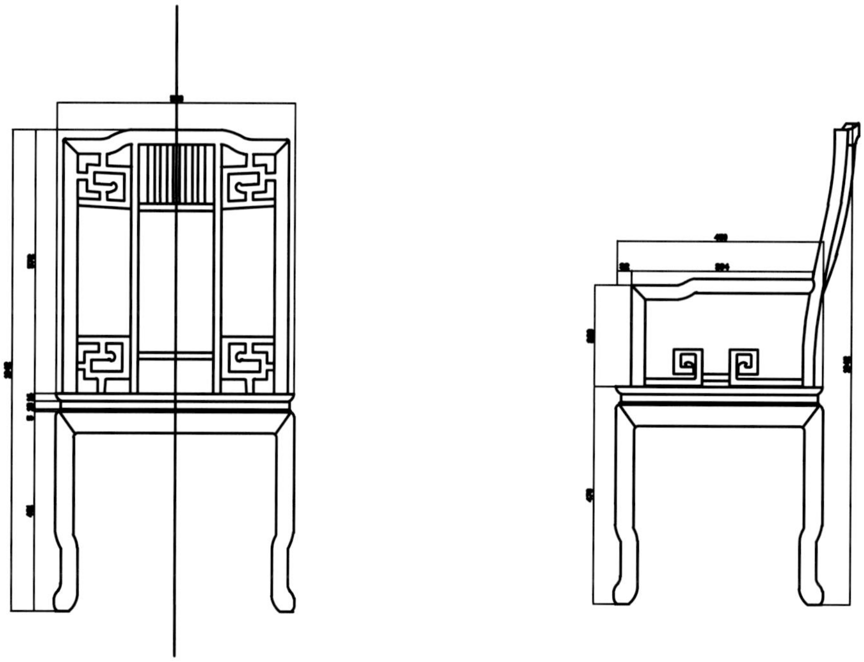

CAD 结构图

圆 餐 台 01

透视图

款式点评：

此套家具圆台、圆凳皆素面无雕饰，造型圆润优雅。桌面与腿间以罗锅枨和矮老相连接，椅面与腿间以霸王枨相连，下有托泥脚。造型饱满，颇具张力，在视觉上给人以舒适感。

透视图

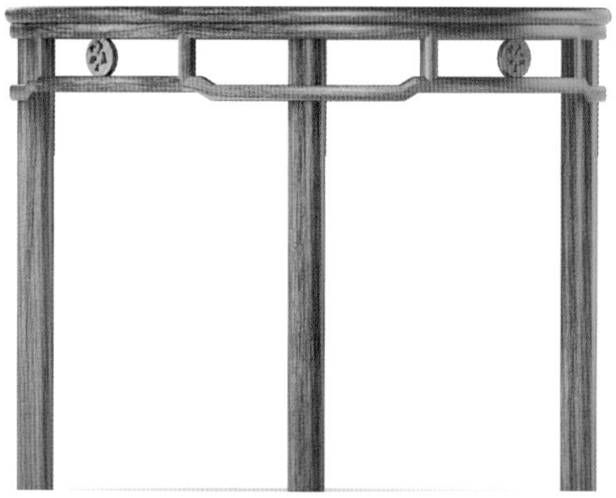

主视图

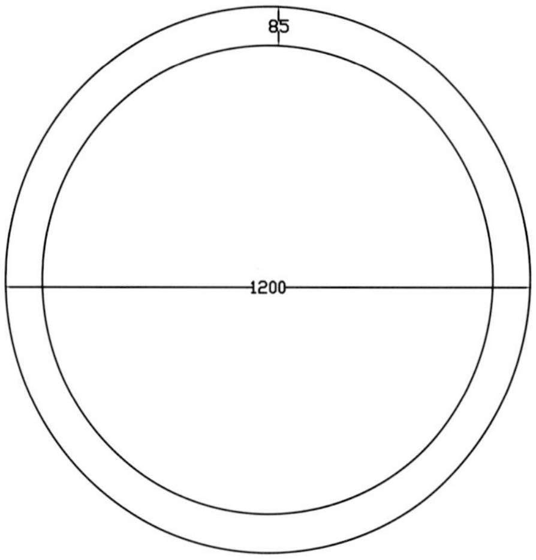
85
1200

俯视图

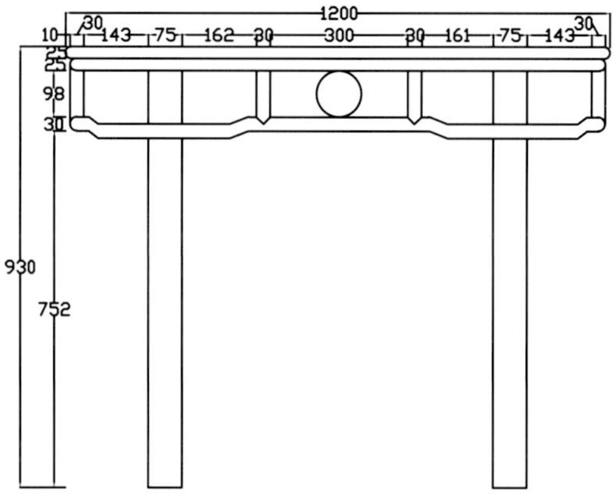
1200
10
30
143
75
162
30
300
30
161
75
143
30
25
98
30
930
752

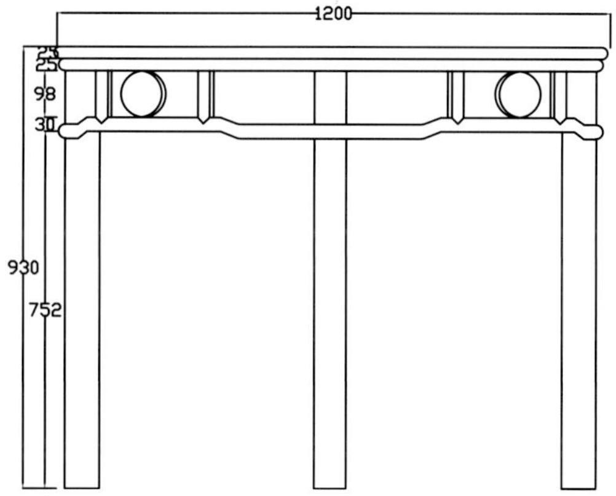
1200
25
98
30
930
752

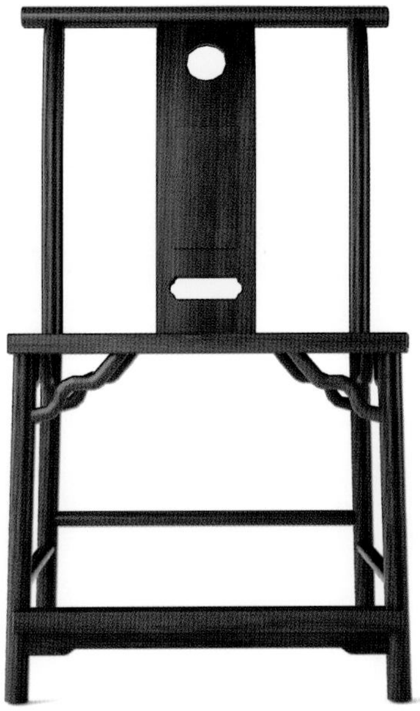

主视图

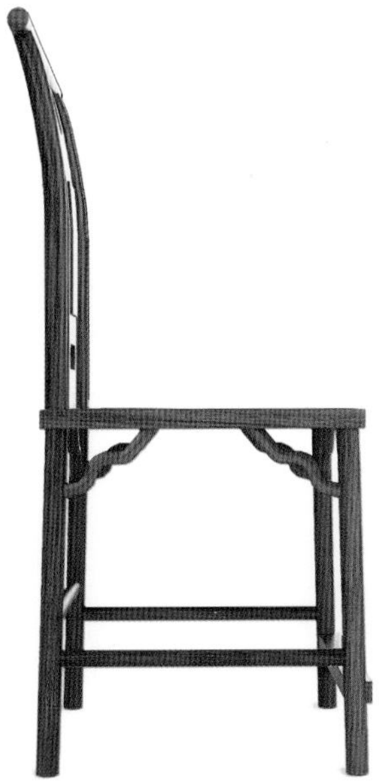

侧视图

俯视图

透视图

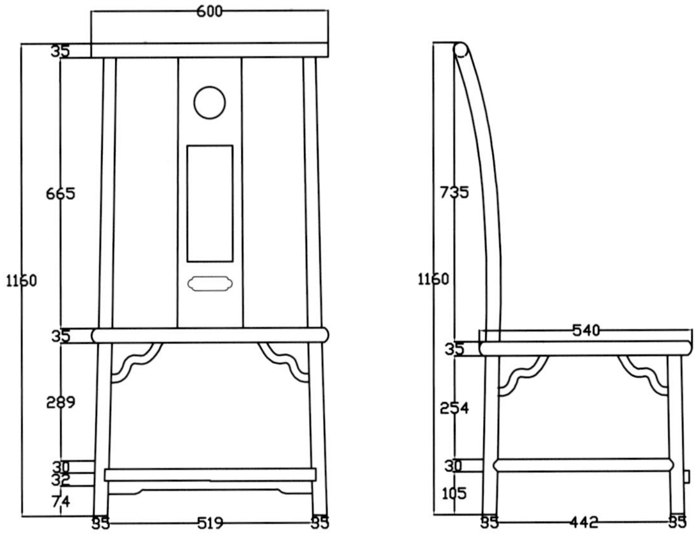

CAD 结构图

臺案類

圆　餐　台 02

透视图

款式点评：

此款圆餐台高雅大气，圆形桌面平整光素，短束腰，牙板雕刻回字纹图案，彭腿下设梅花形托泥，下承方直托泥脚。

透视图

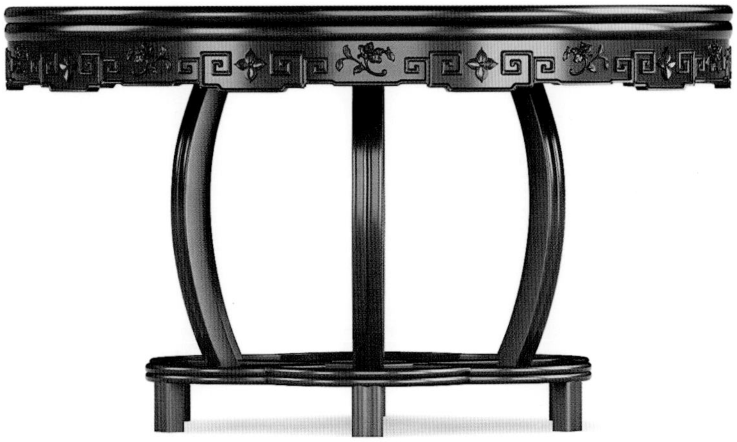

主视图

俯视图

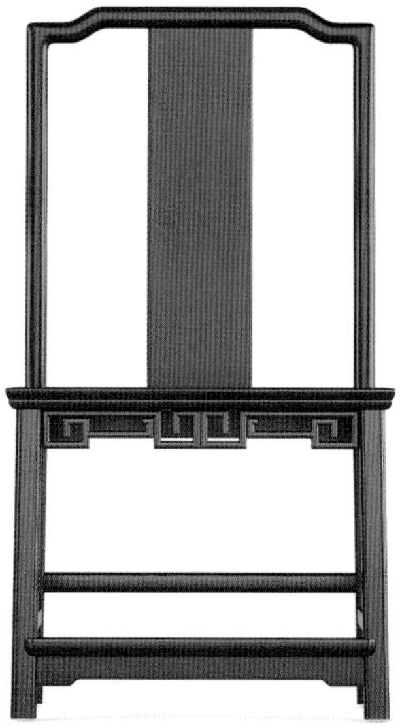
主视图

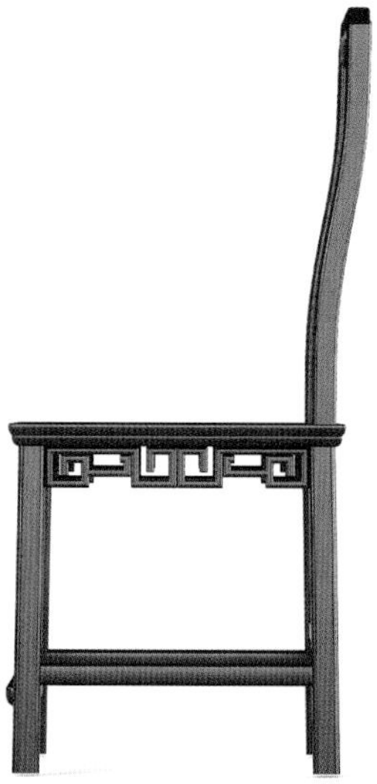
侧视图

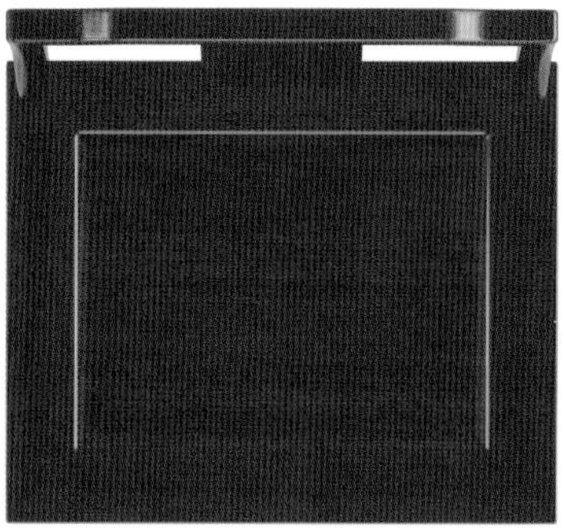
俯视图

透视图

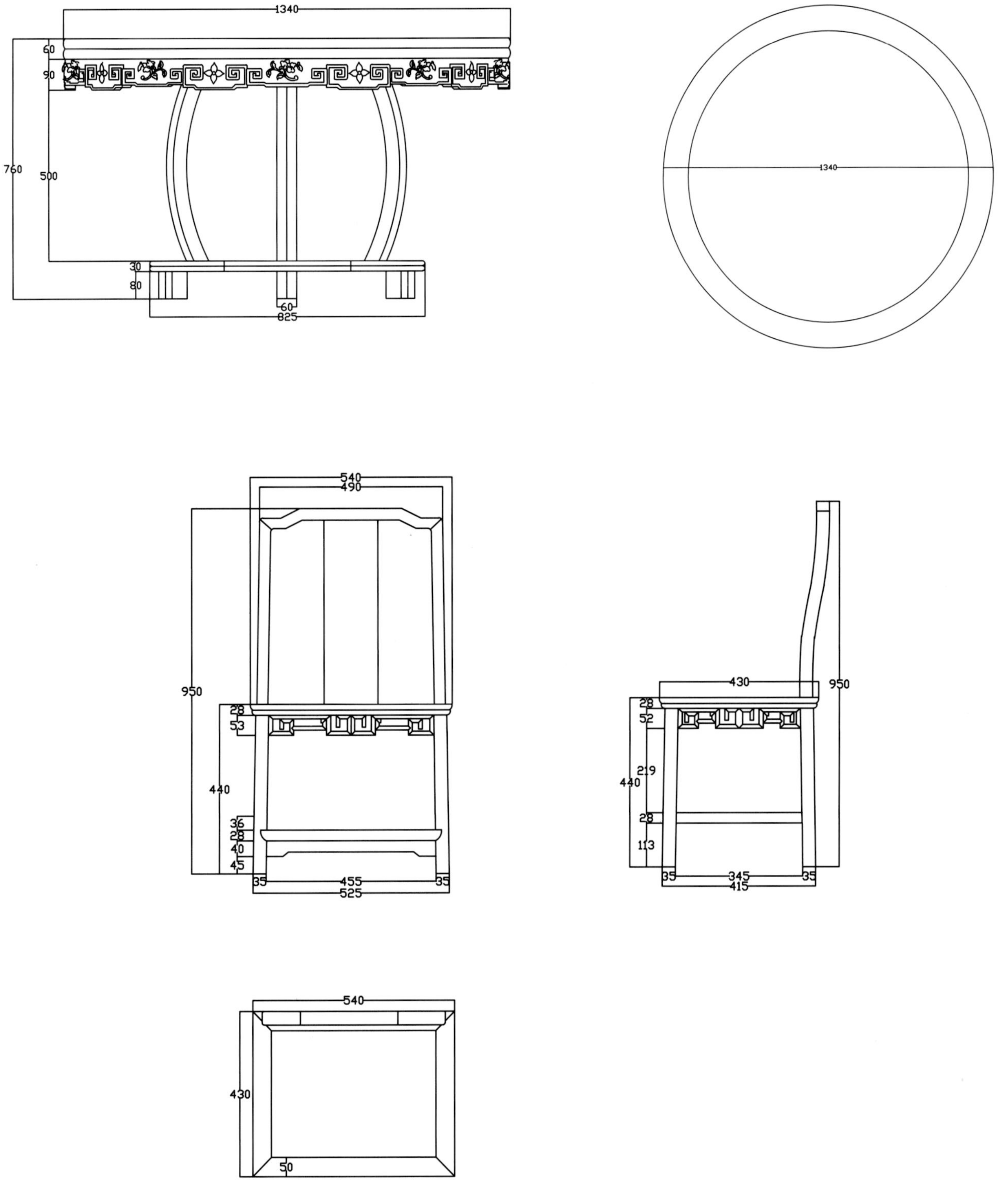
1340
60
90
760
500
30
80
60
825
1340
540
490
950
28
53
440
36
28
40
45
35
455
35
525
430
950
28
52
219
440
28
113
35
345
35
415
540
430
50

CAD 结构图

精雕图

圆餐台03

透视图

款式点评：

此款圆桌造型独具匠心，桌面平滑，牙板雕工精美，圆腿直足，腿间有横板可放置物品，下有拖泥板，托泥下有圆直足。配套座椅设步步登高枨，寓意积极向上。

透视图

主视图

俯视图

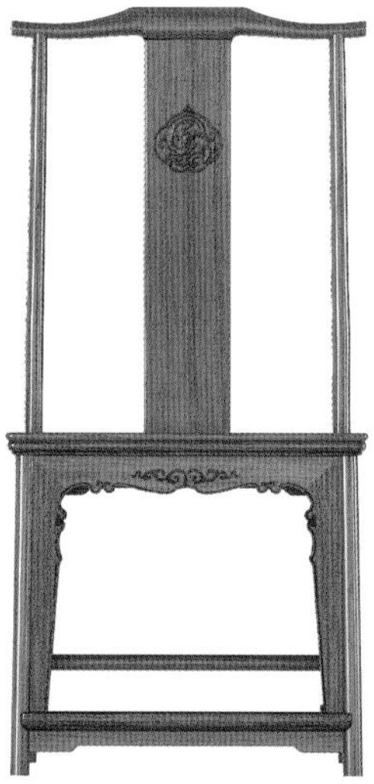

主视图

侧视图

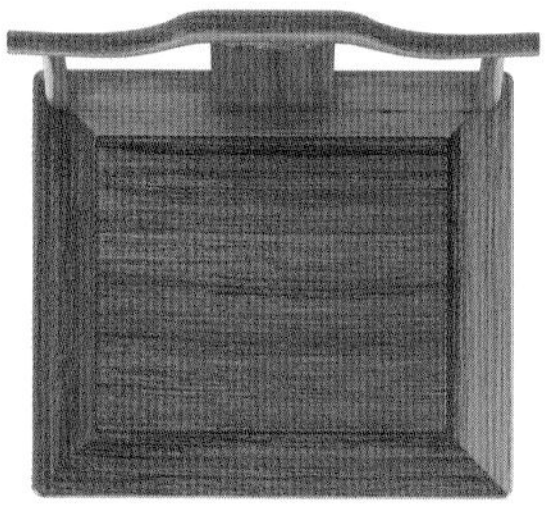

俯视图

透视图

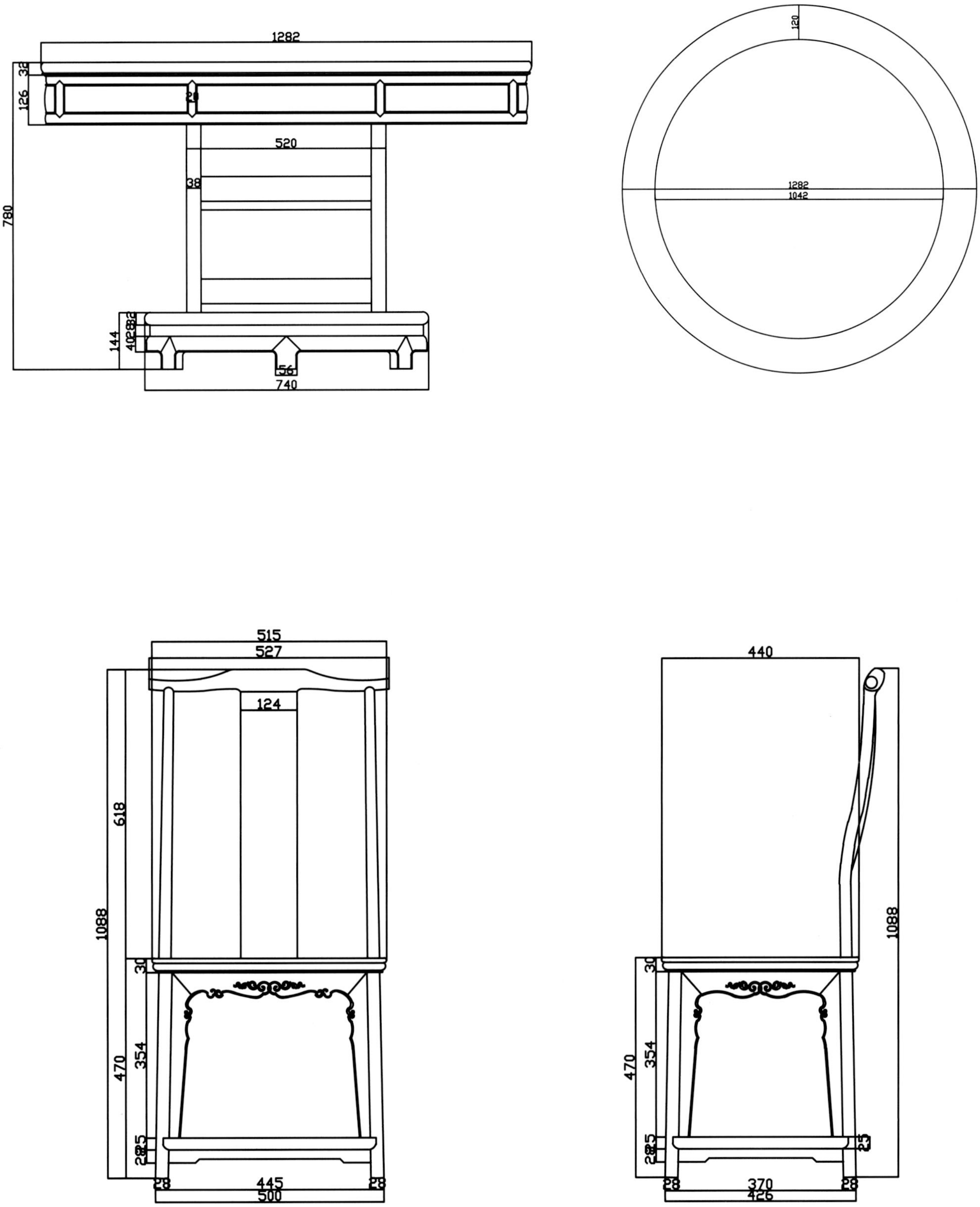
1282
126
520
38
780
144
56
740
120
1282
1042
515
527
124
618
1088
30
470
354
28
445
500
440
370
426

CAD 结构图

臺案類

圆　台　组　合

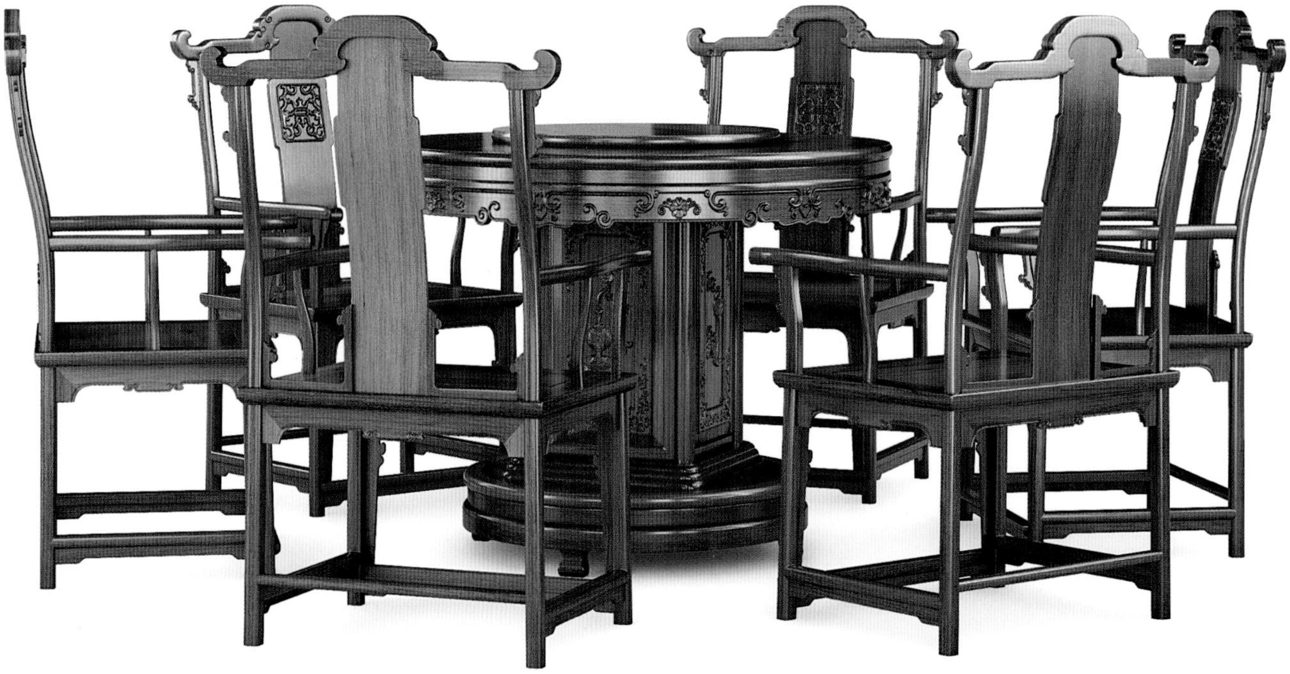

透视图

款式点评：

此款圆桌高贵大气，桌面有托盘，牙板雕刻精美纹饰。配套座椅为“官帽椅”，椅背扶手曲线柔和圆润，四腿直足下有托泥。

透视图

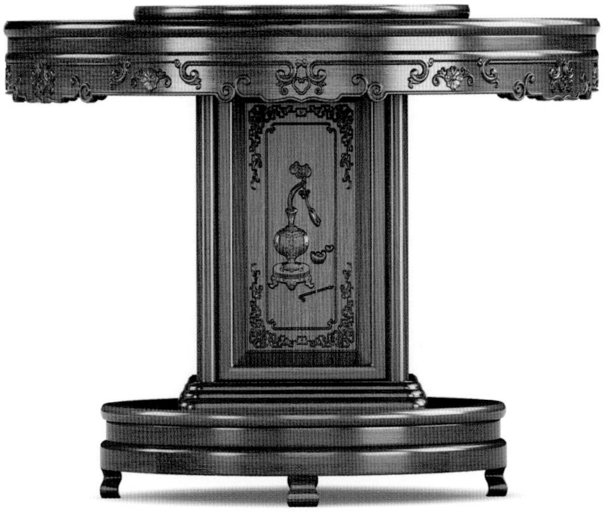

主视图

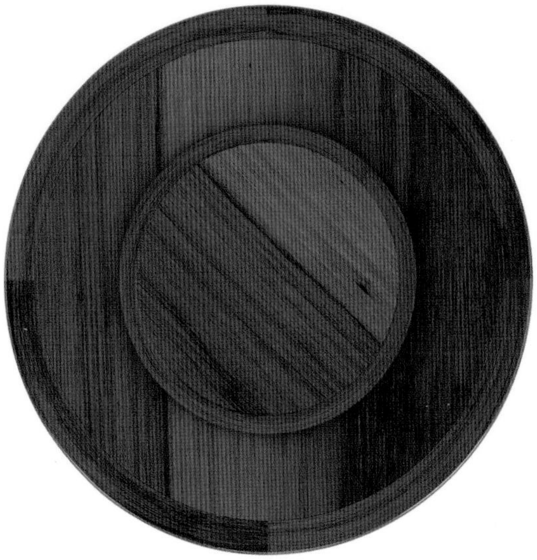

俯视图

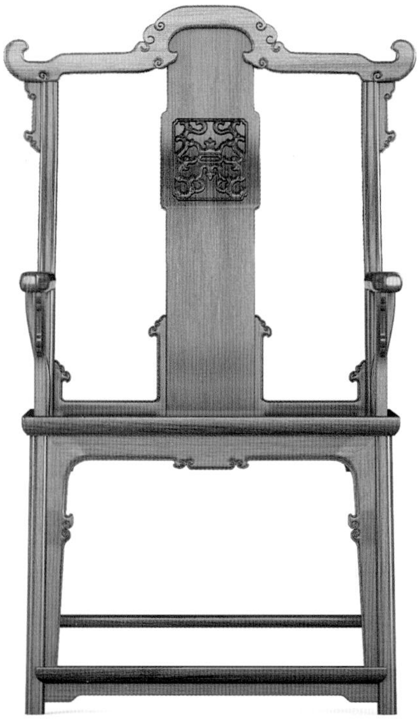

主视图

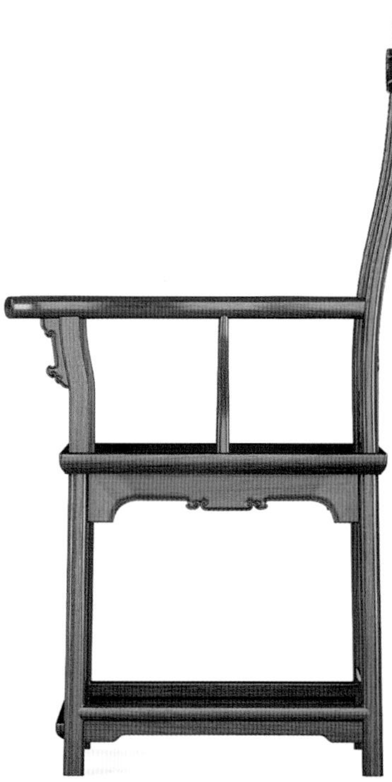

侧视图

俯视图

透视图

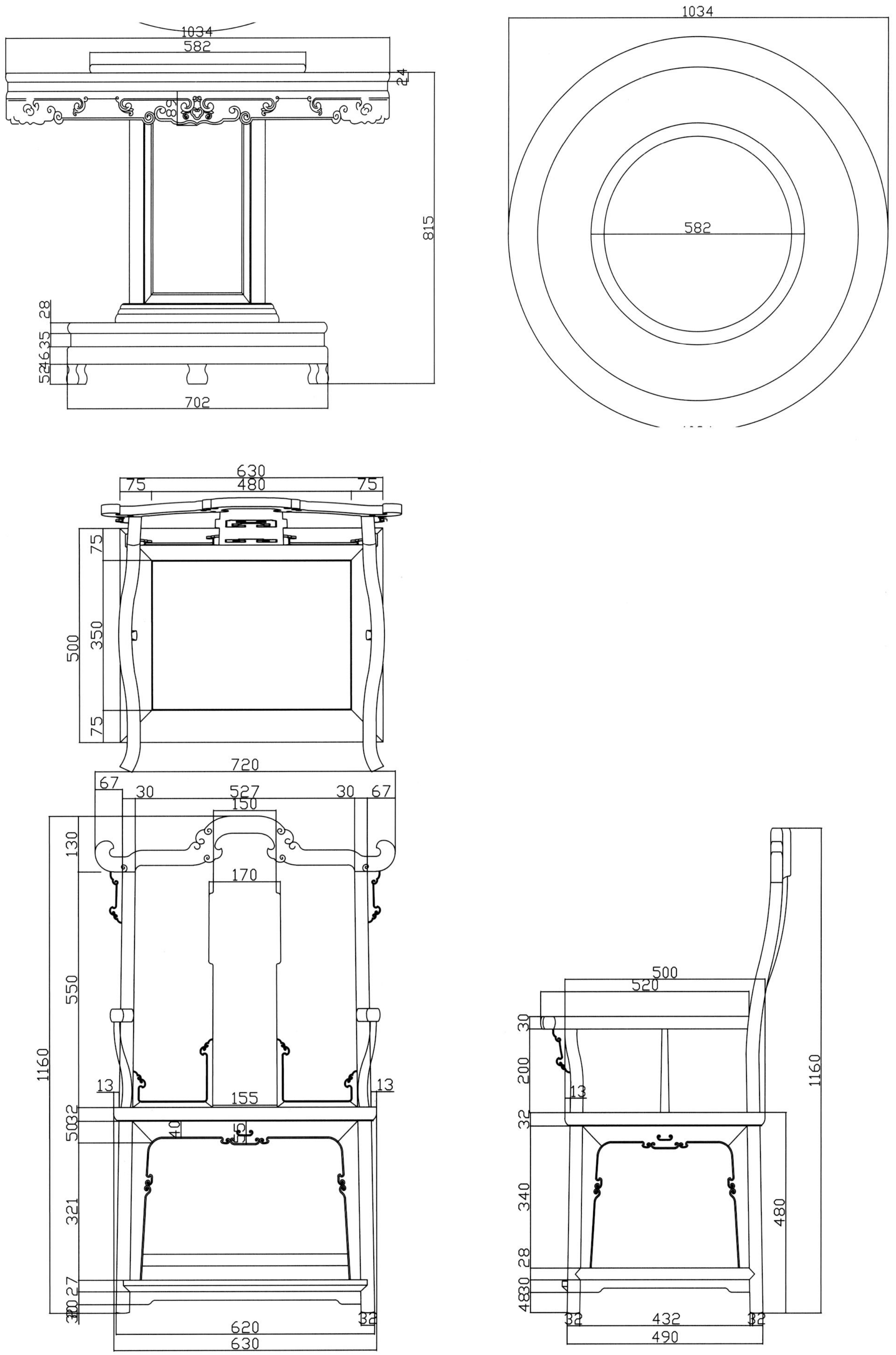
1034
582
24
815
28
35
46
52
702
1034
582
630
75
480
75
75
500
350
75
720
67
30
527
30
67
150
130
170
550
1160
13
155
13
32
50
40
321
27
620
630
32
500
520
30
200
13
32
1160
340
480
28
48
30
48
32
432
32
490

CAD 结构图

草叶纹雕圆台

透视图

款式点评：

此款圆台台面圆滑，面下束腰，侧边有雕刻精美花纹，面下一独立圆柱作为支撑，圆柱四周有枨支撑，下有底座，使圆台稳固大气。配套座椅椅背弧度自然柔美，凳面平整，下游罗锅枨和矮老做支撑，圆腿直足，简洁美观。

透视图

主视图

俯视图

精雕图

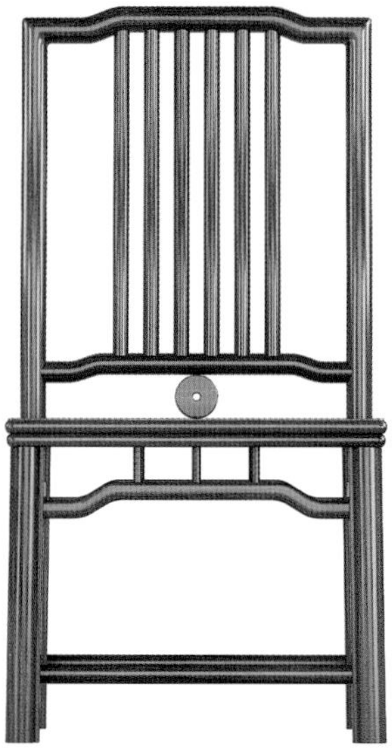

主视图

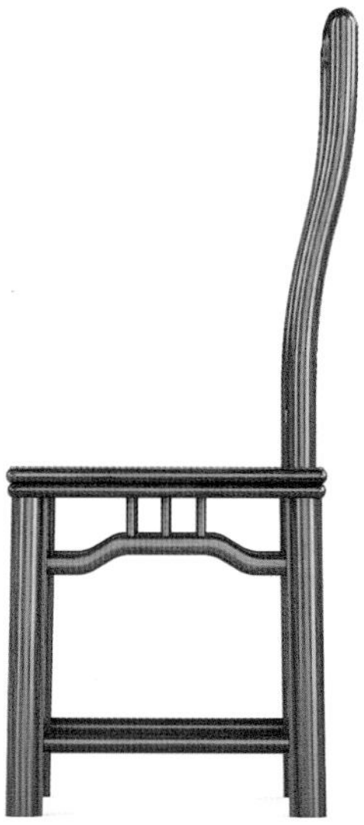

侧视图

俯视图

透视图

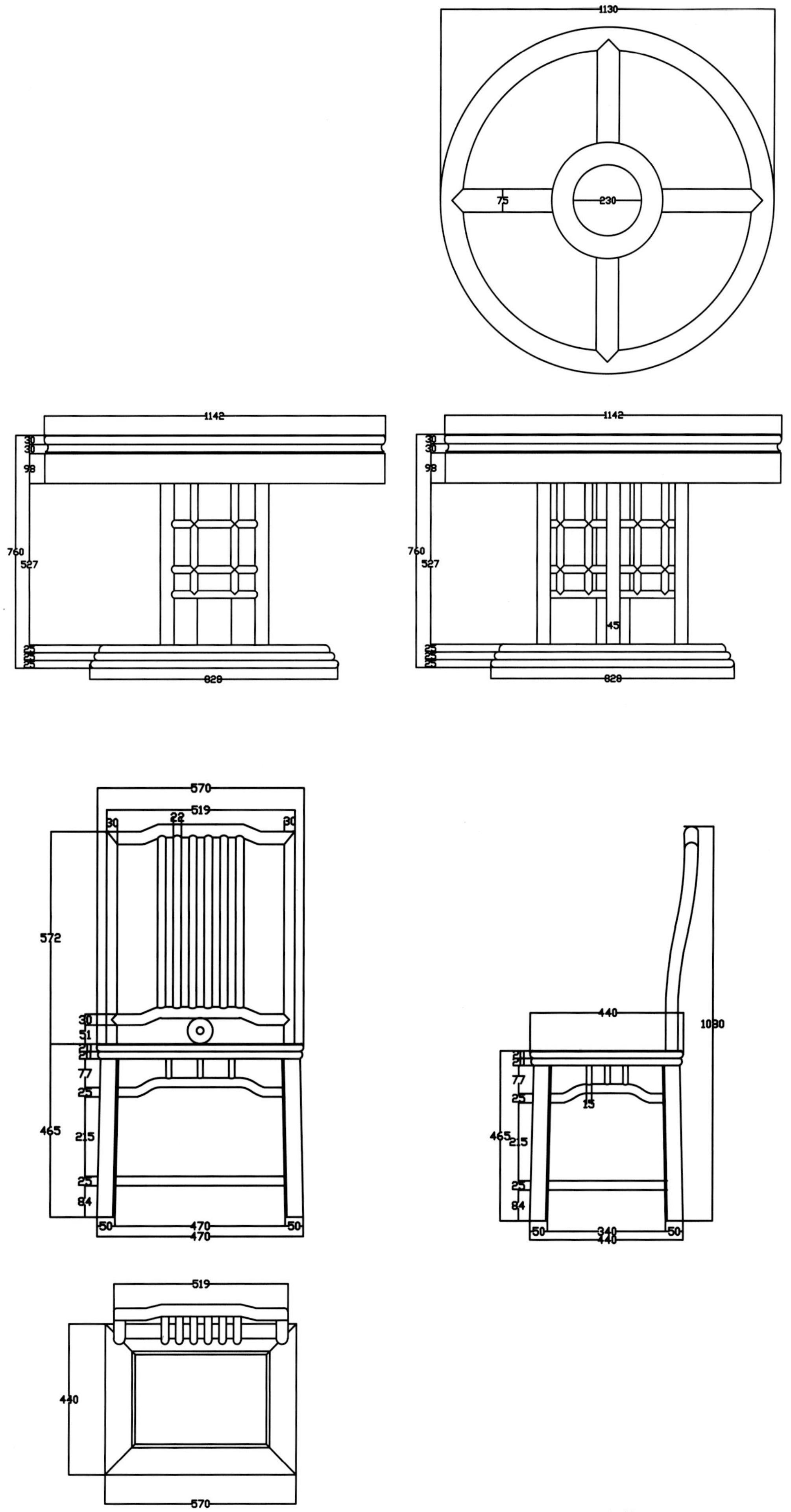
1130
75
230
1142
30
30
98
760
527
45
828
570
519
22
572
51
21
77
25
465
215
84
50
470
440
1080
15
340

CAD 结构图

云龙案桌

透视图

款式点评：

此画案案面光素，自束腰一下满雕龙纹，整体雕工细腻，纹饰自然流畅，展示出非凡的贵气与华丽。

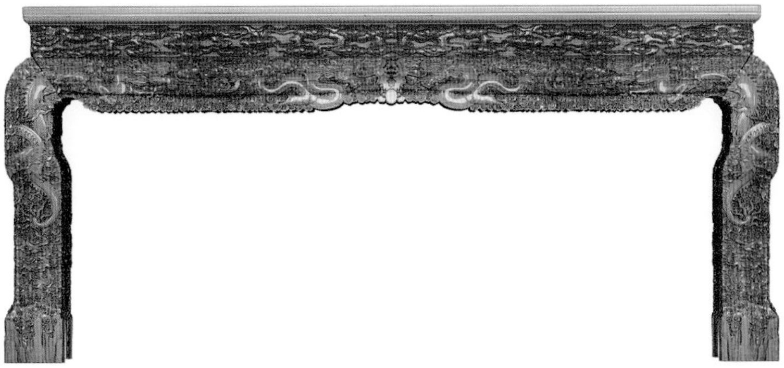

主视图

侧视图

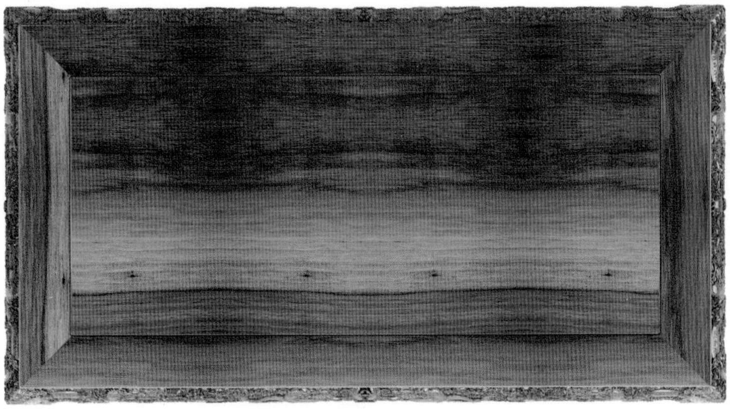

俯视图

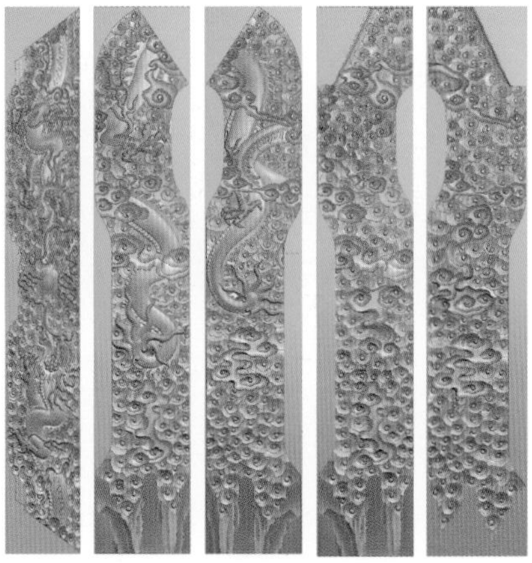

精雕图

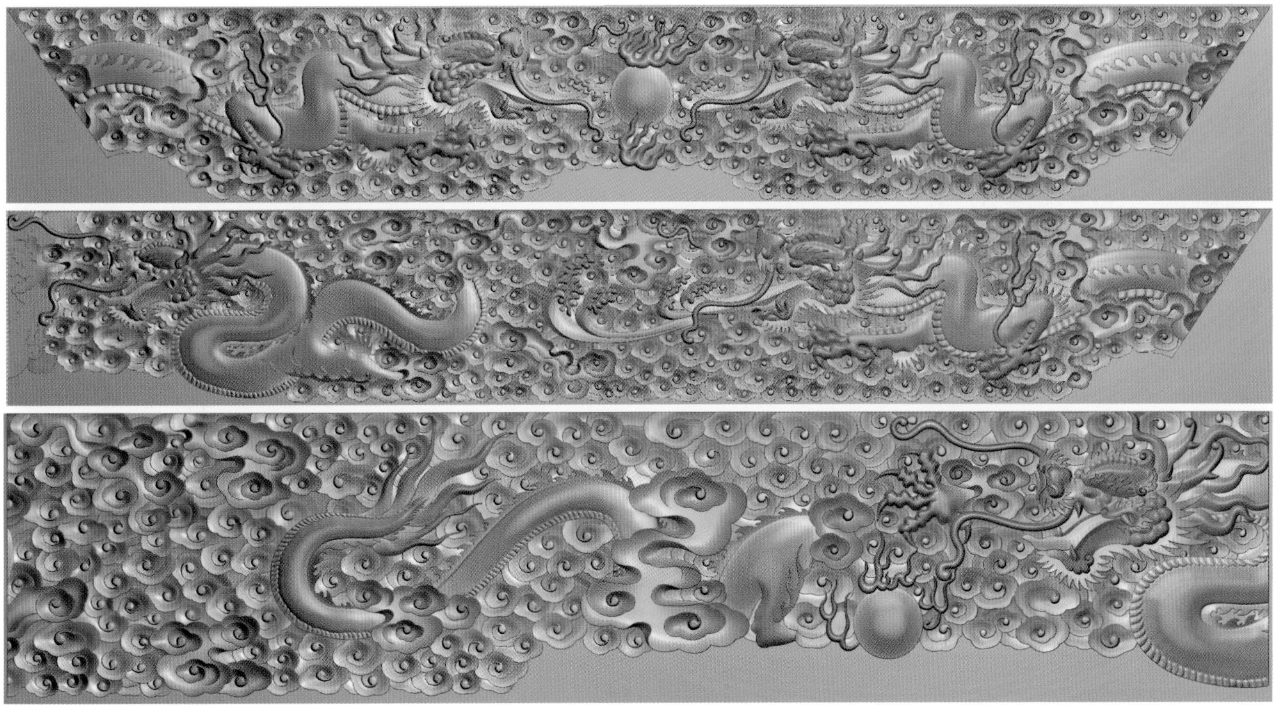

精雕图

长寿条案

透视图

款式点评：

此案是典型的平头案样式，案面平直光素，案板侧面透雕寿字纹和卷叶草纹。案面下牙板浮雕寿字纹和卷叶草纹。整器端庄大气，装饰华美。

主视图

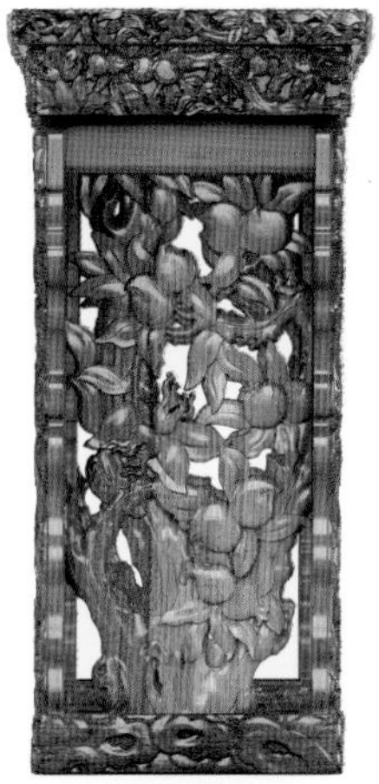

侧视图

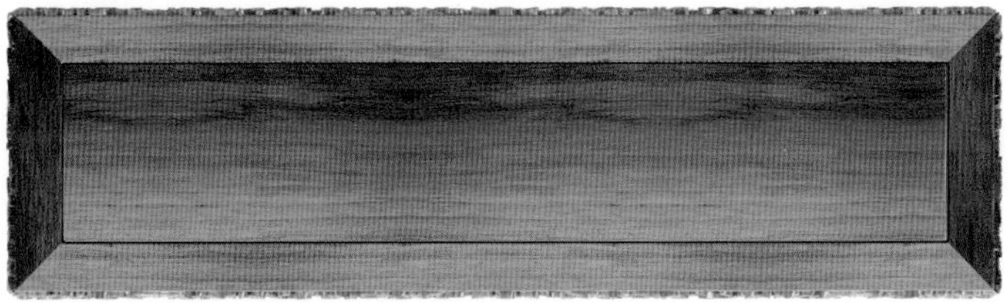

俯视图

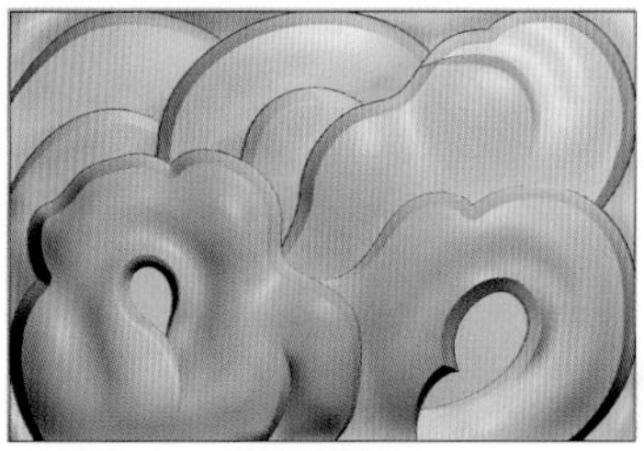

精雕图

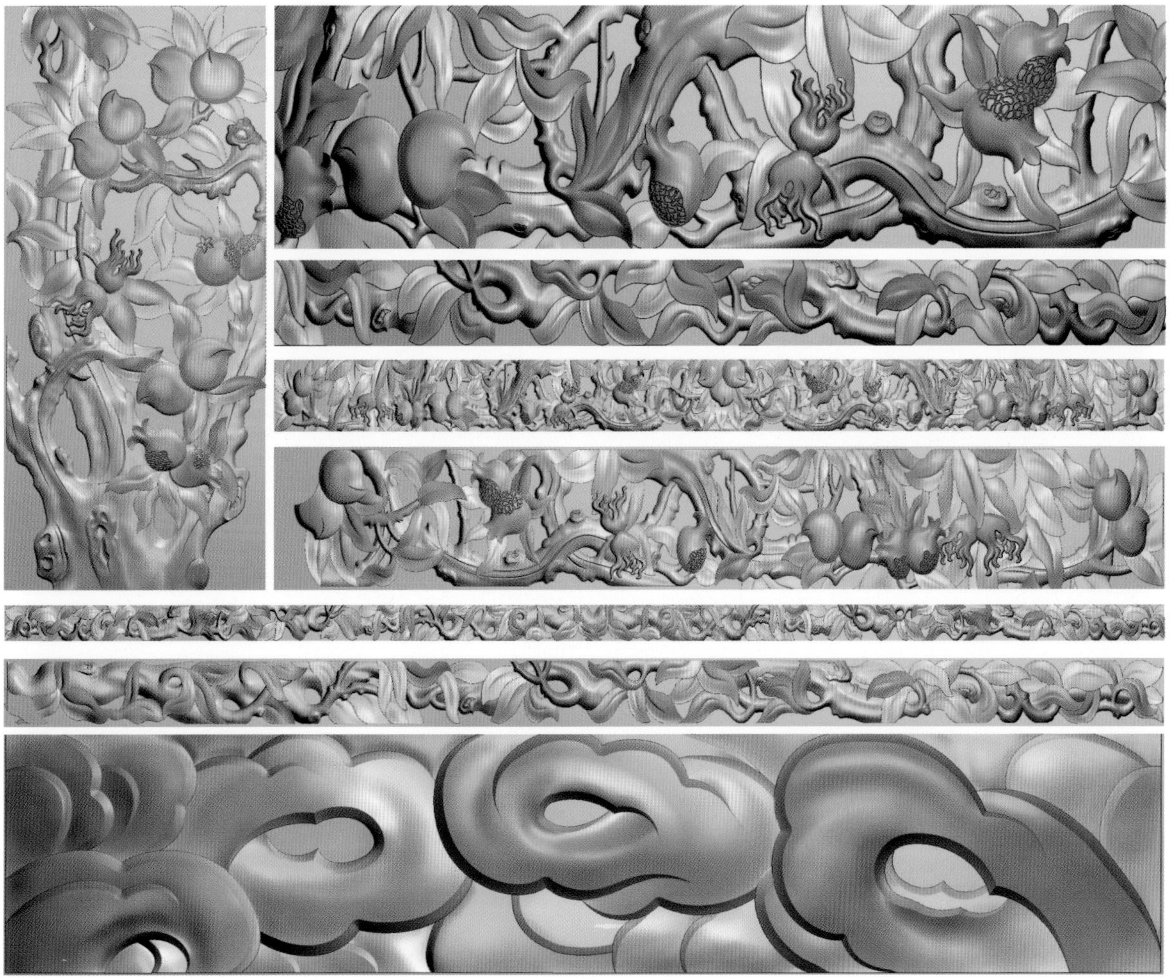

精雕图

条　　案

透视图

款式点评：

此款条案外形简单，案面平直光素，案腿三面雕工复杂。美轮美奂的透雕工艺是此款条案的一大特色。

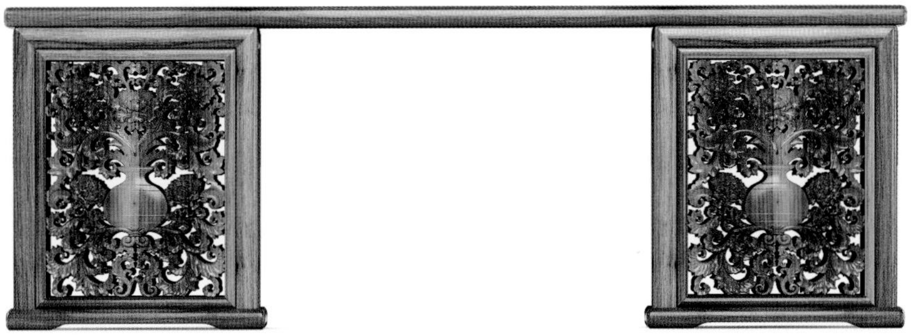

主视图

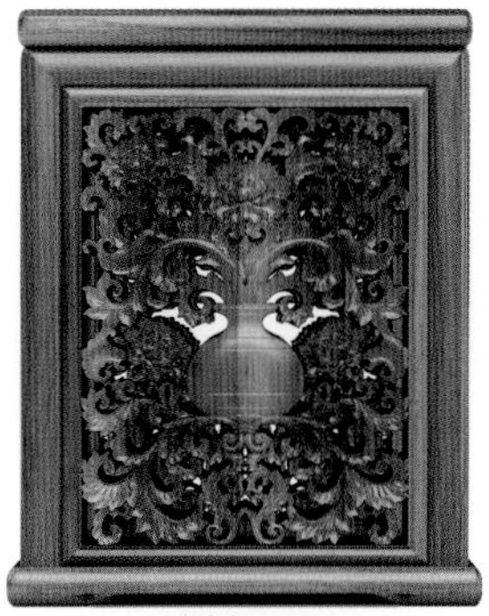

侧视图

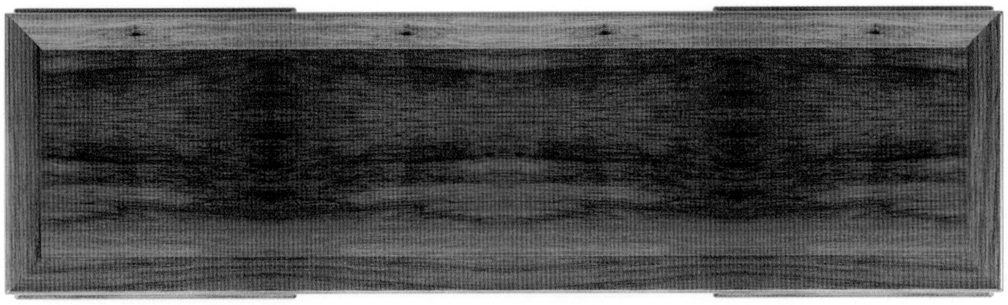

俯视图

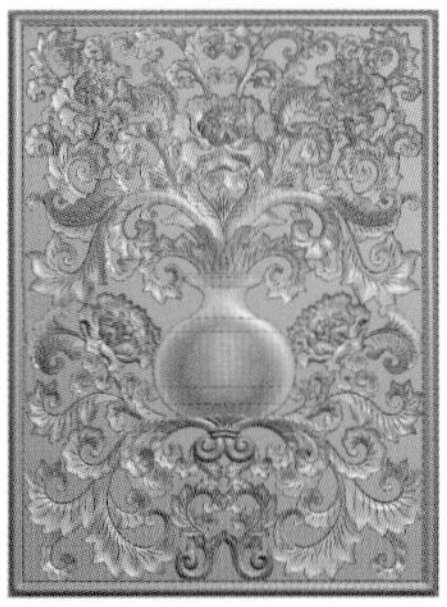

精雕图

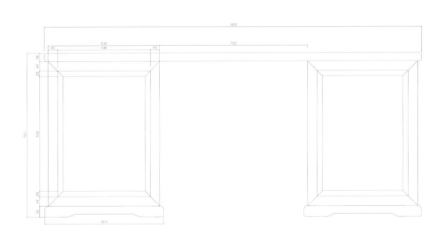

CAD 结构图

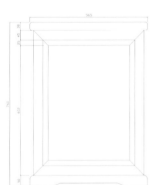

花梨画案

透视图

款式点评：

此款画案由梨花木制作，造型简单时尚。案面平直，面下冰盘沿，牙板、牙头光素无雕饰。腿与牙板桌面以插肩榫相连。侧腿间有双枨，方腿直足。

主视图

侧视图

俯视图

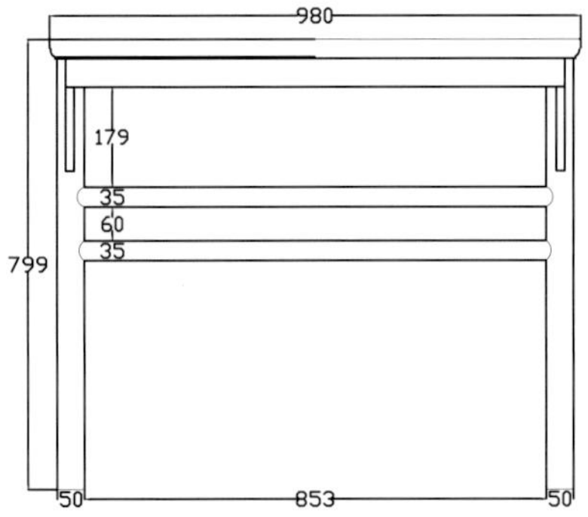

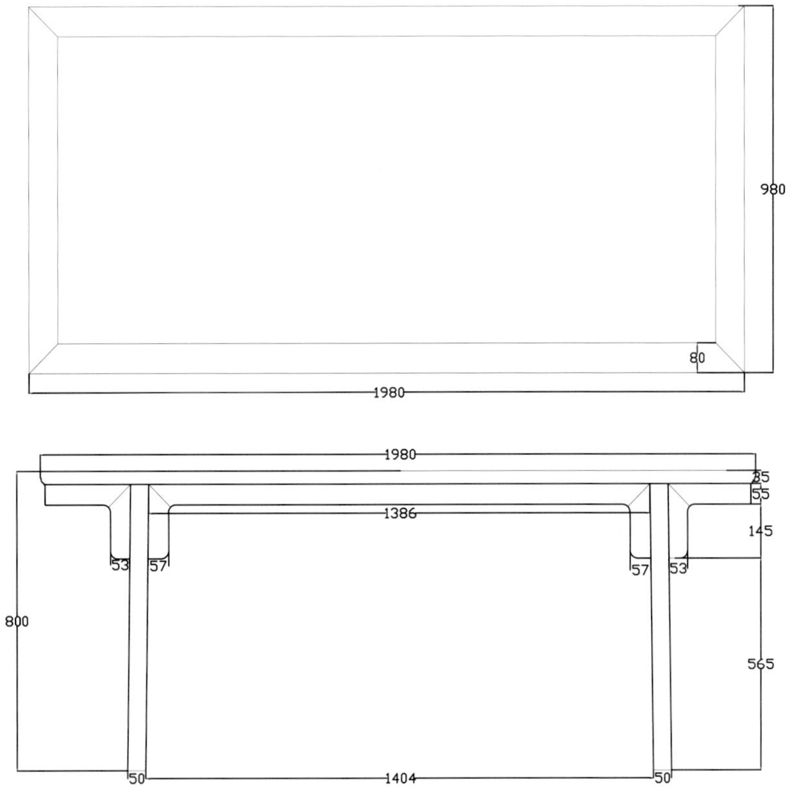

CAD 结构图

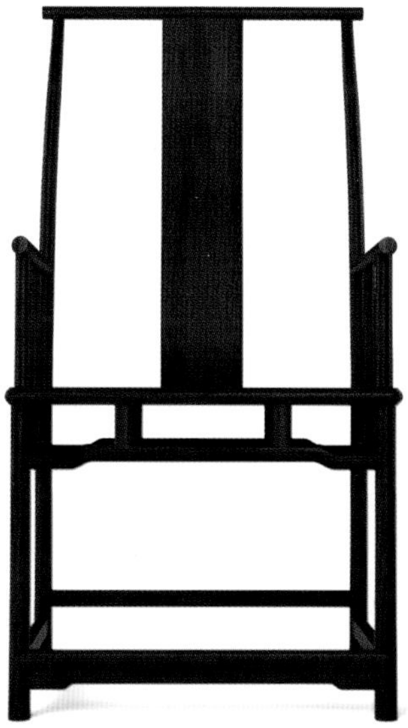

主视图

侧视图

俯视图

透视图

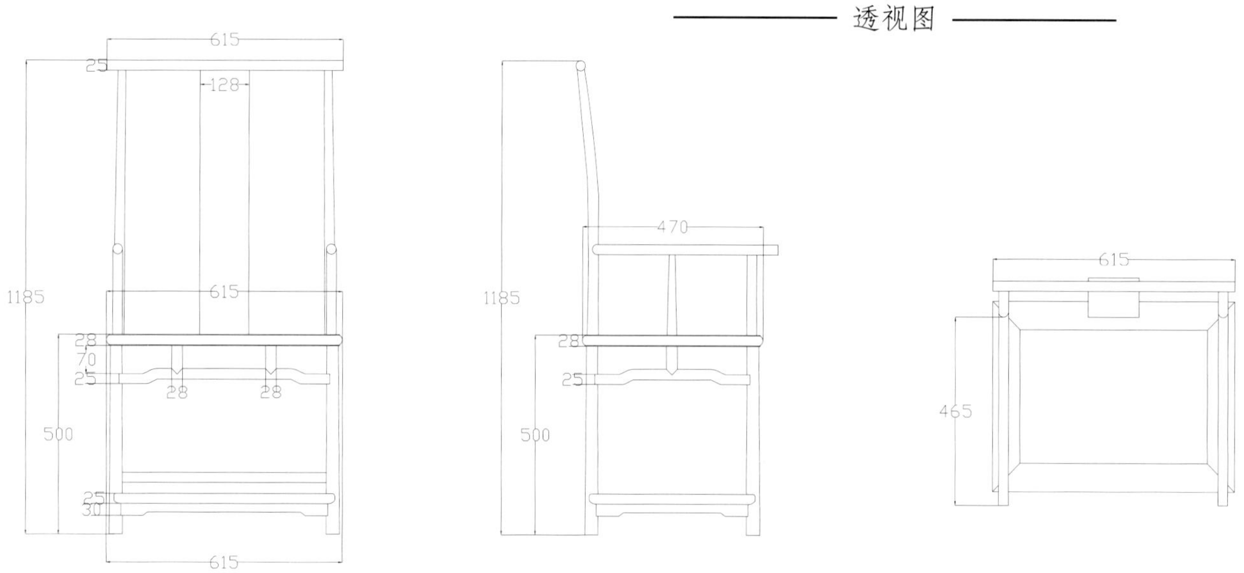

CAD 结构图

梳 妆 台 01

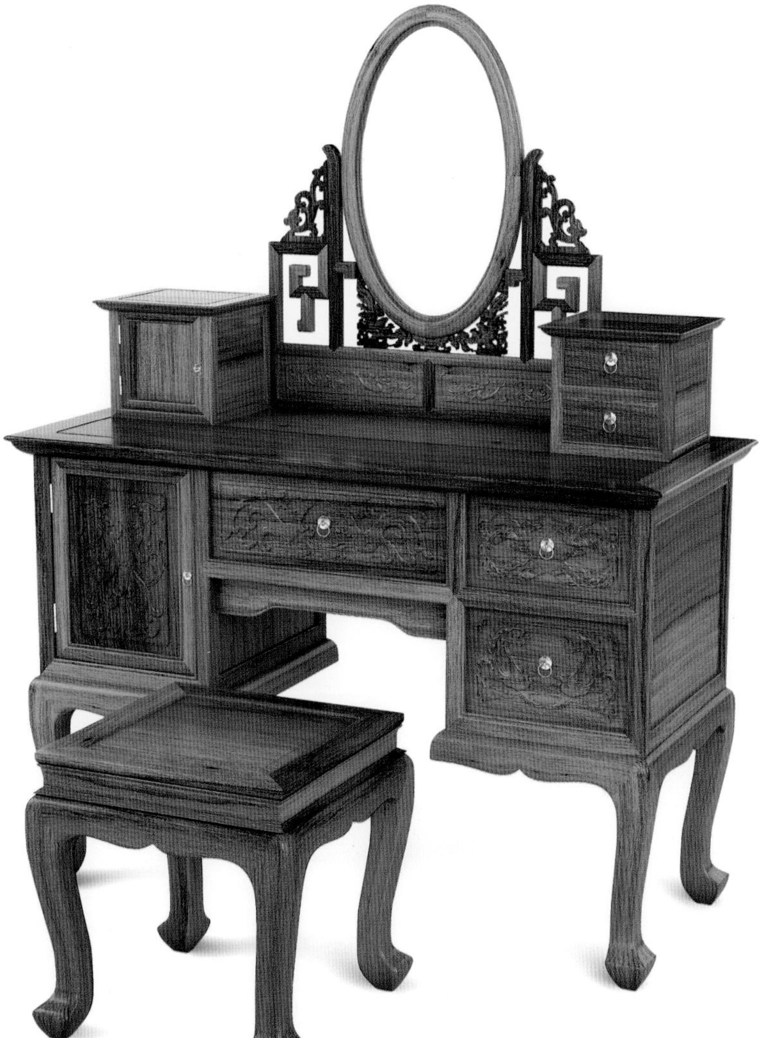

透视图

款式点评：

此款梳妆台为复古造型，分为上下两部分，上部分以回字纹卷叶草作为装饰支撑椭圆形镜面，镜面两侧设抽屉，柜门，均以铜饰点缀。台面平素，下有三屉一柜，牙条简洁美观，三弯腿外翻呈马蹄形。

主视图

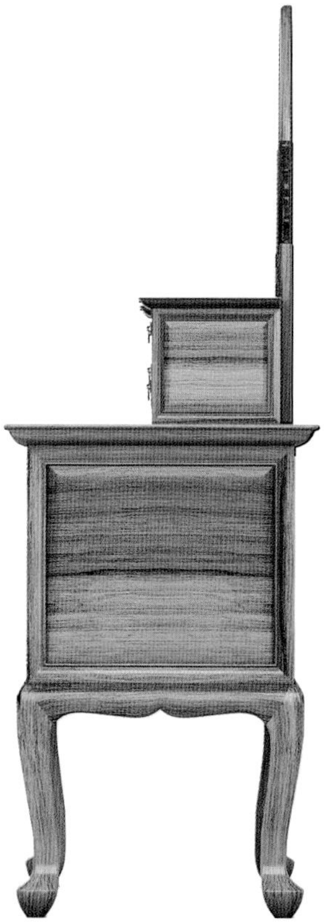

侧视图

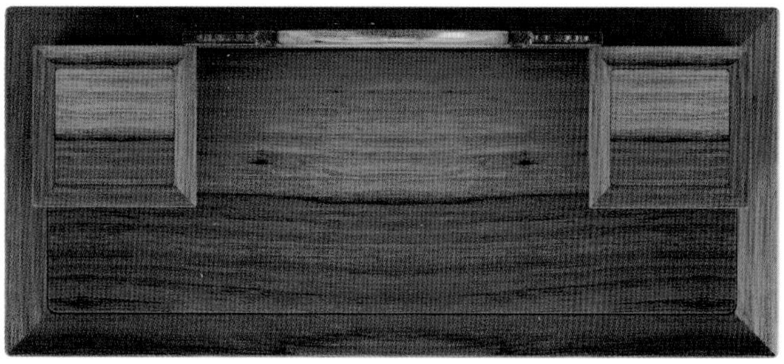

俯视图

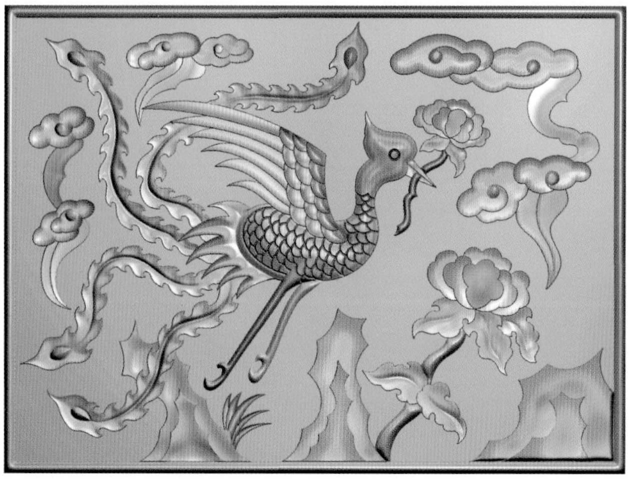

精雕图

1150
332
530
240
500
1422
360
760
420
1422
760

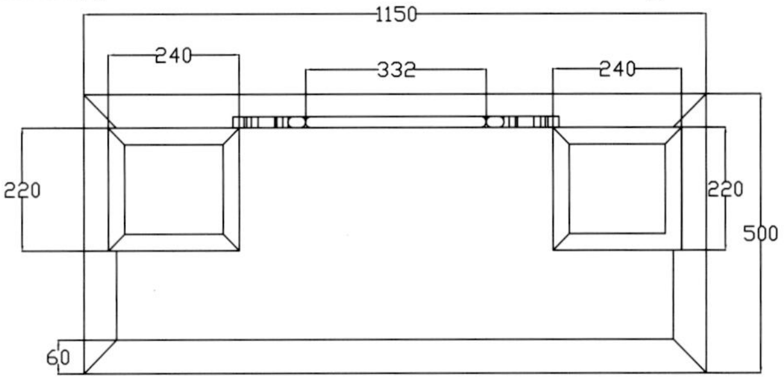
1150
240
332
240
220
220
500
60

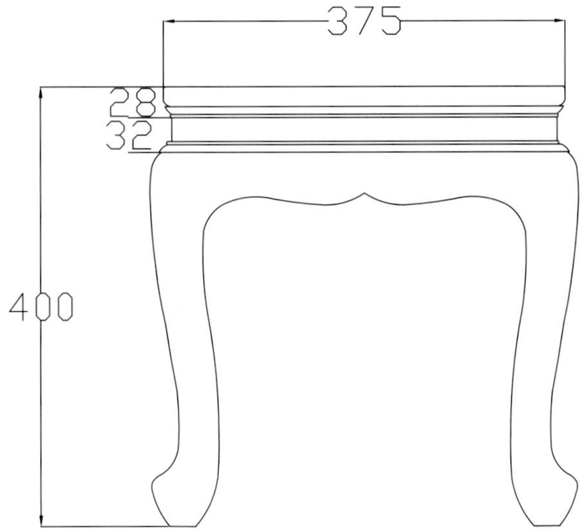
375
28
32
400

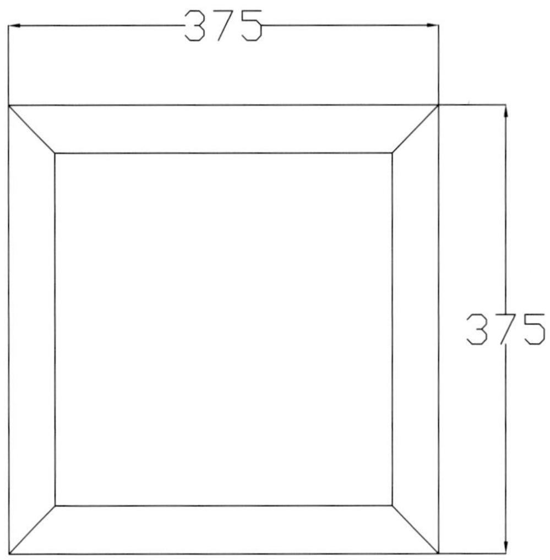
375
375

CAD 结构图

梳　妆　台 02

透视图

款式点评：

此款梳妆台台面呈长方形，可折叠，下设三屉，铜环装点，牙条、牙头雕刻以卷叶草花样作为装饰，圆腿马蹄足，下有冰裂花纹式托泥板。

主视图

侧视图

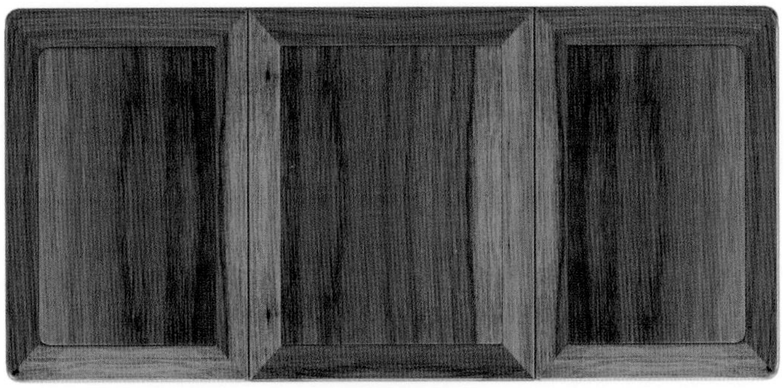
俯视图

透视图

透视图

主视图

俯视图

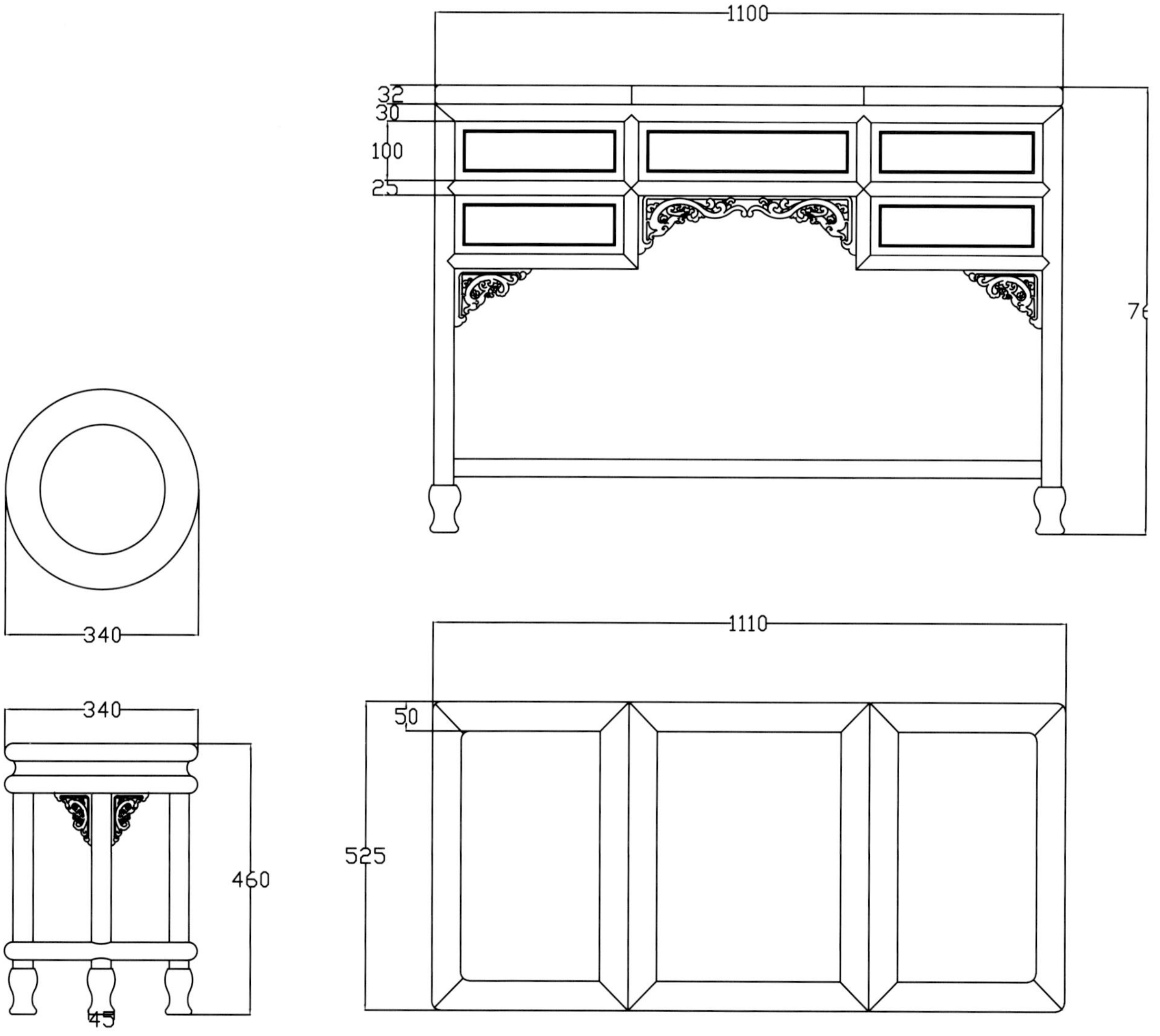

CAD 结构图

梅花梳妆台

透视图

款式点评：

此款梳妆镜造型简单大方，近似长方形的镜面上以雕花木框作为装饰，雕花牙头连接镜框与桌面，桌面平整，下设三屉两柜，以铜饰装点。抽屉、柜门均有精美雕花装饰。

主视图

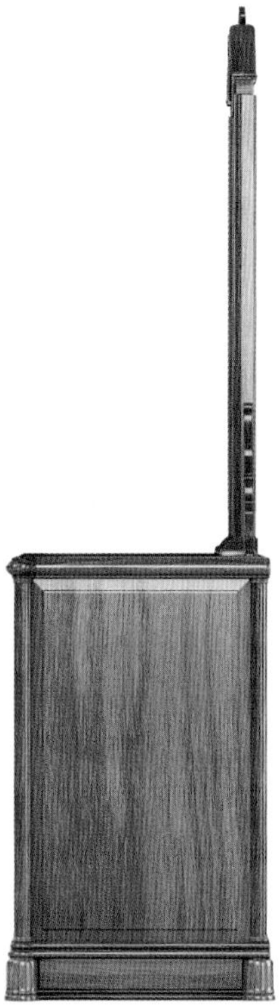

侧视图

俯视图

透视图

主视图

侧视图

俯视图

透视图

精雕图

臺案類

精雕图

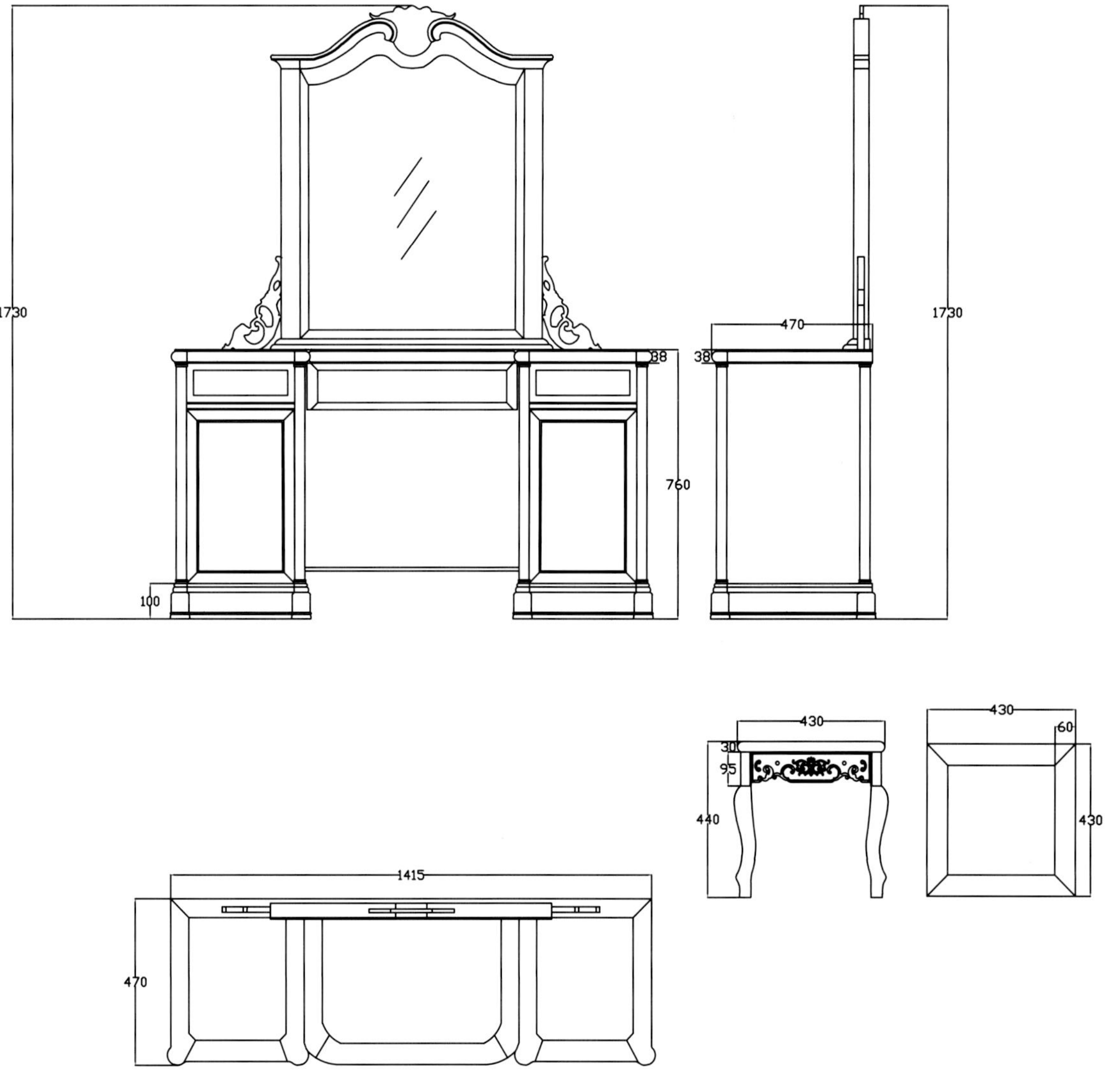

CAD 结构图

回字纹梳妆台

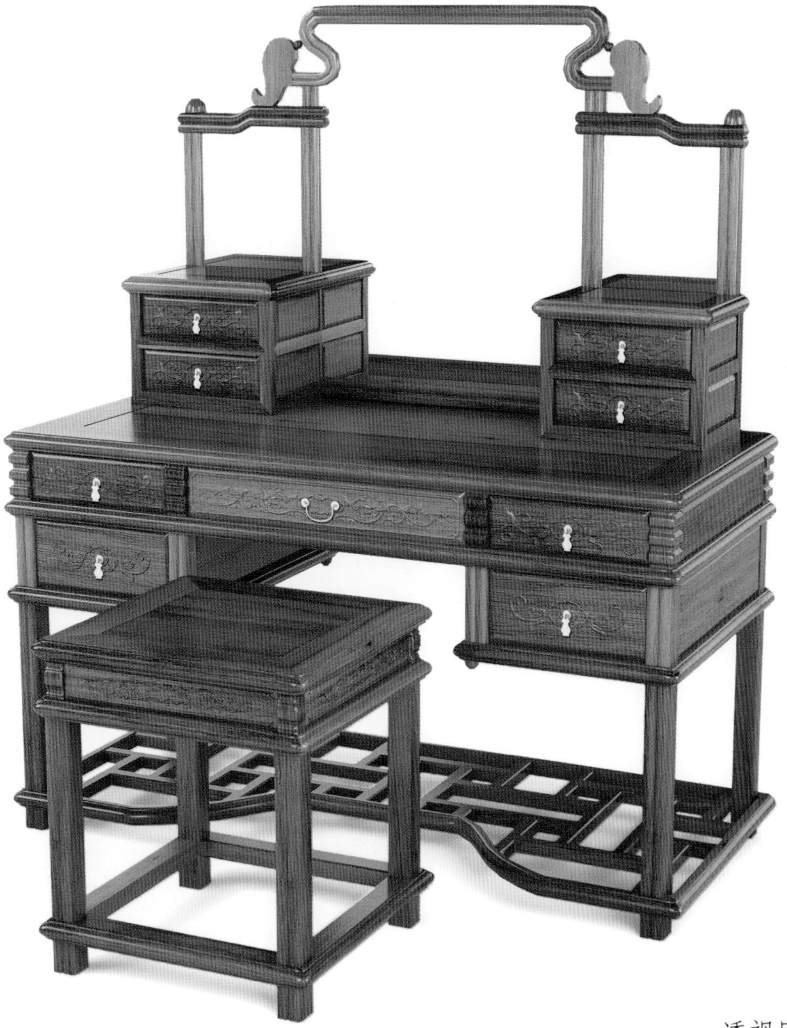

透视图

款式点评：

此款梳妆台增大了镜子面积，用木框将镜面分割为三部分，中间高出部分两端以小鸟造型作为连接装点。镜面下两侧设双屉。台面平整，下设五屉，圆腿直足下有回字纹托泥板。

透视图

主视图

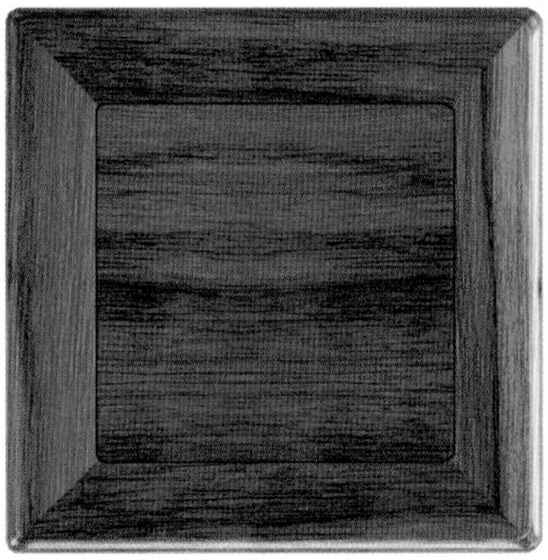

俯视图

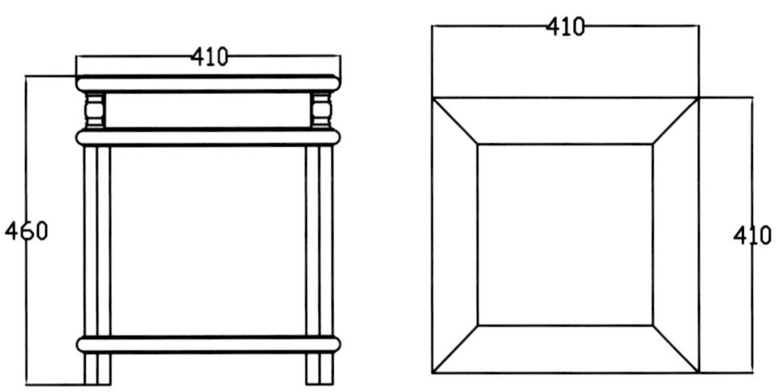

CAD 结构图

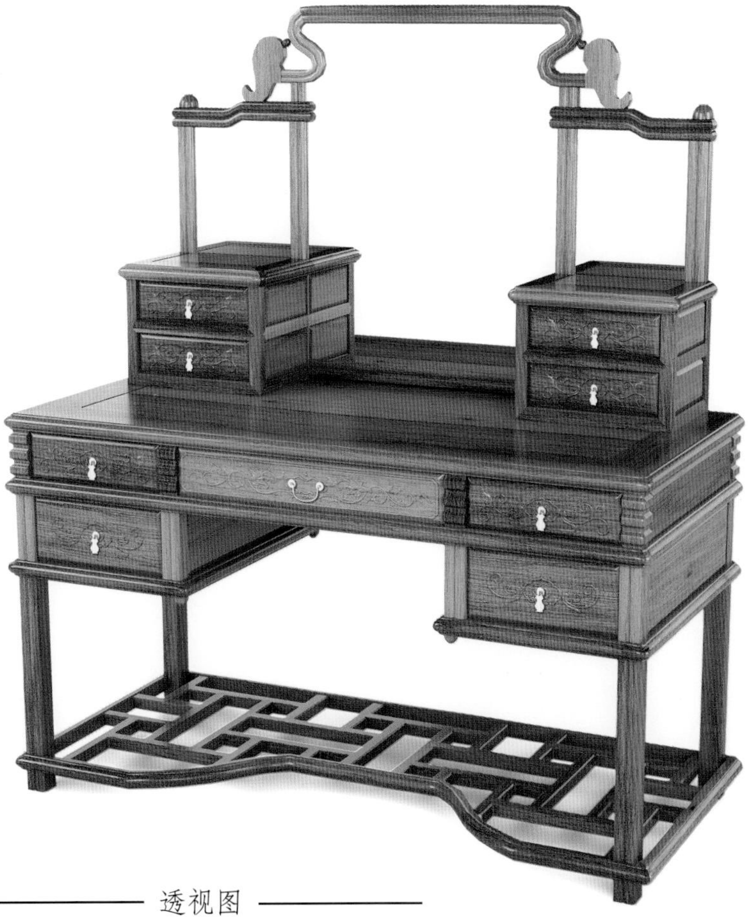

透视图

主视图

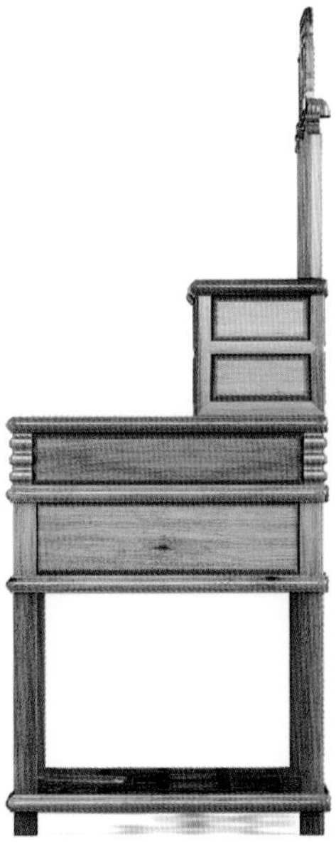

侧视图

俯视图

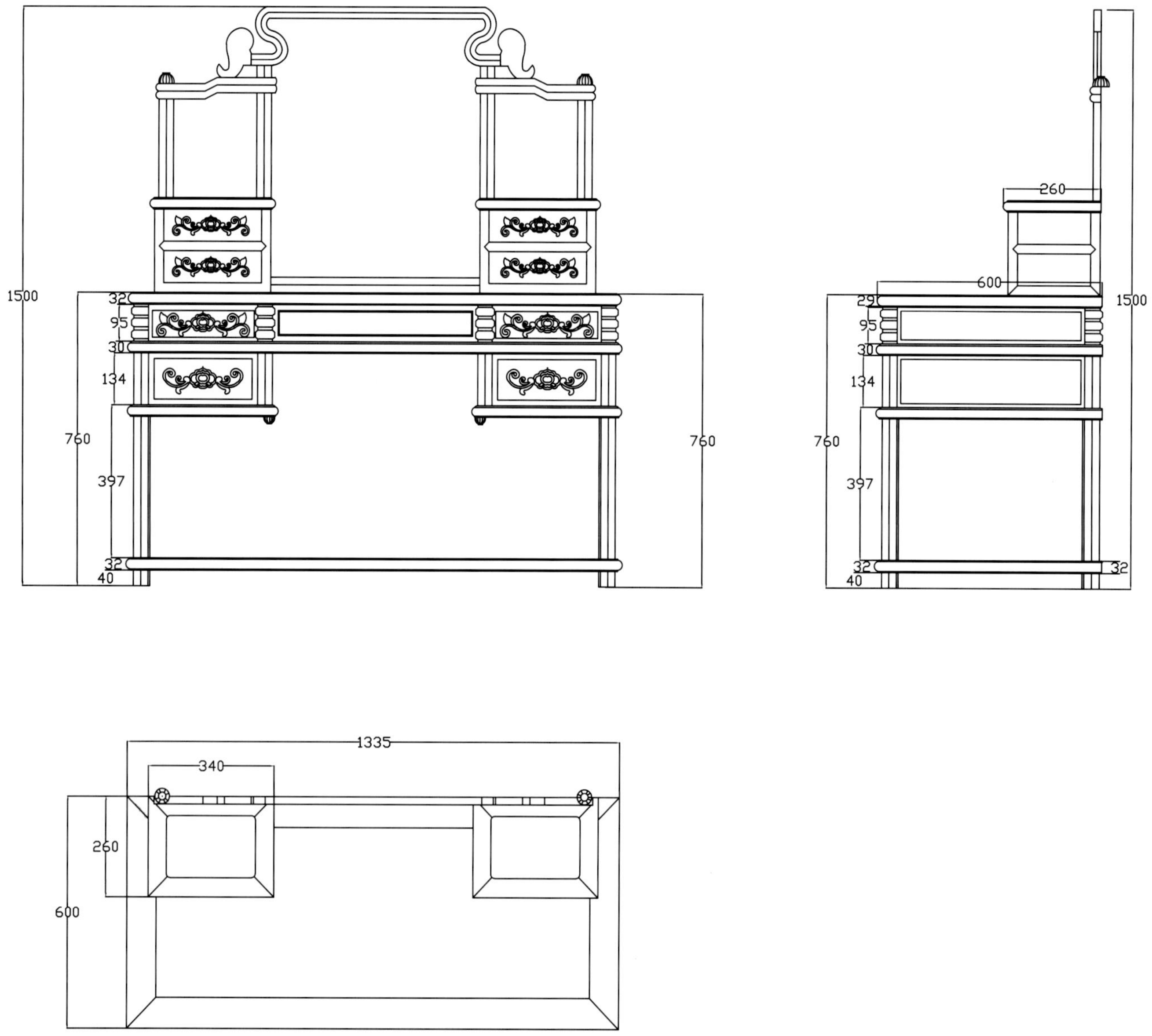
1500
32
95
30
134
760
397
32
40
760
260
600
29
95
30
134
760
397
32
40
32
1500
1335
340
260
600

CAD 结构图

富贵梳妆台

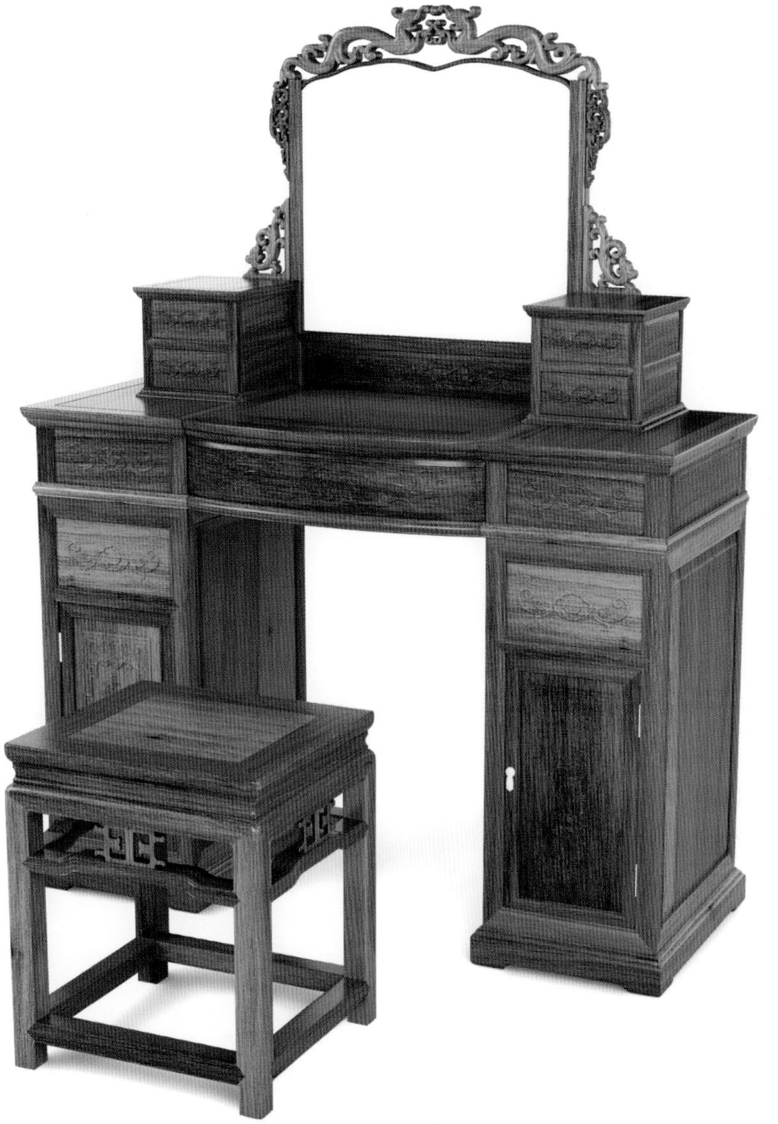

透视图

款式点评：

此款梳妆台以镜面木框上透雕的双龙戏珠为主要特色，镜面两色设双屉，桌面平整，下设三屉两门。

主视图

侧视图

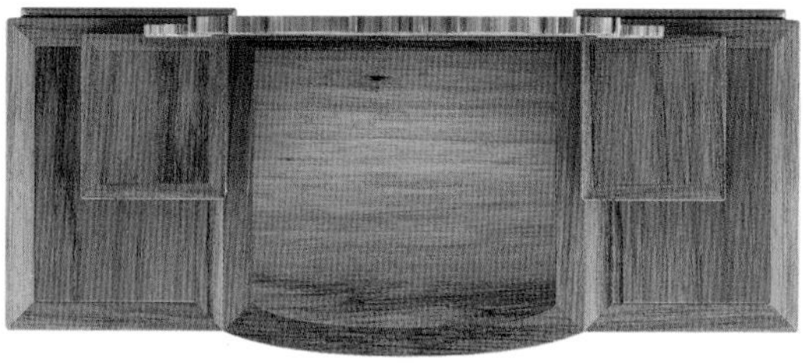

俯视图

透视图

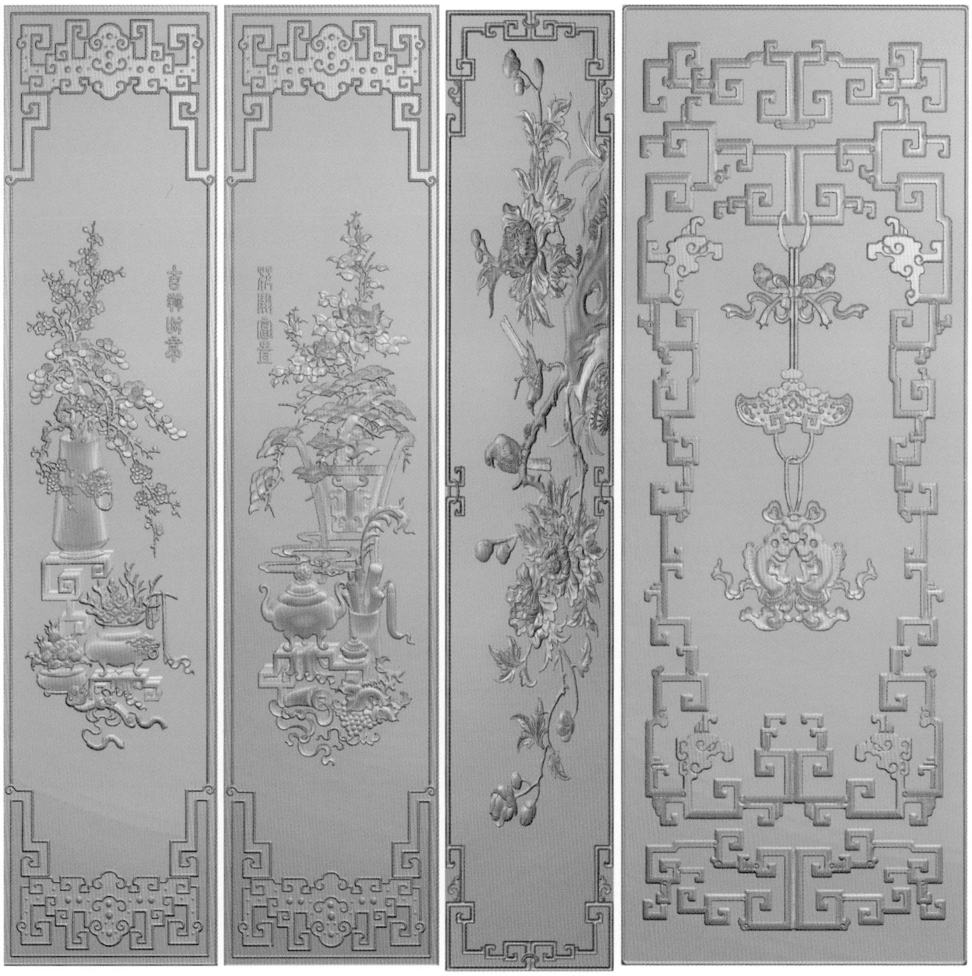

精雕图

主视图

侧视图

俯视图

透视图

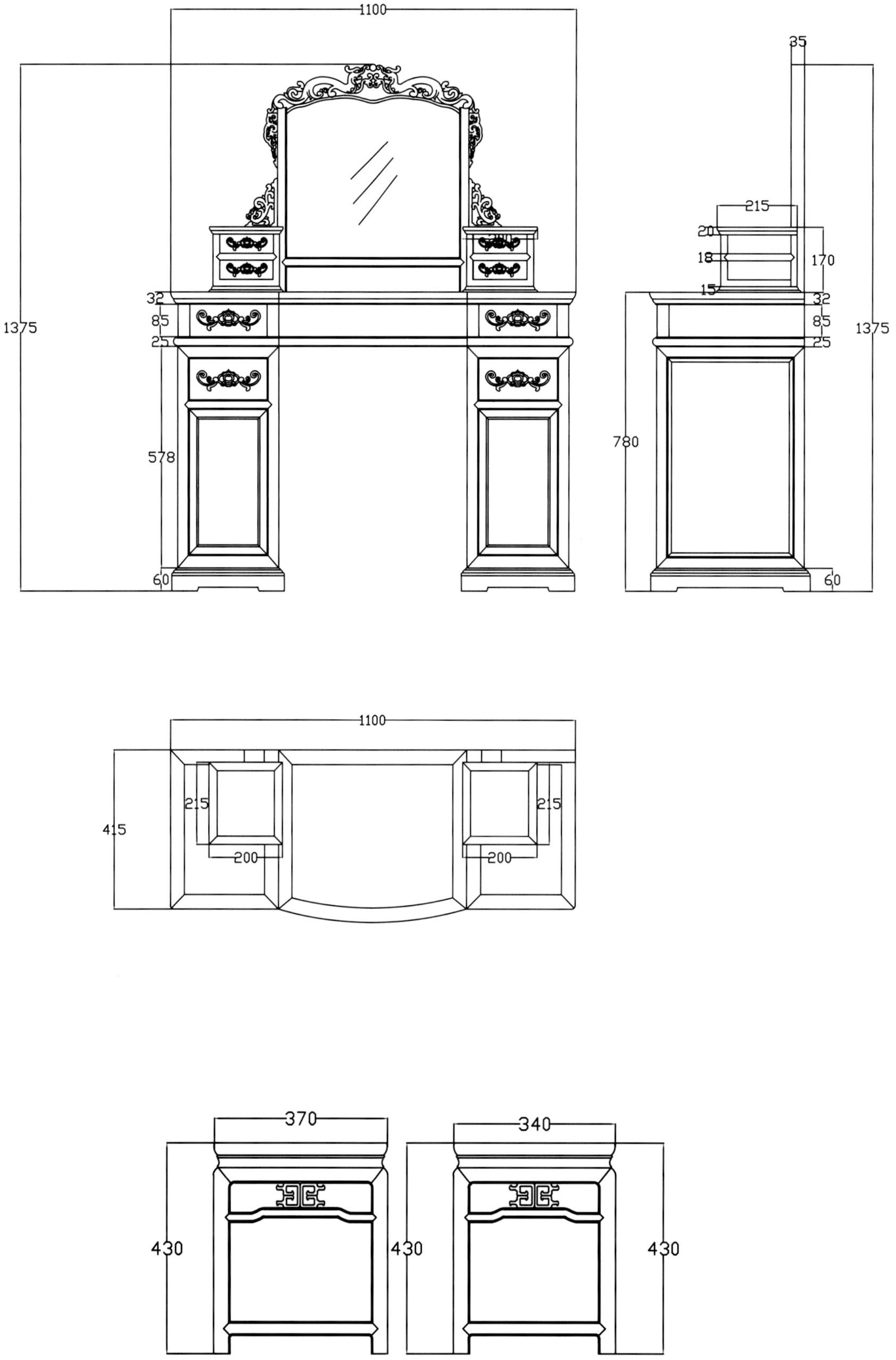
1100
1375
32
85
25
578
60
35
215
20
18
170
15
780
1100
415
215
200
370
340
430

CAD 结构图

附：明清宫廷府邸古典家具图录（含部分新古典家具款式）

台案类

按照生活习惯和用途，桌案类可分炕桌、香几类、条桌类、方桌类、书画桌案类，这几类又有细的分类。

桌案类和椅凳类一样也是经历了从低到高、从简入繁的过程。明清家具作为中国家具的最高水平是毋庸置疑的，其中桌案类的发展更是代表了明清家具，尤其是桌案作为文化平台更是受到了自古到今文人雅士的推崇和竭力优化，桌案的发展可以说是中国文化进程的一个解读。

桌案作为家具中的大器，其结构的维稳是至关重要的，桌案类的发展系统规范化得益于榫卯结构的完善。

名称：百福条案

名称：回纹条案

名称：三层神台

名称：明式画案

名称：平案几

名称：平案几

名称：长条案

名称：长条案

名称：明式平头案

名称：简明式画案

名称：厨案

名称：明式平头高案

名称：条案

名称：平头高案

名称：平头高案

名称：平头案

名称：条案

名称：案桌

名称：案桌

名称：案桌

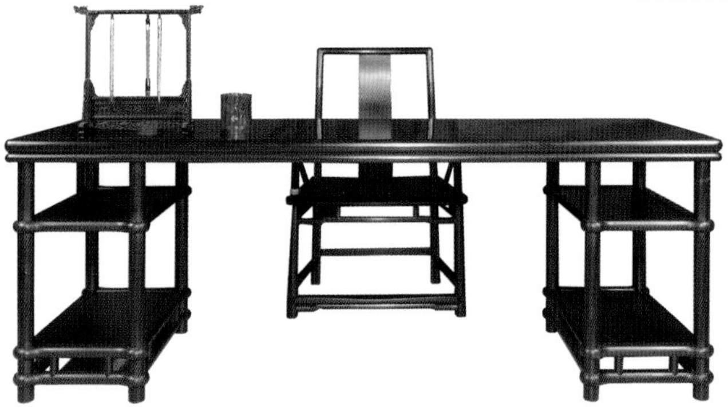
名称：明式画案

名称：明式画室

名称：卷书画案

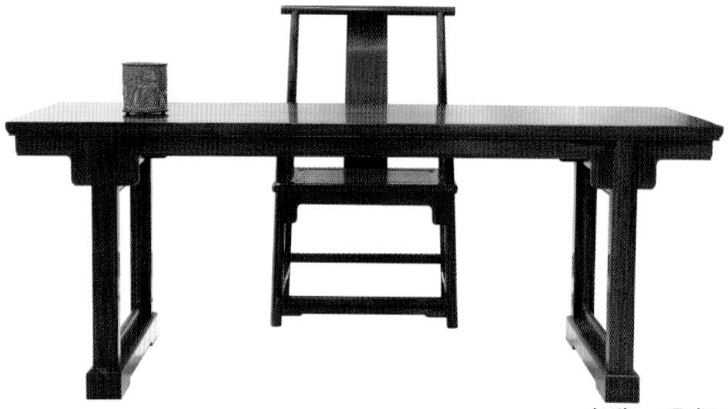
名称：明式画室

名称：书案

名称：草龙画案

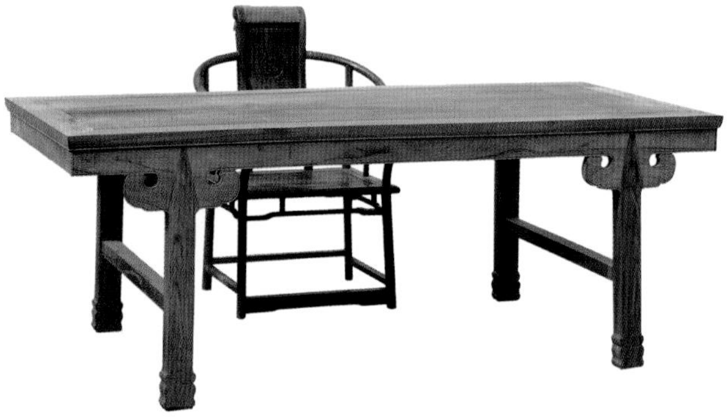
名称：简明式画案

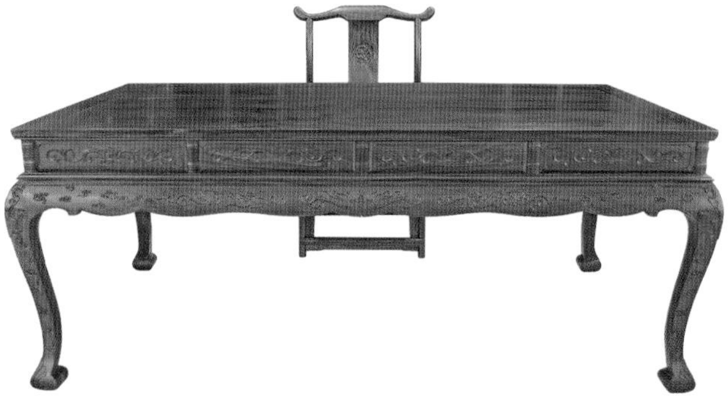
名称：画案

名称：腾龙画案

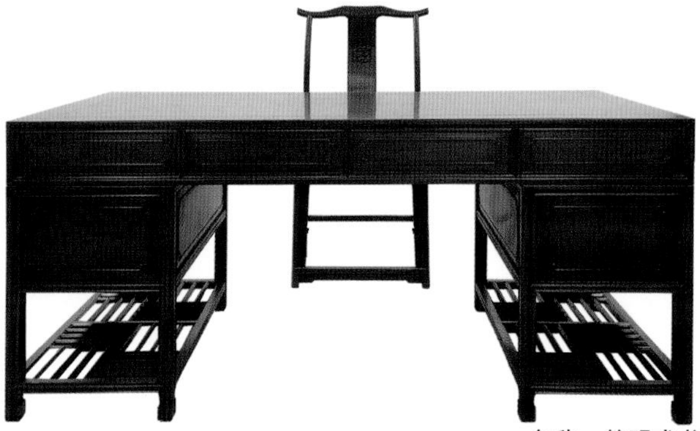
名称：简明式书桌

名称：平头案

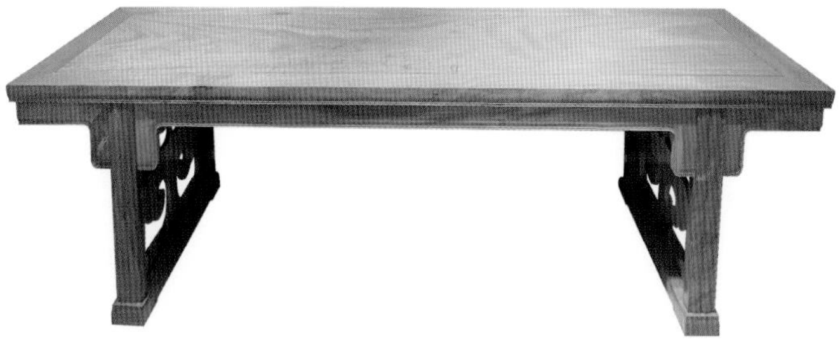
名称：案桌

名称：平头案

名称：平头案

名称：厨案

名称：案桌

名称：条案

名称：案桌

名称：明式条案

名称：案桌

名称：案桌

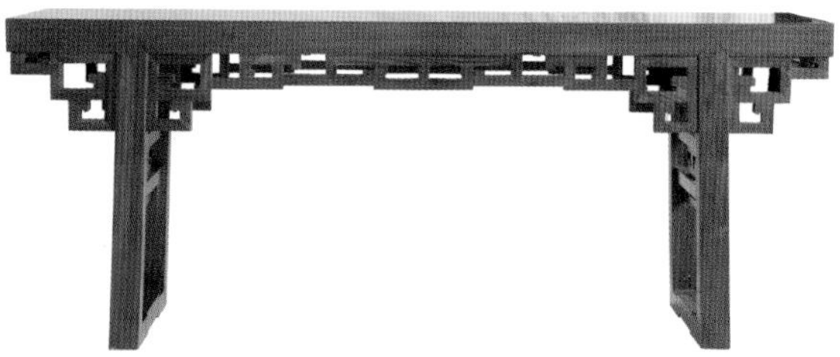

名称：案桌

名称：案桌

名称：案桌

名称：案桌

名称：案桌

名称：案桌

名称：案几

名称：案桌

名称：案桌

名称：平头案

名称：案桌

名称：案桌

名称：案桌

名称：平头案

名称：莲花平头案

名称：案桌

名称：案桌

名称：翘头案

名称：长条案

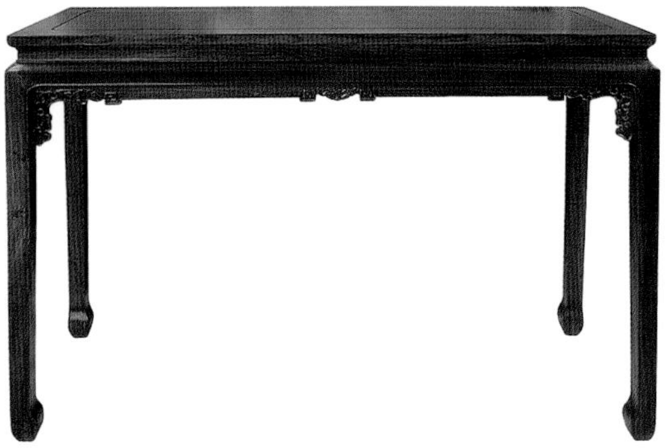
名称：平头案

名称：简明翘头案

名称：平头案

名称：翘头案

名称：案桌

名称：灵芝翘头案

名称：平头案

名称：镶贝条案

名称：案桌

名称：案桌

名称：明式翘头案

名称：翘头案

名称：草龙高案

名称：翘头案

名称：翘头案

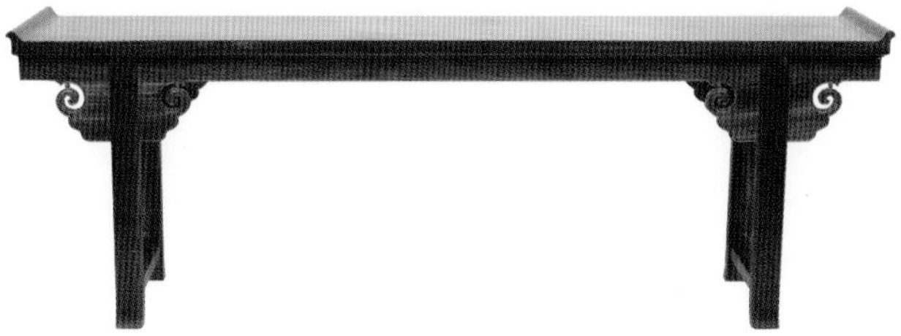

名称：翘头案

名称：翘头案

名称：翘头案

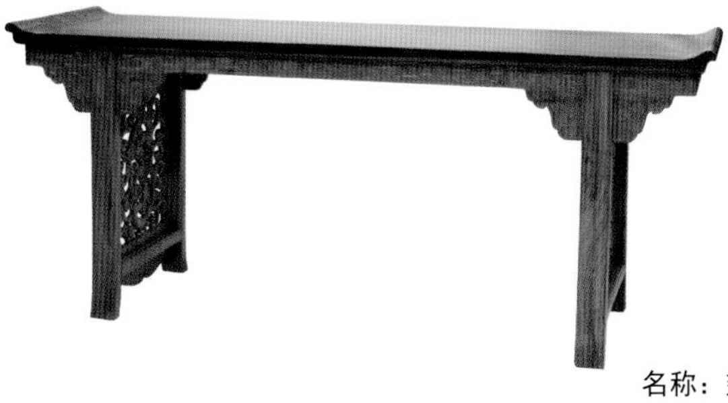

名称：翘头案

名称：翘头案

名称：春秋琴案

名称：百福条案

名称：条案

名称：明式条案

名称：琴案

名称：条案

名称：神台桌

名称：回纹条案

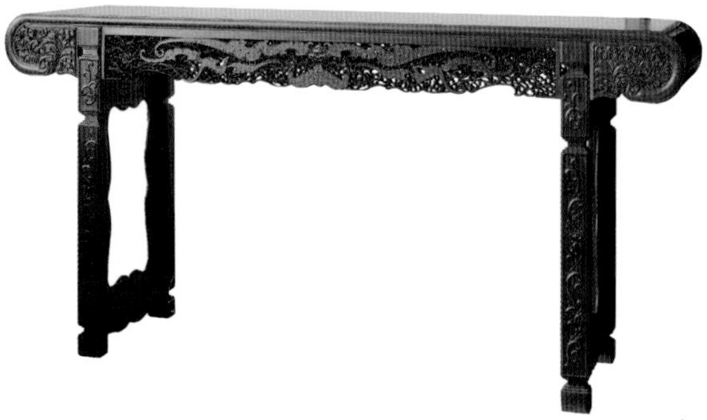

名称：案桌

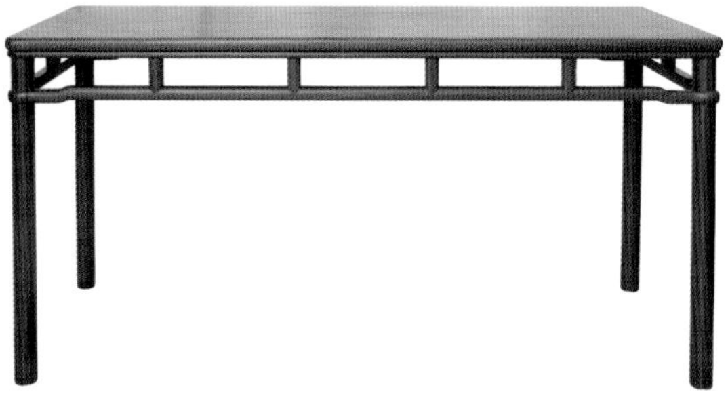

名称：案桌

名称：明式翘头案

名称：翘头案

名称：翘头案

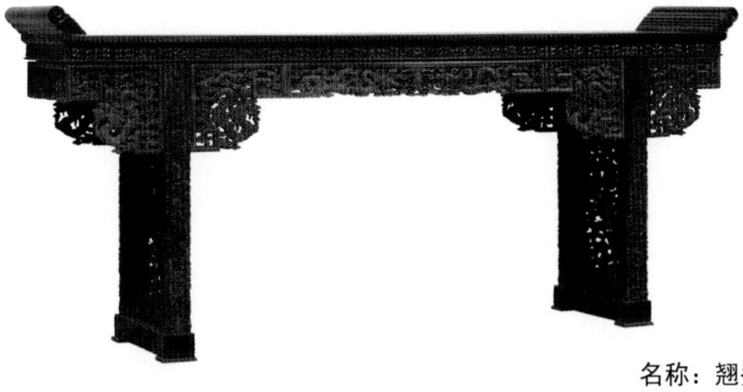

名称：翘头案

名称：翘头案

名称：翘头案

名称：翘头案

名称：翘头案

名称：翘头案

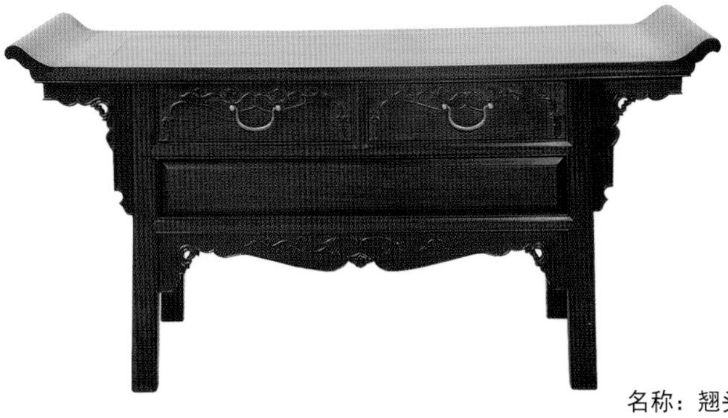

名称：翘头案

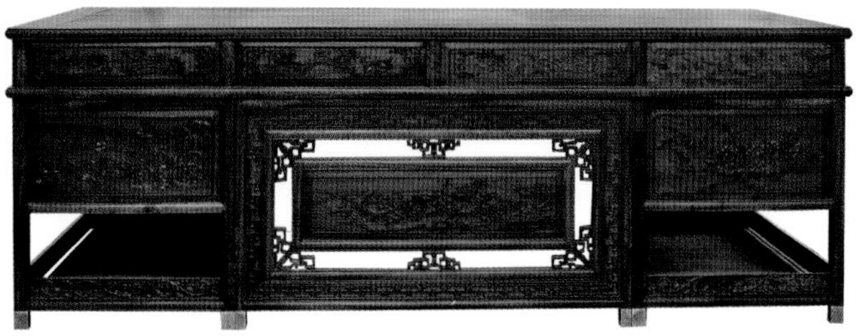

名称：书桌

名称：明式书桌

名称：书桌

名称：书桌

名称：书桌

名称：书桌

名称：书桌

名称：书桌

名称：书桌

名称：书桌

名称：明式书桌

名称：明式书桌

名称：明式书桌

名称：杨花书桌

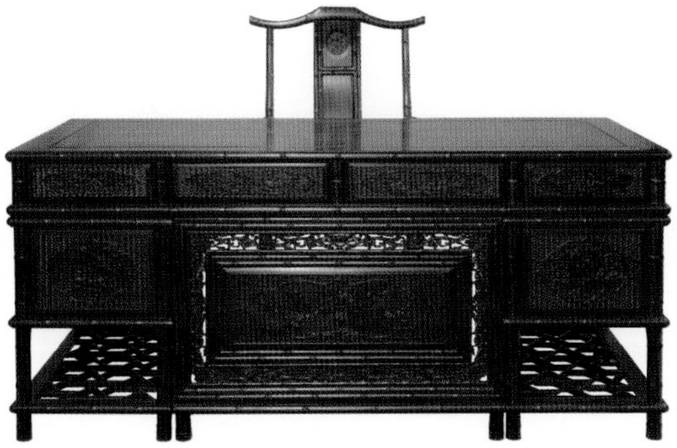

名称：大班台

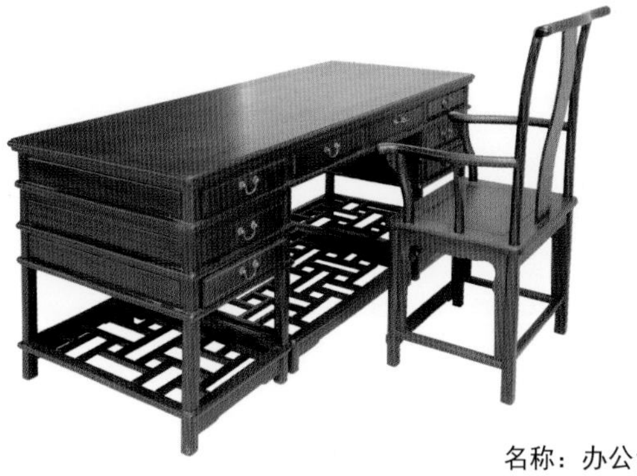

名称：办公台两件套

名称：君子书桌

名称：书桌

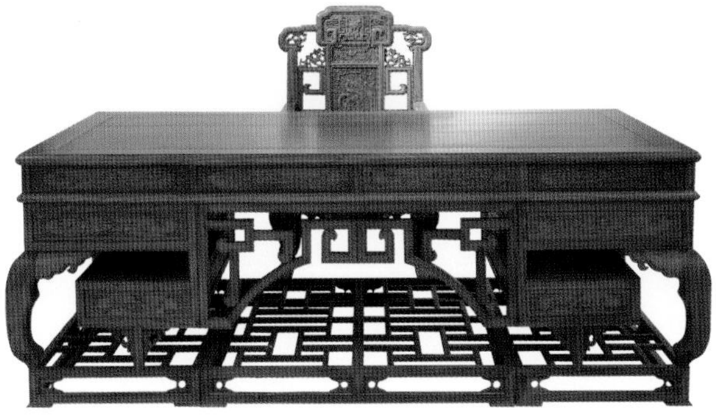

名称：书桌

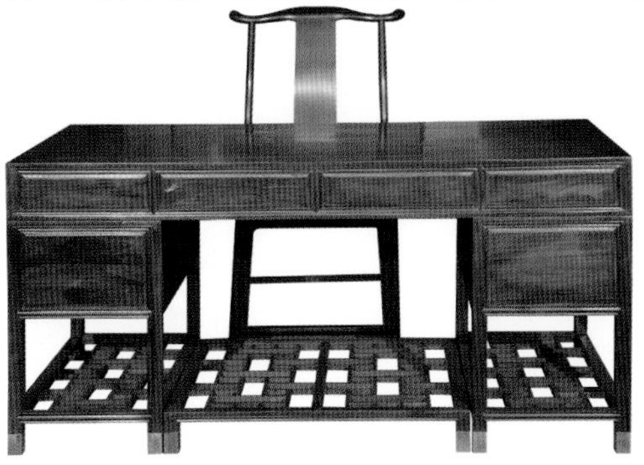

名称：明式书桌

名称：书桌

名称：书桌

名称：丹凤朝阳大班台

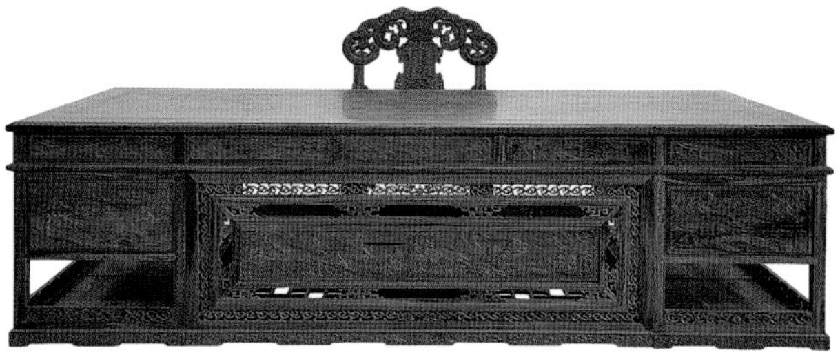
名称：山水大班台

名称：书桌

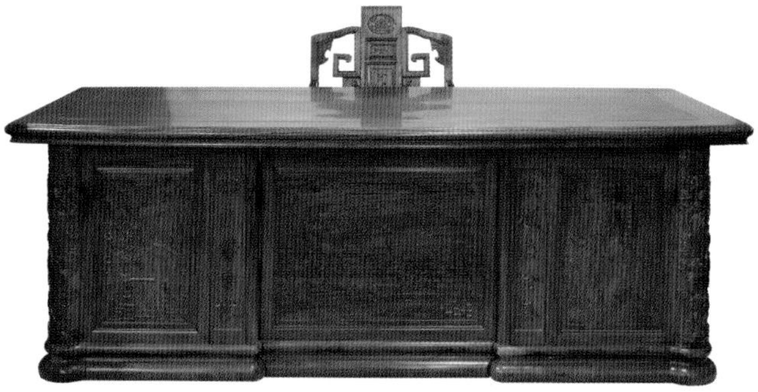
名称：书桌

名称：书桌

名称：书桌

名称：书桌

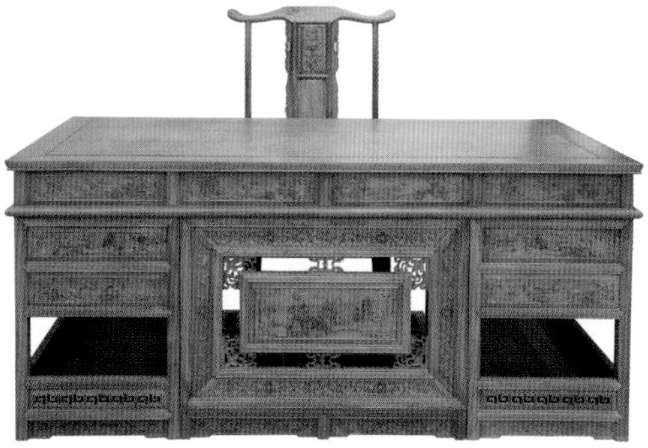
名称：书桌

名称：书桌

名称：明式书桌

名称：书桌

名称：书桌

名称：书桌

名称：书桌

名称：书桌

名称：书桌

名称：书桌

名称：书桌

名称：书桌

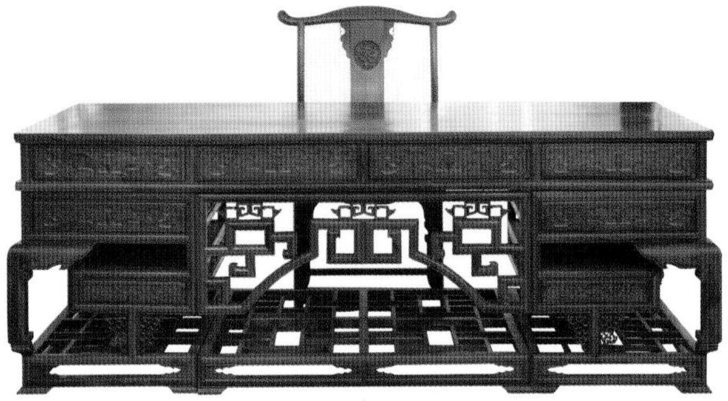
名称：明式书桌

名称：书桌

名称：书桌

名称：书桌

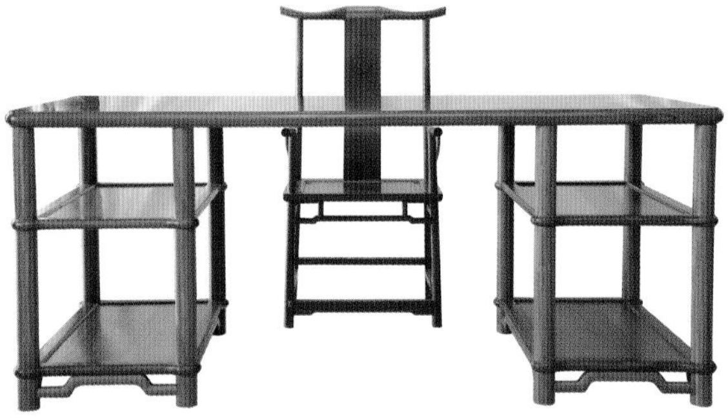
名称：书桌

名称：书桌

名称：书桌

名称：书桌

名称：书桌

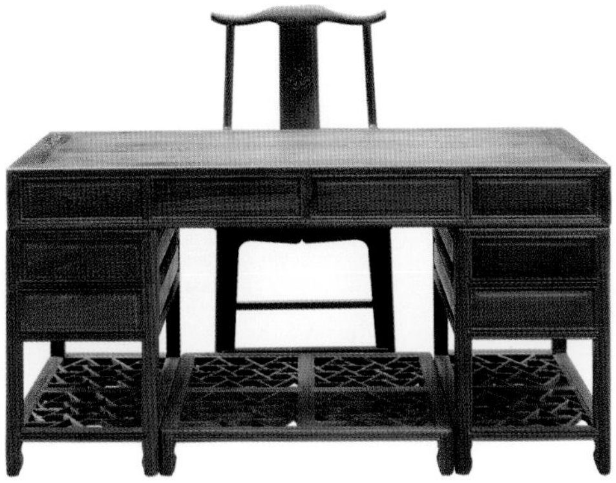

名称：书桌

名称：书桌

名称：明式书桌

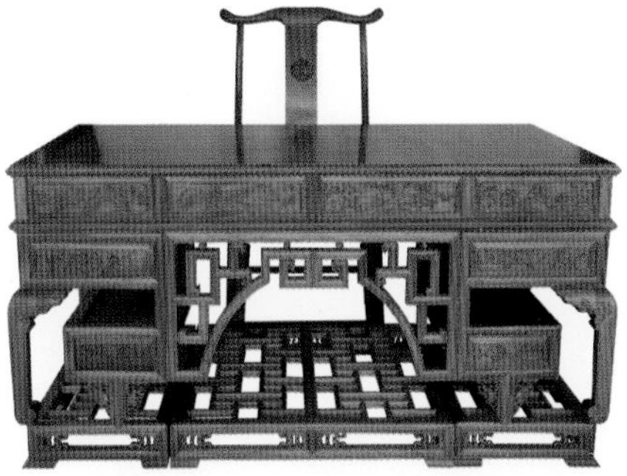

名称：书桌

名称：明式隔层平头案

名称：三联厨

名称：明式翘头案

名称：三联厨

名称：三联厨

名称：翘头二联厨

名称：二联厨

名称：翘头二联厨

名称：翘头三联厨

名称：明式三联厨

名称：明式二联厨

名称：明式三联厨

名称：三联厨

名称：联厨柜

名称：翘头二联厨

名称：翘头二联厨

名称：翘头二联厨

名称：三联厨

名称：二联厨

名称：二联厨

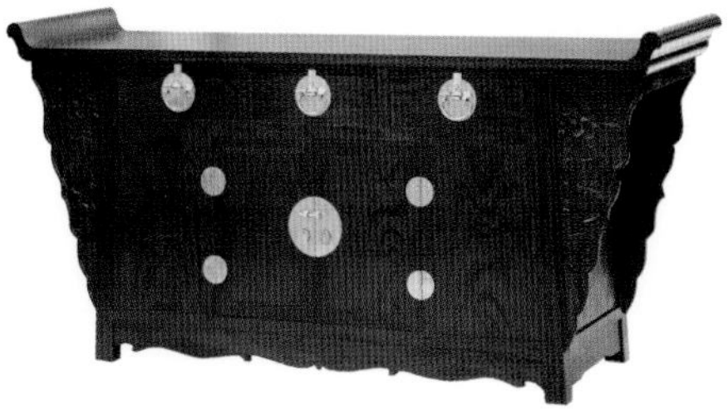

名称：三联厨

名称：翘头二联厨

名称：三联厨

名称：三联厨

名称：翘头二联厨

名称：翘头二联厨

名称：六角台

名称：明式半圆桌

名称：半圆台

名称：明式半圆桌

名称：翘头联橱柜

名称：翘头联橱柜

名称：三联厨

名称：小柜

名称：三联厨

名称：二联厨

名称：半圆台

名称：六角台

名称：杨花半菱台

名称：六角台

名称：半圆台

名称：六角桌

名称：明式圆桌

名称：明式圆桌

名称：圆台

名称：圆台

名称：圆台

名称：圆台

名称：圆台

名称：圆台

名称：圆台

名称：圆台

名称：圆台

名称：圆台

名称：梳条餐桌

名称：明式餐桌

名称：明式餐桌

名称：梳条餐桌

名称：餐桌

名称：餐桌

名称：春秋餐桌

名称：春秋餐桌

名称：春秋餐桌

名称：春秋餐台

名称：春秋餐台

名称：杨花餐桌

名称：明式餐桌

名称：祥云餐桌

名称：明式餐桌

名称：明式餐桌

名称：明式餐桌

名称：明式餐桌

名称：弯脚餐桌

名称：明式餐桌

名称：明式餐桌

名称：餐桌

名称：鸡翅明式餐桌

名称：明式餐桌

名称：明式长餐桌

名称：吉祥餐桌

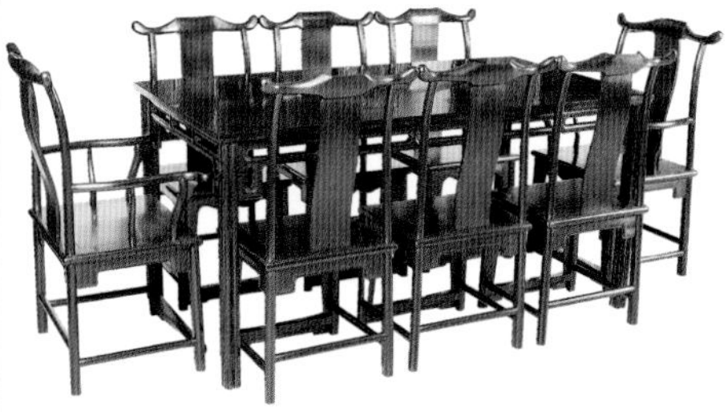
名称：明式长餐桌

名称：吉祥餐桌

名称：餐桌

名称：吉祥餐桌

名称：吉祥餐桌

名称：餐桌

名称：吉祥餐桌

名称：吉祥餐桌

名称：餐桌

名称：吉祥餐桌

名称：明式餐台

名称：餐桌

名称：餐桌

名称：秦汉餐桌

名称：餐桌

名称：餐桌

名称：四出头官帽椅餐桌

名称：吉祥如意餐桌

名称：餐桌

名称：汉宫餐桌

名称：餐桌

名称：餐桌

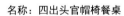

名称：餐桌

名称：餐桌

名称：茶桌

名称：餐桌

名称：休闲茶桌

名称：休闲茶桌

名称：餐桌

名称：茶桌

名称：扇形茶桌

名称：餐桌

名称：南宫茶桌

名称：休闲茶桌

名称：琴式茶台

名称：休闲茶桌

名称：休闲茶桌

名称：休闲茶桌

名称：休闲茶桌

名称：休闲茶桌

名称：弯角茶桌

名称：休闲茶桌

名称：休闲茶桌

名称：琴式茶台

名称：休闲茶桌

名称：休闲茶桌

名称：休闲茶桌

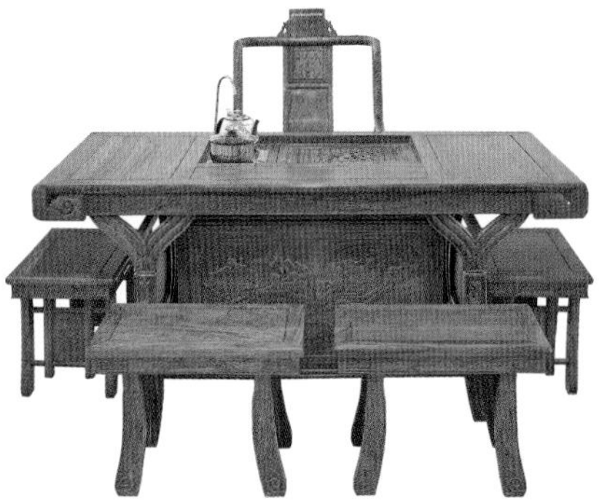
名称：休闲茶桌

名称：休闲茶桌

名称：休闲茶桌

名称：休闲茶桌

名称：休闲茶桌

名称：休闲茶桌

名称：休闲茶桌

名称：休闲茶桌

名称：休闲茶桌

名称：休闲茶桌

名称：休闲茶桌

名称：明式方桌

名称：南宫休闲桌

名称：圈椅方桌

名称：茶桌

名称：茶桌

名称：休闲方桌

名称：腰形茶桌

名称：茶桌

名称：休闲方桌

名称：茶桌

名称：茶桌

名称：四出头休闲桌

名称：富贵方桌

名称：休闲方桌

名称：休闲方桌

名称：休闲方桌

名称：方桌

名称：祥瑞方桌

名称：休闲方桌

名称：扶手椅休闲桌

名称：长凳八仙桌

名称：明式方桌

名称：休闲方桌

名称：方桌

名称：休闲方桌

名称：休闲方桌

名称：玫瑰椅休闲桌

名称：铜钱方桌

名称：休闲方桌

名称：方桌

名称：休闲方桌

名称：方桌

名称：休闲方桌

名称：休闲方桌

名称：休闲方桌

名称：如意方桌

名称：休闲方桌

名称：休闲方桌

名称：休闲方桌

名称：休闲方桌

名称：休闲方桌

名称：休闲方桌

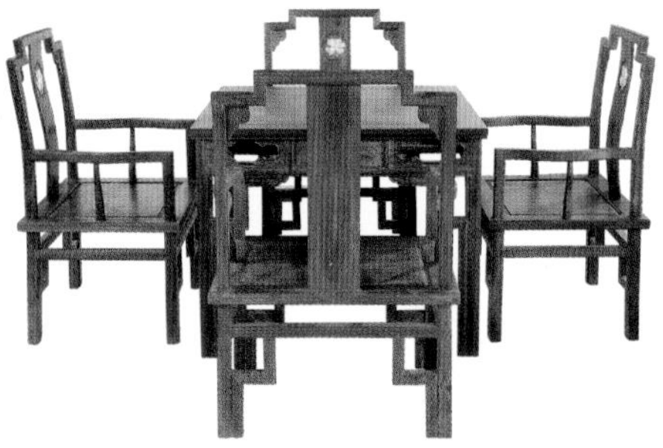
名称：休闲方桌

名称：方桌

名称：方桌

名称：休闲方桌

名称：方桌

名称：方桌

名称：方桌

名称：方桌

名称：方桌

名称：棋桌

名称：方桌

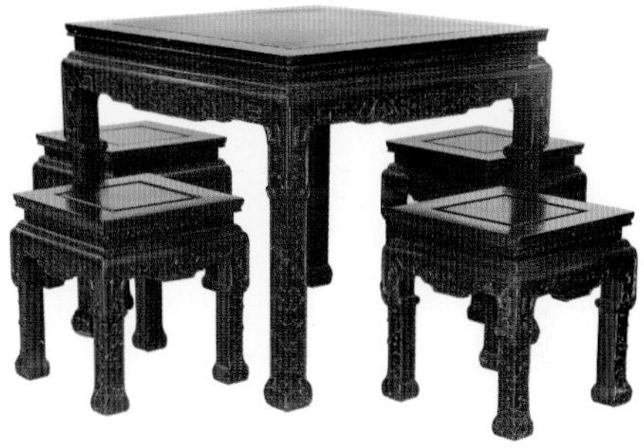
名称：方桌

名称：方桌

名称：方桌

名称：方桌

名称：方桌

名称：方桌

名称：方桌

名称：明式圆台

名称：明式圆桌

名称：圆台

名称：明式圆桌

名称：圆台

名称：圆台

名称：圆台

名称：圆台

名称：圆台

名称：圆台

名称：圆台

名称：圆台

名称：鼓桌

名称：鼓桌

名称：鼓桌

名称：明式六角鼓桌

名称：梅花台

名称：鼓桌

名称：如意鼓桌

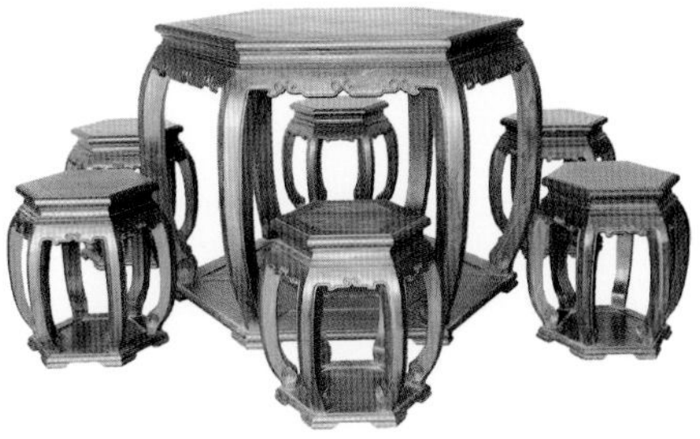
名称：六角休闲桌

名称：六角休闲桌

名称：六角休闲桌

名称：鼓桌

名称：鼓桌

名称：古凳圆台

名称：鼓桌

名称：八角休闲桌

名称：古凳圆台

名称：鼓桌

名称：鼓桌

名称：休闲桌

名称：休闲圆鼓桌

名称：鼓桌

名称：六兽鼓桌

名称：鼓桌

名称：鼓桌

名称：梅花鼓桌

名称：鼓桌

名称：半圆桌

名称：鼓桌

名称：鼓桌

名称：鼓桌

名称：六角鼓桌

名称：鼓桌

名称：云石半圆桌

名称：六角休闲桌

名称：六角休闲桌

名称：鼓桌

名称：鼓桌

名称：鼓桌

名称：鼓桌

名称：如意圆鼓桌

名称：六角桌

名称：鼓桌

名称：草龙鼓圆桌

名称：古意风圆桌

名称：鼓桌

名称：藤结圆鼓桌

名称：七星伴月鼓凳桌

名称：六角鼓桌